JN249109

2024年用

共通テスト 実戦模試

❹ 数学II・B

Z会編集部 編

目次

共通テストに向けて

■ 共通テストは決してやさしい試験ではない。

共通テストは，高校の教科書程度の内容を客観形式で問う試験である。科目によって，教科書等であまり見られないパターンの出題も見られるが，出題のほとんどは基本を問うものである。それでは，基本を問う試験だから共通テストはやさしい，といえるだろうか。

実際のところは，共通テストには，適切な対策をしておくべきいくつかの手ごわい点がある。まず，**勉強するべき科目数が多い**。国公立大学では共通テストで「５教科７科目以上」を課す大学・学部が主流なので，科目数の負担は決して軽くない。また，基本事項とはいっても，**あらゆる分野から満遍なく出題される**。これは，“山”を張るような短期間の学習では対処できないことを意味する。また，**広範囲の出題分野全体を見通し，各分野の関連性を把握する必要もある**が，そうした視点が教科書の単元ごとの学習では容易に得られないのもやっかいである。さらに，**制限時間内で多くの問題をこなさなければならない**。しかもそれぞれが非常によく練られた良問だ。問題の設定や条件，出題意図を素早く読み解き，制限時間内に迅速に処理していく力が求められているのだ。こうした処理能力も，漫然とした学習では身につかない。

■ しかし，適切な対策をすれば，十分な結果を得られる試験でもある。

上記のように決してやさしいとはいえない共通テストではあるが，適切な対策をすれば結果を期待できる試験でもある。共通テスト対策は，できるだけ早い時期から始めるのが望ましい。長期間にわたって，**①教科書を中心に基本事項をもれなく押さえ，②共通テストの過去問で出題傾向を把握し，③出題形式・出題パターンを踏まえたオリジナル問題で実戦形式の演習を繰り返し行う**，という段階的な学習を少しずつ行っていけば，個別試験対策を本格化させる秋口からの学習にも無理がかからず，期待通りの成果をあげることができるだろう。

■ 本書を利用して，共通テストを突破しよう。

本書は主に上記③の段階での使用を想定して，Ｚ会のオリジナル問題を教科別に模試形式で収録している。巻末のマークシートを利用し，解答時間を意識して問題を解いてみよう。そしてポイントを押さえた解答・解説をじっくり読み，知識の定着・弱点分野の補強に役立ててほしい。

早いスタートが肝心とはいえ，時間的な余裕がないのは明らかである。できるだけ無駄な学習を避けるためにも，学習効果の高い良質なオリジナル問題に取り組んで，徹底的に知識の定着と処理能力の増強に努めてもらいたい。

本書を十二分に活用して，志望校合格を達成し，喜びの春を迎えることを願ってやまない。

Ｚ会編集部

本書の効果的な利用法

本書の特長

本書は，共通テストで高得点をあげるために，試行調査から2023年度本試・追試までの出題形式と内容を徹底分析して作成した実戦模試である。共通テストの本番では，限られた試験時間内で解答する正確さとスピードが要求される。本書では時間配分を意識しながら，共通テストの出題傾向に沿った良質の実戦模試を複数回演習することができる。また，解答・解説編には丁寧な解説をほどこしているので，答え合わせにとどまらず，正解までの道筋を理解することで確実に実力を養成することができる。

■ 共通テスト攻略法 ——— 情報収集で万全の準備を

以下を参考にして，共通テストの内容・難易度をしっかり把握し，本番までのスケジュールを立て，余裕をもって本番に臨んでもらいたい。

データクリップ ➡ 共通テストの出題教科や2023年度本試の得点状況を収録。

傾向と対策 ➡ 2023年度をはじめとする過去の出題を徹底分析し，来年度に向けての対策を解説。

■ 共通テスト実戦模試 ——— 本番に備える

本番を想定して取り組むことが大切である。時間配分を意識して取り組み，自分の実力を確認しよう。巻末のマークシートを活用して，記入の仕方もしっかり練習しておきたい。

また，実戦力を養成するためのオリジナル模試にプラスして，2023年度本試・追試もついている。合わせて参考にしてもらいたい。

問題を解いたら必ず解答・解説をじっくり読み，しっかり復習することが大切である。本書の解答・解説編には，共通テストを突破するために必要な重要事項がポイントを押さえて書いてある。不明な点や疑問点はあいまいなままにせず，必ず教科書・参考書などで確認しよう。

共通テストの段階式対策

0. まずは教科書を中心に，基本事項をもれなく押さえる。

▼

1. さまざまな問題にあたり，上記の知識の定着をはかる。その中で，自分の弱点を把握する。

▼

2. 実戦形式の演習で，弱点を補強しながら，制限時間内に問題を処理する力を身につける。とくに，頻出事項や狙われやすいポイントについて重点的に学習する。

▼

3. 仕上げとして，予想問題に取り組む。

Z会の共通テスト関連教材

1.『ハイスコア！ 共通テスト攻略』シリーズ
オリジナル問題を解きながら，共通テストの狙われどころを集中して学習できる。

▼

2.『2024年用　共通テスト過去問英数国』
複数年の共通テストの過去問題に取り組み，出題の特徴をつかむ。

▼

3.『2024年用　共通テスト実戦模試』（本シリーズ）

▼

4.『2024年用　共通テスト予想問題パック』
本シリーズを終えて総仕上げを行うため，直前期に使用する本番形式の予想問題。

※『2024年用　共通テスト実戦模試』シリーズは，本番でどのような出題があっても対応できる力をつけられるように，最新年度および過去の共通テストも徹底分析し，さまざまなタイプの問題を掲載しています。そのため，『2023年用　共通テスト実戦模試』と掲載問題に一部重複があります。

共通テスト攻略法
データクリップ

1 出題教科・科目の出題方法

下の表の教科・科目で実施される。なお，受験教科・科目は各大学が個別に定めているため，各大学の要項にて確認が必要である。

※解答方法はすべてマーク式。

※以下の表は大学入試センター発表の『令和６年度大学入学者選抜に係る大学入学共通テスト出題教科・科目の出題方法等』を元に作成した。

※「 」で記載されている科目は，高等学校学習指導要領上設定されている科目を表し，『 』はそれ以外の科目を表す。

教科名	出題科目	解答時間	配点	科目選択方法
国語	『国語』	80分	200点	
地理歴史・公民	「世界史Ａ」，「世界史Ｂ」，「日本史Ａ」，「日本史Ｂ」，「地理Ａ」，「地理Ｂ」 「現代社会」，「倫理」，「政治・経済」，『倫理，政治・経済』	1科目60分 2科目120分	1科目100点 2科目200点	左記10科目から最大2科目を選択（注1）（注2）
数学①	「数学Ⅰ」，『数学Ⅰ・数学Ａ』	70分	100点	左記2科目から1科目選択
数学②	「数学Ⅱ」，『数学Ⅱ・数学Ｂ』，『簿記・会計』，『情報関係基礎』	60分	100点	左記4科目から1科目選択（注3）
理科①	「物理基礎」，「化学基礎」，「生物基礎」，「地学基礎」	2科目60分	2科目100点	左記8科目から，次のいずれかの方法で選択（注2）（注4） Ａ：理科①から2科目選択 Ｂ：理科②から1科目選択 Ｃ：理科①から2科目および理科②から1科目選択 Ｄ：理科②から2科目選択
理科②	「物理」，「化学」，「生物」，「地学」	1科目60分 2科目120分	1科目100点 2科目200点	
外国語	『英語』，『ドイツ語』，『フランス語』，『中国語』，『韓国語』	『英語』 【リーディング】80分 【リスニング】30分 『ドイツ語』，『フランス語』，『中国語』，『韓国語』【筆記】80分	『英語』 【リーディング】100点 【リスニング】100点 『ドイツ語』，『フランス語』，『中国語』，『韓国語』【筆記】200点	左記5科目から1科目選択（注3）（注5）

（注1）地理歴史においては，同一名称のＡ・Ｂ出題科目，公民においては，同一名称を含む出題科目同士の選択はできない。

（注2）地理歴史・公民の受験する科目数，理科の受験する科目の選択方法は出願時に申請する。

（注3）数学②の各科目のうち『簿記・会計』『情報関係基礎』の問題冊子の配付を希望する場合，また外国語の各科目のうち『ドイツ語』『フランス語』『中国語』『韓国語』の問題冊子の配付を希望する場合は，出願時に申請する。

（注4）理科①については，1科目のみの受験は認めない。

（注5）外国語において『英語』を選択する受験者は，原則として，リーディングとリスニングの双方を解答する。

2 2023年度の得点状況

2023年度は，前年度に比べて，下記の平均点に★がついている科目が難化し，平均点が下がる結果となった。

地理歴史，公民，理科のように選択科目になっている教科は，科目間の難易度の差が合否に影響することもあるため，原則として，平均点に20点以上の差が生じ，それが試験問題の難易差に基づくものと認められる場合に得点調整が行われるが，今年度は『物理』『化学』『生物』がその対象となり，得点調整が行われた。

		本試験（1月14日・15日実施）		追試験（1月28日・29日実施）
教科名	科目名等	受験者数（人）	平均点（点）	受験者数（人）
国語（200点）	国語	445,358	105.74	2,761
地理歴史（100点）	世界史B	78,185	★58.43	2,469（注1）
	日本史B	137,017	59.75	
	地理B	139,012	60.46	
公民（100点）	現代社会	64,676	★59.46	
	倫理	19,878	★59.02	
	政治・経済	44,707	★50.96	
	倫理，政治・経済	45,578	★60.59	
数学①（100点）	数学Ⅰ・数学A	346,628	55.65	2,434（注1）
数学②（100点）	数学Ⅱ・数学B	316,728	61.48	2,279（注1）
理科①（50点）	物理基礎	17,978	★28.19	901（注1）
	化学基礎	95,515	29.42	
	生物基礎	119,730	24.66	
	地学基礎	43,070	★35.03	
理科②（100点）	物理	144,914	63.39	1,587（注1）
	化学	182,224	54.01	
	生物	57,895	★48.46	
	地学	1,659	★49.85	
外国語（100点）	英語リーディング	463,985	★53.81	2,923
	英語リスニング	461,993	62.35	2,938

※2023年3月1日段階では，追試験の平均点が発表されていないため，上記の表では受験者数のみを示している。

（注1）国語，英語リーディング，英語リスニング以外では，科目ごとの追試験単独の受験者数は公表されていない。
このため，地理歴史，公民，数学①，数学②，理科①，理科②については，大学入試センターの発表どおり，教科ごとにまとめて提示しており，上記の表は載せていない科目も含まれた人数となっている。

共通テスト攻略法
傾向と対策

■過去３年間の出題内容

第1問，第2問は「数学Ⅱ」，第3問～第5問は「数学B」からの出題。

第1問，第2問は必答で，第3問～第5問は3問中2問を選択して，計4問を解答する。

2023年度本試験

（時間は解答目安時間です。）

第1問

〔1〕三角関数　配点 18点　時間 10分

2倍角の公式や加法定理などを用いて三角関数の値の大小関係について考察する問題。(4)は(2)，(3)の考察をもとに大小関係について調べる問題となっており，**これまでの考察をふりかえる**内容となっている。

〔2〕指数関数・対数関数　配点 12点　時間 6分

対数の値が有理数か無理数かについて考える問題。(2)(iii)は対数が無理数であるための十分条件を考察する問題で，**(ii)の考察をもとに考える**内容となっている。

第2問

〔1〕微分・積分の考え　配点 15点　時間 8分

円錐に内接する円柱の体積を題材とした微分法の問題。円錐に内接する円柱の体積の式と(1)の3次関数との関連を読み取る内容になっている。

計算量は少なめであるが，(2)の処理において**(1)の考察をうまく用いる**必要がある。

〔2〕微分・積分の考え　配点 15点　時間 12分

ソメイヨシノの開花日時の予想を題材とした積分法の問題。計算をさせるだけの問題ではなく，計算結果や関数の特徴に着目して考える必要があり，**思考力が問われる**内容となっている。

題意の読み取りがポイントとなる問題であるが，桜の開花予想の方法の一つに，日々の気温に着目する方法があることを知っていると題意が読み取りやすかったかもしれない。

第3問

確率分布と統計的な推測　配点 20点　時間 12分

ある生産地で生産されるピーマン全体から無作為に抽出したピーマンの重さについて考察する問題。

二項分布や正規分布，信頼区間の仕組みなどについて幅広く問う問題となっており，**教科書を通した学習内容の理解が求められている**。

第4問

数列　配点 20点　時間 12分

預金の推移を題材とした数列の問題。二つの方針をもとに，n年目の初めの預金額についての考察をさせる内容になっている。

二つの方針の違いを見抜くのがポイントであり，問題文の最初のほうに預金についての丁寧な説明があり，題意が読み取りやすいよう配慮されていた。

第5問

ベクトル　配点 20点　時間 12分

三角錐を題材とした空間ベクトルの問題。(2)は与えられた条件をみたす線分AM上の点Dの位置ベクトルを求める問題であり，(3)は線分AM上の点Qの位置ベクトルが与えられたときの図形的な性質について考察するなど，内積を用いて図形的な性質などを問う内容である。

計算量はそれほど多くないが，式を問う設問が多く，**ベクトルで表された式と図形的な性質を結びつけて考える**必要がある。

2023年度追試験

（時間は解答目安時間です。）

第1問

〔1〕いろいろな式 配点 16点 時間 8分

共通テスト数学Ⅱ・Bにおいては，**「いろいろな式」の問題が初めて出題**された。高次方程式において複素数を解とするとき，その共役な複素数も解になることがポイントとなる問題で，(2)で(1)の考察を用いる流れになっている。

〔2〕指数関数・対数関数 配点 14点 時間 10分

スポーツドリンクの売上と気温の関係を題材に**日常事象を数学事象で表現する**問題である。常用対数表を利用して数値を読み取らせる点が新傾向の問題である。

第2問

〔1〕微分・積分の考え 配点 20点 時間 10分

長方形の厚紙から容積が最大となる箱を作るときに，箱にふたがない場合とふたがある場合について考察する問題。(2)では，**(1)の結果との比較**を要求され，(3)では，**(1)，(2)の結果を一般化**して考えることが要求されている。

〔2〕微分・積分の考え 配点 10点 時間 8分

平方数の和をある関数の定積分で表すことを考える問題。(2)は**(1)で$f(x)$を求めた意図を読みとる**ことがポイントとなっている。

第3問

確率分布と統計的な推測 配点 20点 時間 12分

箱から取り出したカードの数字についての試行を題材に，確率変数の平均値について考察する問題。

(3)は太郎さんの記憶が正しいかどうかを判断する問題で，**仮説検定に近い内容**を含んでいた。

第4問

数列 配点 20点 時間 12分

漸化式から数列の一般項を求め，その数列の増減について考える問題。

(2)は分数型の漸化式で表された数列の増減について調べる問題で，**(1)の考察を利用する**ことになる。

第5問

ベクトル 配点 20点 時間 12分

座標空間において，直線とxy平面との交点や線分のなす角などについて考察する問題である。

(3)は動点により定まる直線とxy平面との交点が描く図形について考える問題で，**(1)，(2)からの流れで解き進める**必要がある。

2022年度，2021年度の出題

	問題番号		配点	分野
2022年（本試）	第1問	〔1〕	15	図形と方程式，三角関数
		〔2〕	15	指数関数・対数関数
	第2問	〔1〕	18	微分・積分の考え
		〔2〕	12	微分・積分の考え
	第3問		20	確率分布と統計的な推測
	第4問		20	数列
	第5問		20	ベクトル

	問題番号		配点	分野
2021年（第1日程）	第1問	〔1〕	15	三角関数
		〔2〕	15	指数関数・対数関数
	第2問		30	微分・積分の考え
	第3問		20	確率分布と統計的な推測
	第4問		20	数列
	第5問		20	ベクトル

■対策

共通テストでは，単に計算を正確に行ったり，定理や公式を正しく活用したりする力が求められるだけではなく，「日常の事象や複雑な問題をどのように解決するか」「発見した解き方や考え方をどのように活かすか」といった見方ができるかも問われている。これまでの共通テストを踏まえ，以下に対策をまとめたので，日々の学習や，本書を用いた演習を進めるときの参考にしてほしい。

●二つの方針の違いを見抜く

2023年度本試験の第4問は，預金の推移を題材とした数列の問題であり，n年目の初めの預金をa_n万円とおいたときのa_nを求めるための二つの方針が(1)で与えられている。そして，(2)以降の問題では，二つの方針のどちらの考え方を参照するのがよいかが問われている。

このような問題では，**二つの方針の違いについて理解することが大切**である。本問における二つの方針は

方針 1

n年目の初めの預金と$(n+1)$年目の初めの預金との関係に着目して考える。

方針 2

もともと預金口座にあった10万円と毎年の初めに入金したp万円について，n年目の初めにそれぞれがいくらになるかに着目して考える。

であり，それぞれ着目する部分が異なることに注意する必要がある。**方針1**では，**年ごとの預金の総額に着目**し，**方針2**では，預金をもともとあった10万円と毎年入金するp万円という**入金時期が異なる要素ごとに着目**している点がポイントになる。

したがって，10年目の終わりの預金の総額について考える(2)では，**方針1**や**方針2**で求められるa_nの一般項からa_{10}について着目すればよいので，**方針1・方針2のどちらの利用も考えられる**が，1年目の入金を始める前の預金が10万円から13万円に変わった場合について考える(3)では，**方針1よりも方針2の利用が望ましい**ことになる。

本問のような複数の方針を使い分ける必要がある問題への対策としては，解答解説を確認して終わりにするのではなく，**それぞれの方針で解くことが可能かどうか実際に手を動かして確かめてみることが大切**である。(2)は**方針1・方針2**のどちらの利用も考えられるが，a_nの式がほぼ見えている**方針2**を参照する方がわかりやすいこと，(3)も**方針1**の利用は難しく，**方針2**を利用した方が処理しやすいことを実際に手を動かして確かめることで，このような方針選択に少しずつ慣れていくことができる。

●「変わるもの」と「変わらないもの」に注目する

2023年度追試験の第2問〔1〕では，(1)でふたのない箱を作る場合を考察したあと，(2)でふたのある箱を作る場合を考察する問題が出された。(1)と(2)の手順が似ていることから，**(1)の考察を(2)に応用する**ことができる。

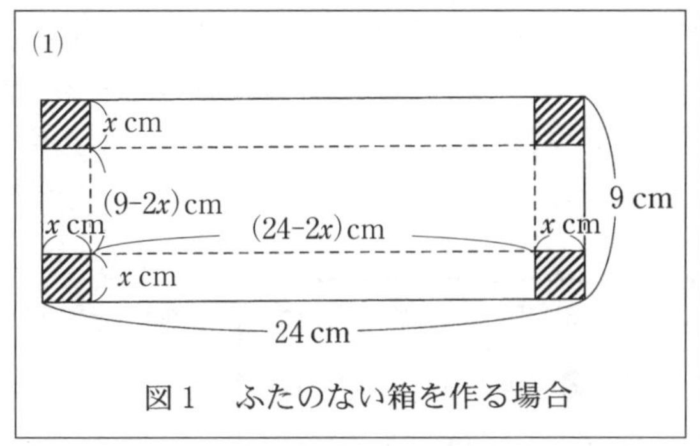

図1　ふたのない箱を作る場合

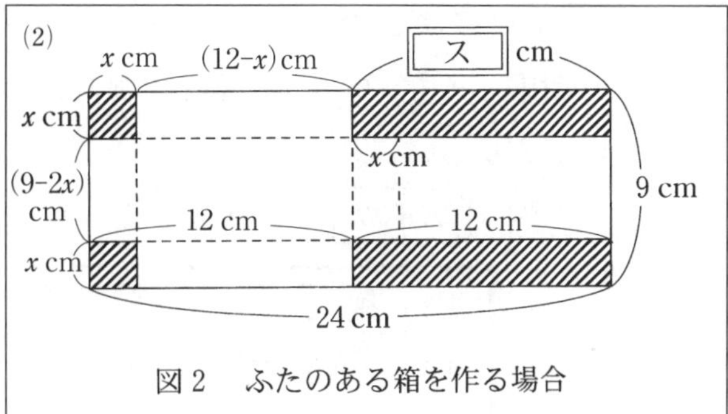

図2　ふたのある箱を作る場合

(1)と(2)を見比べたときに，箱の高さx cmと底面の長方形の縦の長さ$(9-2x)$cmは変わらず，**底面の長方形の横の長さのみ変わる**ことを読み取る必要がある。そして，(1)の箱の容積Vと(2)の箱の容積Wについて

$$V=(9-2x)(24-2x)x,\quad W=(9-2x)(12-x)x$$

と立式できることから

$$W=(9-2x)(12-x)x=\frac{1}{2}(9-2x)(24-2x)x=\frac{1}{2}V\quad \text{すなわち}\quad W=\frac{1}{2}V$$

の関係があることに気づけるかどうかがポイントとなる。このように，**「変わるもの」と「変わらないもの」に注目することで，問題の見通しが立てやすく**なることがある。

また，(3)で長方形の厚紙の大きさが変わった場合の箱の容積について考える問題が出されたが，このような問題では，**「変わるもの」に注目して自分で文字を設定すると考えやすくなる**ことがある。厚紙の縦の長さをa，横の長さをbとおくことで

$$V=(a-2x)(b-2x)x,\quad W=(a-2x)\left(\frac{b}{2}-x\right)x$$

と立式でき，$W=\frac{1}{2}V$の関係が**同様に成り立つことが発見できる**。

■最後に

共通テストでは，「日常や社会の事象」と「数学の事象」の2種類の事象を題材に

☑ 問題を**数理的（数学的）に捉える**こと

☑ 問題解決に向けて，**構想・見通しを立てる**こと

☑ 焦点化した問題を**解決する**こと

☑ 解決過程をもとに，**結果を意味づけたり，概念を形成したり，体系化する**こと

の4つの資質能力が問われている。このような資質能力が問われていることを意識しながら，「この問題は前後の問題とどのようなつながりがあるのだろう？」と考え，問題の流れを掴んでいこう。

本書でも，この4つの資質能力を問うような問題を多く扱っている。最初は難しく感じるかもしれないが，問題のポイントがどこにあるかを探りながら解き，力をつけていってほしい。

解答上の注意

1　解答は，解答用紙の問題番号に対応した解答欄にマークしなさい。

2　問題の文中の ア ， イウ などには，符号(−)，数字(0〜9)，又は文字(a〜d)が入ります。ア，イ，ウ，…の一つ一つは，これらのいずれか一つに対応します。それらを解答用紙のア，イ，ウ，…で示された解答欄にマークして答えなさい。

　例　 アイウ に $-8a$ と答えたいとき

ア	●	⓪	①	②	③	④	⑤	⑥	⑦	⑧	⑨	ⓐ	ⓑ	ⓒ	ⓓ
イ	⊖	⓪	①	②	③	④	⑤	⑥	⑦	●	⑨	ⓐ	ⓑ	ⓒ	ⓓ
ウ	⊖	⓪	①	②	③	④	⑤	⑥	⑦	⑧	⑨	●	ⓑ	ⓒ	ⓓ

3　数と文字の積の形で解答する場合，数を文字の前にして答えなさい。

　例えば，$3a$ と答えるところを，$a3$ と答えてはいけません。

4　分数形で解答する場合，分数の符号は分子につけ，分母につけてはいけません。

　例えば，$\dfrac{\boxed{エオ}}{\boxed{カ}}$ に $-\dfrac{4}{5}$ と答えたいときは，$\dfrac{-4}{5}$ として答えなさい。

　また，それ以上約分できない形で答えなさい。

　例えば，$\dfrac{3}{4}$，$\dfrac{2a+1}{3}$ と答えるところを，$\dfrac{6}{8}$，$\dfrac{4a+2}{6}$ のように答えてはいけません。

5　小数の形で解答する場合，指定された桁数の一つ下の桁を四捨五入して答えなさい。また，必要に応じて，指定された桁まで ⓪ にマークしなさい。

　例えば， キ . クケ に 2.5 と答えたいときは，2.50 として答えなさい。

6　根号を含む形で解答する場合，根号の中に現れる自然数が最小となる形で答えなさい。

　例えば，$4\sqrt{2}$，$\dfrac{\sqrt{13}}{2}$，$6\sqrt{2a}$ と答えるところを，$2\sqrt{8}$，$\dfrac{\sqrt{52}}{4}$，$3\sqrt{8a}$ のように答えてはいけません。

7　問題の文中の二重四角で表記された コ などには，選択肢から一つを選んで，答えなさい。

8　同一の問題文中に サシ ， ス などが2度以上現れる場合，原則として，2度目以降は， サシ ， ス のように細字で表記します。

模試　第1回

（100点 60分）

〔数学Ⅱ・B〕

注　意　事　項

1　**数学解答用紙（模試 第1回）をキリトリ線より切り離し，試験開始の準備をしなさい。**

2　**時間を計り，上記の解答時間内で解答しなさい。**
ただし，納得のいくまで時間をかけて解答するという利用法でもかまいません。

3　第1問，第2問は必答。第3問～第5問から2問選択。計4問を解答しなさい。

4　この回の模試の問題は，このページを含め，28ページあります。

5　**解答用紙には解答欄以外に受験番号欄，氏名欄，試験場コード欄，解答科目欄があります。解答科目欄は解答する科目**を一つ選び，科目名の下の◯に**マーク**しなさい。**その他の欄**は自分自身で本番を想定し，**正しく記入し，マークしなさい。**

6　**解答は解答用紙の解答欄にマークしなさい。**

7　選択問題については，解答する問題を決めたあと，その問題番号の解答欄に解答しなさい。ただし，**指定された問題数をこえて解答してはいけません。**

8　問題の余白は適宜利用してよいが，どのページも切り離してはいけません。

第1問 （必答問題）（配点　30）

〔1〕 O を原点とする座標平面上に，2 点 P$(\cos\theta_1,\ \sin\theta_1)$，Q$(\cos\theta_2,\ \sin\theta_2)$ があり，θ_1 と θ_2 は $\theta_2 - 3\theta_1 = \dfrac{\pi}{2}$ を満たしながら $0 \leqq \theta_1 < 2\pi$ で動く。

(1) Q の座標を θ_1 を用いて表すと（［ア］，［イ］）である。

よって，線分 PQ の長さの 2 乗は

$$PQ^2 = \boxed{ウ} + \boxed{エ}\sin\boxed{オ}\theta_1$$

であるから，線分 PQ の長さの最大値は［カ］である。

また，P と Q が一致するときの θ_1 の値を求めると

$$\theta_1 = \frac{\boxed{キ}}{\boxed{ク}}\pi,\ \frac{\boxed{ケ}}{\boxed{コ}}\pi$$

である。ただし，$\dfrac{\boxed{キ}}{\boxed{ク}}$，$\dfrac{\boxed{ケ}}{\boxed{コ}}$ の解答の順序は問わない。

［ア］，［イ］の解答群（同じものを繰り返し選んでもよい。）

⓪ $\sin 2\theta_1$	① $-\sin 2\theta_1$	② $\cos 2\theta_1$	③ $-\cos 2\theta_1$
④ $\sin 3\theta_1$	⑤ $-\sin 3\theta_1$	⑥ $\cos 3\theta_1$	⑦ $-\cos 3\theta_1$

（数学Ⅱ・数学B 第1問は次ページに続く。）

(2) 線分 PQ の長さを 2 乗したものを $f(\theta_1)$ とおく。このとき，関数 $y = f(\theta_1)$ のグラフの概形は [サ] である。

[サ] については，最も適当なものを，次の ⓪〜⑦ のうちから一つ選べ。

⓪
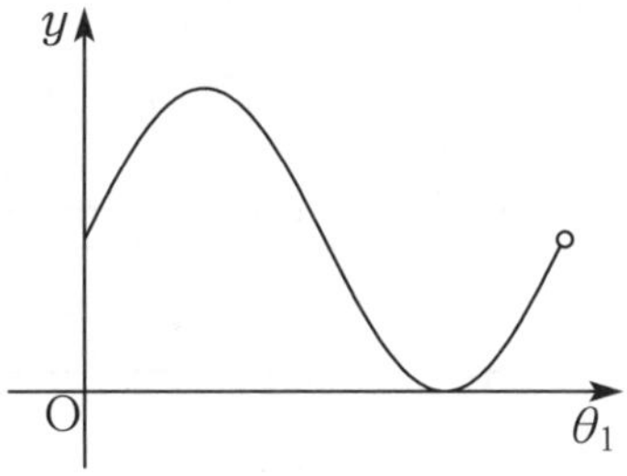

①
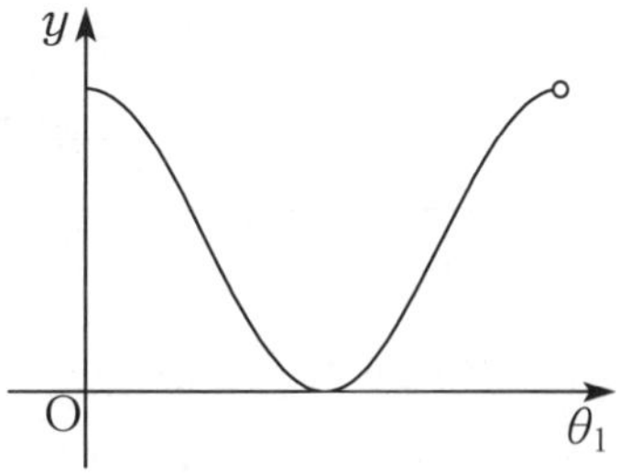

②
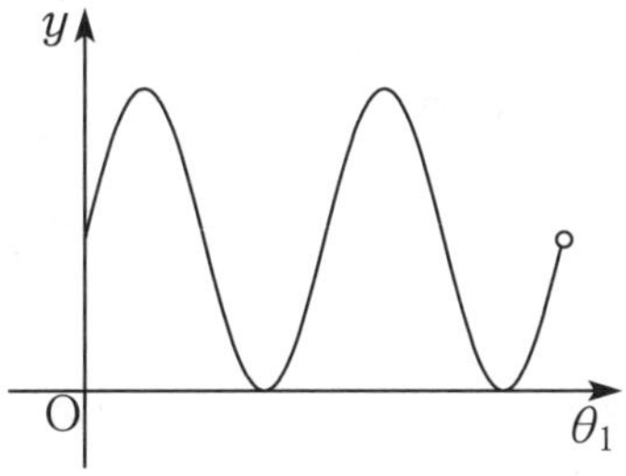

③
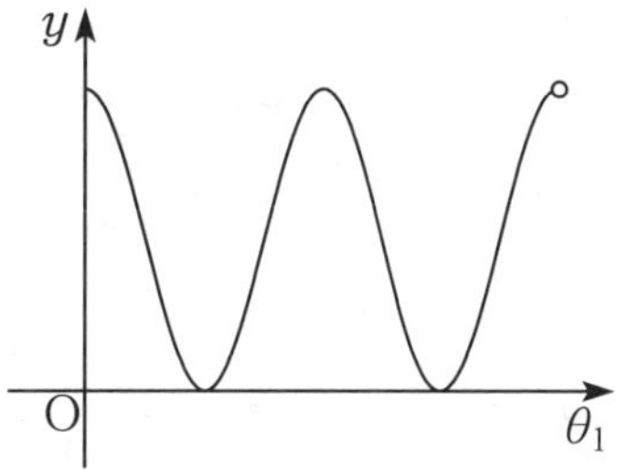

④
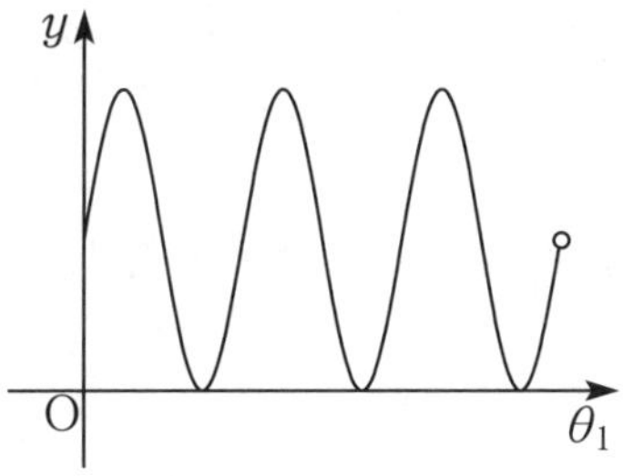

⑤
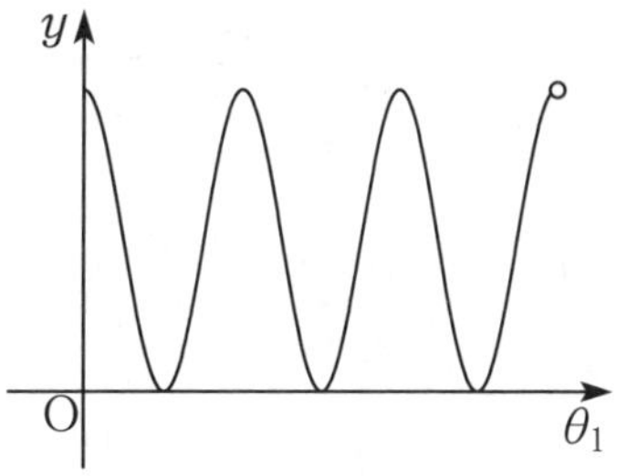

⑥
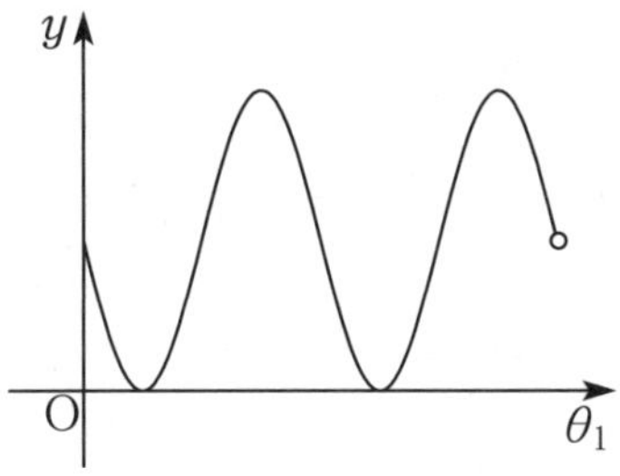

⑦
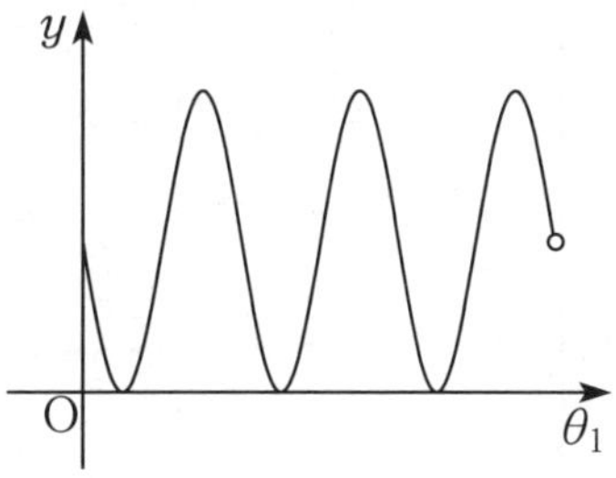

(数学 Ⅱ・数学 B 第 1 問は次ページに続く。)

〔2〕 先生と太郎さんは，次の**問題**とその解答について話している。二人の会話を読んで，下の問いに答えよ。

> **問題** a を定数とする。x についての方程式
> $$4^x + 4^{-x} - 2^{x+3} - 2^{-x+3} + 20 - a = 0$$
> の異なる実数解の個数を調べよ。

太郎さんの解答

$4^x + 4^{-x} - 2^{x+3} - 2^{-x+3} + 20 - a = 0$ を整理すると

$$4^x + 4^{-x} - 2^{x+3} - 2^{-x+3} + 20 = a$$

であり，この式の左辺を $f(x)$ とおき，$t = 2^x + 2^{-x}$ と置き換えると

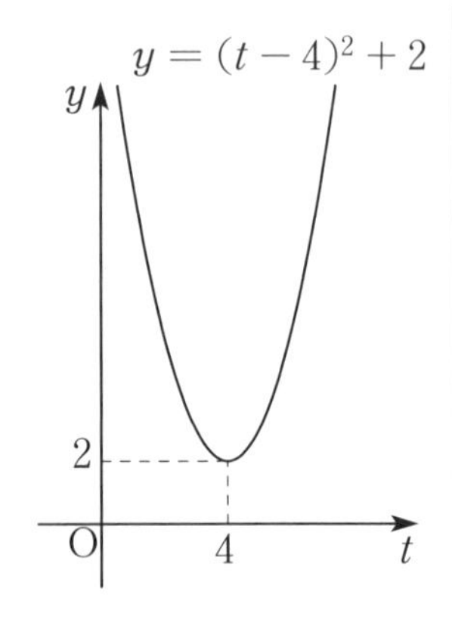

$$\begin{aligned} f(x) &= 4^x + 4^{-x} - 2^{x+3} - 2^{-x+3} + 20 \\ &= (2^x + 2^{-x})^2 - 2 - 2^3(2^x + 2^{-x}) + 20 \\ &= t^2 - 8t + 18 \\ &= (t-4)^2 + 2 \end{aligned}$$

であるから，$y = (t-4)^2 + 2$ と $y = a$ のグラフの共有点の個数は

$a < 2$ のとき　　0 個

$a = 2$ のとき　　1 個

$a > 2$ のとき　　2 個

よって，$4^x + 4^{-x} - 2^{x+3} - 2^{-x+3} + 20 - a = 0$ の異なる実数解の個数は

$a < 2$ のとき　　0 個

$a = 2$ のとき　　1 個

$a > 2$ のとき　　2 個

である。

（数学 Ⅱ・数学 B 第 1 問は次ページに続く。）

(1)　$a=2$ のときの実数解を実際に求めてみよう。

$t=2^{x}+2^{-x}$ とおくと，$a=2$ のとき

$t=$ [シ]

であるから，方程式 $2^{x}+2^{-x}=$ [シ] を解くと

$x=\log_{2}\left(\text{[ス]}\pm\sqrt{\text{[セ]}}\right)$

である。

（数学 II・数学 B 第 1 問は次ページに続く。）

先生：**太郎さんの解答**では，$a=2$ のとき異なる実数解の個数は 1 個ですが，$a=2$ のとき，この方程式の解は $x=\log_2\left(\boxed{\text{ス}}\pm\sqrt{\boxed{\text{セ}}}\right)$ なので，実数解の個数は 2 個ですね。したがって，**太郎さんの解答**はどこかが間違っていることがわかります。

太郎：$f(x)$ を t の式で表す計算が間違っているのかな。

先生：$t=2^x+2^{-x}$ と置き換えたときに，$f(x)=(t-4)^2+2$ となるのは正しいですが，$y=(t-4)^2+2$ と $y=a$ のグラフの共有点の個数を，**問題**の方程式の異なる実数解の個数とすることについては正しいとは言えません。たとえば，$t=0$ を満たすような実数 x が存在するかどうかを調べてみましょう。

太郎：$t=0$ のとき $2^x+2^{-x}=0$ だから，この方程式の実数解が存在するかを調べるということですね。

(2)　$2^x+2^{-x}=0$ は $\boxed{\text{ソ}}$。

$\boxed{\text{ソ}}$ の解答群

⓪　実数解をもたない
①　実数解を 1 個だけもち，それは負である
②　実数解を 1 個だけもち，それは正である
③　実数解を 1 個もつ

（数学 Ⅱ・数学 B 第 1 問は次ページに続く。）

(3) $t = 2^x + 2^{-x}$ のとき，t のとり得る値の範囲は [タ] であり，[タ] において t の値を一つ定めたときの x の値の個数は [チ]。

[タ] の解答群

⓪ $t \geqq 1$	① $t \geqq 2$	② $t \geqq 4$
③ $t \leqq 1$	④ $t \leqq 2$	⑤ $t \leqq 4$

[チ] の解答群

⓪ つねに 1 個である

① 1 個のときと 2 個のときがある

② つねに 2 個である

③ 3 個以上になるときもある

（数学 Ⅱ・数学 B 第 1 問は次ページに続く。）

(4) **問題**の正しい答えは

実数解が存在しないのは [ツ] のとき

実数解が 2 個だけ存在するのは [テ], [ト] のとき

実数解が 3 個だけ存在するのは [ナ] のとき

実数解が 4 個だけ存在するのは [ニ] のとき

である。ただし, [テ], [ト] は解答の順序は問わない。

[ツ] ～ [ニ] の解答群

⓪ $a<2$	① $a \leqq 2$	② $a=2$	③ $a \geqq 2$
④ $a>2$	⑤ $2 \leqq a \leqq 6$	⑥ $2<a \leqq 6$	⑦ $2<a<6$
⑧ $a=6$	⑨ $a>6$		

（下　書　き　用　紙）

数学 II・数学 B の試験問題は次に続く。

第2問　（必答問題）（配点　30）

〔1〕 $f(x)=x^3-3x$ とし，$g(x)$ を x の2次式とする。放物線 $G:y=g(x)$ は曲線 $F:y=f(x)$ 上の点 $(-1,\ 2)$ を通り，F と G は点 $(1,\ -2)$ で共通の接線をもつ。F 上の点 $(\alpha,\ f(\alpha))$ における F の接線と G 上の点 $(\alpha,\ g(\alpha))$ における G の接線の傾きが等しくなるような α の値を求めよう。

$h(x)=f(x)-g(x)$ とおくと

$h(x)=$ [ア]

であり，F 上の点 $(\alpha,\ f(\alpha))$ における F の接線と G 上の点 $(\alpha,\ g(\alpha))$ における G の接線の傾きが等しくなるとき

[イ] $=0$

である。よって，求める α の値は [ウ] である。

（数学Ⅱ・数学B 第2問は次ページに続く。）

ア の解答群

⓪	$(x+1)^2(x-1)$	①	$(x+1)(x-1)^2$
②	$-(x+1)^2(x-1)$	③	$-(x+1)(x-1)^2$
④	$2(x+1)^2(x-1)$	⑤	$2(x+1)(x-1)^2$
⑥	$-2(x+1)^2(x-1)$	⑦	$-2(x+1)(x-1)^2$

イ の解答群

⓪	$h(\alpha)$	①	$h'(\alpha)$
②	$h(\alpha)+h'(\alpha)$	③	$h(\alpha)-h'(\alpha)$

ウ の解答群

⓪	$\alpha=-1$	①	$\alpha=-\frac{1}{3}$
②	$\alpha=\frac{1}{3}$	③	$\alpha=1$
④	$\alpha=-1,\ \frac{1}{3}$	⑤	$\alpha=-1,\ 1$
⑥	$\alpha=-\frac{1}{3},\ 1$	⑦	$\alpha=\frac{1}{3},\ 1$
⑧	$\alpha=-1,\ -\frac{1}{3},\ 1$	⑨	$\alpha=-1,\ \frac{1}{3},\ 1$

（数学 II・数学 B 第 2 問は次ページに続く。）

〔2〕 k を実数とする。O を原点とする座標平面上に曲線 $C: y = x^3 - 4x^2 + 3x$ と直線 $\ell: y = kx$ がある。曲線 C と直線 ℓ が異なる三つの点で交わるとき，曲線 C と直線 ℓ で囲まれてできる二つの図形の面積について考えよう。

(1) 曲線 C と直線 ℓ が異なる三つの点で交わるときの k の値の範囲は

[エオ] $< k <$ [カ]，$k >$ [キ]

である。

(2) [エオ] $< k <$ [カ] とする。曲線 C と直線 ℓ で囲まれてできる二つの図形の面積が等しいときの k の値を求めよう。

曲線 C と直線 ℓ の交点の x 座標のうち，0 でないものを α，β $(0 < \alpha < \beta)$ とすると

$$\int_0^\beta x(x-\alpha)(x-\beta)\,dx = \boxed{ク}$$

より，$\beta =$ [ケ] である。

[ケ] の解答群

⓪ 2α	① $2\alpha - 1$	② $2\alpha + 1$
③ 3α	④ $3\alpha - 1$	⑤ $3\alpha + 1$

（数学Ⅱ・数学B 第2問は次ページに続く。）

また，$\alpha = \dfrac{\boxed{コ}}{\boxed{サ}}$，$k = \dfrac{\boxed{シス}}{\boxed{セ}}$ であり，曲線 C と直線 ℓ の交点について，x 座標が α である点を A，x 座標が β である点を B とすると，点 A は ソ である。

ソ の解答群

⓪	線分 OB の中点
①	線分 OB を 1：2 に内分する点
②	線分 OB を 2：1 に内分する点
③	線分 OB を 2：3 に内分する点
④	線分 OB を 3：2 に内分する点

（数学 Ⅱ・数学 B 第 2 問は次ページに続く。）

(3) $k<0$ とする。曲線 $C: y=x^3-4x^2+3x$ と直線 $m: y=kx+1$ が異なる三つの点で交わり，曲線 C と直線 m で囲まれてできる二つの図形の面積が等しいときの k の値を求めたい。

曲線 C と直線 m の交点の x 座標を p, q, r $(p<q<r)$ として

$$\int_p^r \{x^3-4x^2+3x-(kx+1)\}\,dx = \boxed{\text{ク}}$$

を整理することで k の値を求めようとしたが，計算が複雑になったため，別の方法を考えることにした。

曲線 C の式を $y=f(x)$ とし，曲線 C を x 軸方向に $\dfrac{\boxed{\text{タチ}}}{\boxed{\text{ツ}}}$，$y$ 軸方向に $\dfrac{\boxed{\text{テト}}}{\boxed{\text{ナニ}}}$ だけ平行移動したグラフの式を $y=g(x)$ とする。$y=g(x)$ は原点 O に関して点対称なグラフであり，$g(x)=x^3-\dfrac{\boxed{\text{ヌ}}}{\boxed{\text{ネ}}}x$ であることから，曲線 C と直線 m で囲まれてできる二つの図形の面積が等しいときの曲線 C と直線 m の三つの交点のうち一つの座標がわかる。

このことを利用すると，$k=-\dfrac{\boxed{\text{ノハ}}}{\boxed{\text{ヒフ}}}$ と求められる。

（下　書　き　用　紙）

数学 II・数学 B の試験問題は次に続く。

第３問～第５問は，いずれか２問を選択し，解答しなさい。

第３問　（選択問題）（配点　20）

以下の問題を解答するにあたっては，必要に応じて 19 ページの正規分布表を用いてもよい。

ある山に生息する生物 A を無作為に 400 個体捕まえて調べたところ，標本平均は 100 g，標本標準偏差は 10 g であった。

(1)　生物 A の個体の重さを X g とするとき，X は平均（期待値）が 100，標準偏差が 10 の正規分布に従うとする。$Z =$ ［ア］ とおくと，確率変数 Z は標準正規分布 $N(0,\ 1)$ に従う。

［ア］ の解答群

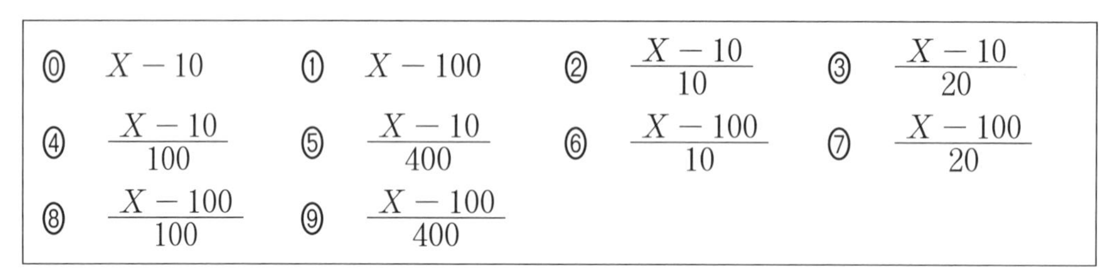

⓪　$X-10$　①　$X-100$　②　$\dfrac{X-10}{10}$　③　$\dfrac{X-10}{20}$

④　$\dfrac{X-10}{100}$　⑤　$\dfrac{X-10}{400}$　⑥　$\dfrac{X-100}{10}$　⑦　$\dfrac{X-100}{20}$

⑧　$\dfrac{X-100}{100}$　⑨　$\dfrac{X-100}{400}$

このことから，X が 120 以上である確率は ［イ］ ％程度と考えられる。

［イ］ については，最も適当なものを，次の ⓪～⑨ のうちから一つ選べ。

⓪　0	①　2	②　4	③　6	④　8
⑤　10	⑥　12	⑦　20	⑧　40	⑨　50

（数学Ⅱ・数学 B 第 3 問は次ページに続く。）

また，捕まえた生物 A の中から無作為に 100 個体取り出したとき，個体の重さの平均が 99 g 以上 100 g 以下になる確率は 0. ウエオカ である。

重さを量りやすくするために，生物 A を 20 g の容器に入れ，生物 A と容器を合わせた重さを量った。生物 A と容器を合わせた重さ $X+20$ (g) を Y g と表すと，Y の平均は キクケ であり，Y の標準偏差は コサ である。

(2) 確率変数 Z が標準正規分布に従うとき，正規分布表によると，確率

$$P\left(-\text{シ}.\text{スセ} \leqq Z \leqq \text{シ}.\text{スセ}\right) = 0.95$$

が成り立つ。

また，同じように考えて

$$P\left(-\text{ソ} \leqq Z \leqq \text{ソ}\right) = 0.99$$

が成り立つ。

ソ については，最も適当なものを，次の ⓪～④ のうちから一つ選べ。

⓪ 0.03	① 1.69	② 1.96	③ 2.58	④ 3.09

(数学 Ⅱ・数学 B 第 3 問は次ページに続く。)

(3) 生物 A を 400 個体捕まえたところ，そのうち 8 個体がある属性をもっていた。生物 A のうちその属性をもつものの比率 p を推定しよう。

標本の大きさ 400 は十分に大きいと考え，p に対する信頼度 95% の信頼区間を求めると

$$0.\boxed{タチツ} \leqq p \leqq 0.\boxed{テトナ}$$

となる。

母標準偏差 σ の母集団から，大きさ n の無作為標本を抽出する。ただし，n は偶数で十分に大きいとする。この標本から得られる母平均 m に対する信頼度 D % の信頼区間を $A \leqq m \leqq B$ とするとき，この信頼区間の幅を $B - A$ と定める。

$D = 95$ のときの信頼区間の幅を L_1 とし，$D = 99$ のときの信頼区間の幅を L_2 とする。また，同じ母集団から大きさ $\frac{n}{2}$ の無作為標本を抽出して得られる母平均 m に対する信頼度 95% の信頼区間の幅を L_3 とするとき，L_1，L_2，L_3 の大小関係は $\boxed{ニ}$ である。

$\boxed{ニ}$ の解答群

⓪ $L_1 < L_2 < L_3$	① $L_1 < L_3 < L_2$	② $L_2 < L_1 < L_3$
③ $L_2 < L_3 < L_1$	④ $L_3 < L_1 < L_2$	⑤ $L_3 < L_2 < L_1$
⑥ $L_1 = L_2 < L_3$	⑦ $L_3 < L_1 = L_2$	⑧ $L_1 = L_3 < L_2$
⑨ $L_2 < L_1 = L_3$		

（数学 II・数学 B 第 3 問は次ページに続く。）

正　規　分　布　表

次の表は，標準正規分布の分布曲線における右図の灰色部分の面積の値をまとめたものである。

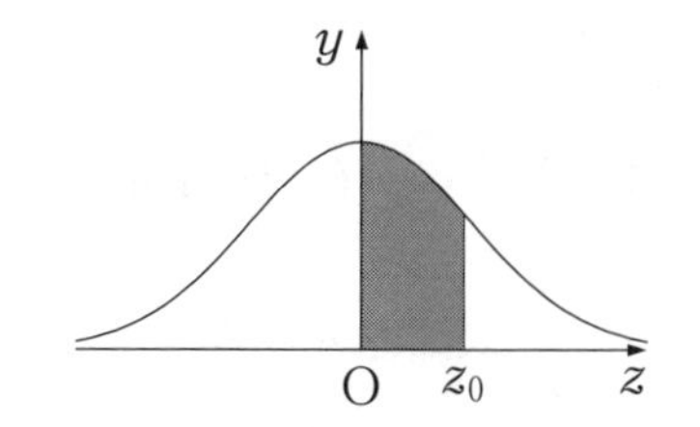

z_0	0.00	0.01	0.02	0.03	0.04	0.05	0.06	0.07	0.08	0.09
0.0	0.0000	0.0040	0.0080	0.0120	0.0160	0.0199	0.0239	0.0279	0.0319	0.0359
0.1	0.0398	0.0438	0.0478	0.0517	0.0557	0.0596	0.0636	0.0675	0.0714	0.0753
0.2	0.0793	0.0832	0.0871	0.0910	0.0948	0.0987	0.1026	0.1064	0.1103	0.1141
0.3	0.1179	0.1217	0.1255	0.1293	0.1331	0.1368	0.1406	0.1443	0.1480	0.1517
0.4	0.1554	0.1591	0.1628	0.1664	0.1700	0.1736	0.1772	0.1808	0.1844	0.1879
0.5	0.1915	0.1950	0.1985	0.2019	0.2054	0.2088	0.2123	0.2157	0.2190	0.2224
0.6	0.2257	0.2291	0.2324	0.2357	0.2389	0.2422	0.2454	0.2486	0.2517	0.2549
0.7	0.2580	0.2611	0.2642	0.2673	0.2704	0.2734	0.2764	0.2794	0.2823	0.2852
0.8	0.2881	0.2910	0.2939	0.2967	0.2995	0.3023	0.3051	0.3078	0.3106	0.3133
0.9	0.3159	0.3186	0.3212	0.3238	0.3264	0.3289	0.3315	0.3340	0.3365	0.3389
1.0	0.3413	0.3438	0.3461	0.3485	0.3508	0.3531	0.3554	0.3577	0.3599	0.3621
1.1	0.3643	0.3665	0.3686	0.3708	0.3729	0.3749	0.3770	0.3790	0.3810	0.3830
1.2	0.3849	0.3869	0.3888	0.3907	0.3925	0.3944	0.3962	0.3980	0.3997	0.4015
1.3	0.4032	0.4049	0.4066	0.4082	0.4099	0.4115	0.4131	0.4147	0.4162	0.4177
1.4	0.4192	0.4207	0.4222	0.4236	0.4251	0.4265	0.4279	0.4292	0.4306	0.4319
1.5	0.4332	0.4345	0.4357	0.4370	0.4382	0.4394	0.4406	0.4418	0.4429	0.4441
1.6	0.4452	0.4463	0.4474	0.4484	0.4495	0.4505	0.4515	0.4525	0.4535	0.4545
1.7	0.4554	0.4564	0.4573	0.4582	0.4591	0.4599	0.4608	0.4616	0.4625	0.4633
1.8	0.4641	0.4649	0.4656	0.4664	0.4671	0.4678	0.4686	0.4693	0.4699	0.4706
1.9	0.4713	0.4719	0.4726	0.4732	0.4738	0.4744	0.4750	0.4756	0.4761	0.4767
2.0	0.4772	0.4778	0.4783	0.4788	0.4793	0.4798	0.4803	0.4808	0.4812	0.4817
2.1	0.4821	0.4826	0.4830	0.4834	0.4838	0.4842	0.4846	0.4850	0.4854	0.4857
2.2	0.4861	0.4864	0.4868	0.4871	0.4875	0.4878	0.4881	0.4884	0.4887	0.4890
2.3	0.4893	0.4896	0.4898	0.4901	0.4904	0.4906	0.4909	0.4911	0.4913	0.4916
2.4	0.4918	0.4920	0.4922	0.4925	0.4927	0.4929	0.4931	0.4932	0.4934	0.4936
2.5	0.4938	0.4940	0.4941	0.4943	0.4945	0.4946	0.4948	0.4949	0.4951	0.4952
2.6	0.4953	0.4955	0.4956	0.4957	0.4959	0.4960	0.4961	0.4962	0.4963	0.4964
2.7	0.4965	0.4966	0.4967	0.4968	0.4969	0.4970	0.4971	0.4972	0.4973	0.4974
2.8	0.4974	0.4975	0.4976	0.4977	0.4977	0.4978	0.4979	0.4979	0.4980	0.4981
2.9	0.4981	0.4982	0.4982	0.4983	0.4984	0.4984	0.4985	0.4985	0.4986	0.4986
3.0	0.4987	0.4987	0.4987	0.4988	0.4988	0.4989	0.4989	0.4989	0.4990	0.4990

第3問～第5問は，いずれか2問を選択し，解答しなさい。

第4問　（選択問題）（配点　20）

太郎さんと花子さんは，数列の漸化式に関する**問題 A**，**問題 B** について話している。二人の会話を読んで，下の問いに答えよ。

(1)

問題 A　次のように定められた数列 $\{a_n\}$ の一般項を求めよ。

$$a_1 = 1,\ a_{n+1} = \frac{a_n}{a_n + 2} \quad (n = 1,\ 2,\ 3,\ \cdots)$$

太郎：授業では，等差数列，等比数列，階差数列や

$$A_{n+1} = xA_n + y \quad (x,\ y \text{ は定数で，} x \neq 0,\ 1) \quad \cdots\cdots\cdots (*)$$

の形の漸化式を習ったけれど，右辺が分数式だから，そのままでは学習したことを使えないね。

花子：**問題 A** の右辺の分子は a_n の項だけだから，両辺の逆数をとったらどうだろう。

太郎：でも，$a_n = 0$ のときがあると逆数はとれないよ。

花子：$a_n = 0$ とならないことは証明できるよ。

（数学 II・数学 B 第 4 問は次ページに続く。）

任意の自然数 n について，$a_n \neq 0$ が成り立つことは，次のような**花子さんの証明の構想**により証明できる。

花子さんの証明の構想

$a_n > 0$ であることは，$a_n \neq 0$ であるための ア 。

任意の自然数 n について $a_n > 0$ であることは，$n = k$ $(k \geqq 1)$ のときの成立を仮定して，$n = k+1$ のときも成り立つことを示せば， イ により，証明できる。

ア の解答群

⓪ 必要条件であるが，十分条件ではない
① 十分条件であるが，必要条件ではない
② 必要十分条件である
③ 必要条件でも十分条件でもない

イ については，最も適当なものを，次の⓪～③のうちから一つ選べ。

⓪	組立除法	①	背理法
②	対偶証明法	③	数学的帰納法

（数学Ⅱ・数学B第4問は次ページに続く。）

数列 $\{p_n\}$ を $p_n = \dfrac{1}{a_n}$ $(n = 1,\ 2,\ 3,\ \cdots)$ と定めると

$$p_{n+1} = \boxed{\text{ウ}}\,p_n + \boxed{\text{エ}}$$

であり，(*) の形になる。このとき

$$p_{n+1} + \boxed{\text{オ}} = \boxed{\text{カ}}\left(p_n + \boxed{\text{オ}}\right)$$

であるから，数列 $\left\{p_n + \boxed{\text{オ}}\right\}$ は $\boxed{\boxed{\text{キ}}}$ ことがわかる。

よって，数列 $\{a_n\}$ の一般項を求めると

$$a_n = \frac{\boxed{\text{ク}}}{\boxed{\text{ケ}}^{\,n} - \boxed{\text{コ}}}$$

である。

$\boxed{\boxed{\text{キ}}}$ の解答群

⓪	すべての項が同じ値をとる数列である
①	公差が 0 でない等差数列である
②	公比が 1 より大きい等比数列である
③	公比が 1 より小さい等比数列である
④	等差数列でも等比数列でもない

(数学 Ⅱ・数学 B 第 4 問は次ページに続く。)

(2)

問題 B 次のように定められた数列 $\{b_n\}$ の一般項を求めよ。

$$b_1 = 1,\ b_{n+1} = 3b_n + 10n - 3 \quad (n = 1,\ 2,\ 3,\ \cdots)$$

太郎：これも (*) の形ではないね。

花子：階差数列をとることで，(*) の形にできないかな。

太郎：(*) の式変形の考え方を応用できないか，考えてみるよ。

花子さんの方針

数列 $\{b_n\}$ の階差数列を，$q_n = b_{n+1} - b_n \quad (n = 1,\ 2,\ 3,\ \cdots)$ と定めると

$$q_{n+1} = \boxed{\text{サ}}\,q_n + \boxed{\text{シス}}$$

となり，数列 $\{q_n\}$ の一般項が

$$q_n = \boxed{\text{セソ}} \cdot \boxed{\text{タ}}^{\,n-1} - \boxed{\text{チ}}$$

となることを用いる。

太郎さんの方針

数列 $\{r_n\}$ を，$r_n = b_n + \boxed{\text{ツ}}\,n + \boxed{\text{テ}} \quad (n = 1,\ 2,\ 3,\ \cdots)$ と定めると

$$r_{n+1} = 3r_n$$

となり，数列 $\{r_n\}$ は公比 3 の等比数列になることを用いる。

数列 $\{b_n\}$ の一般項は

$$b_n = \boxed{\text{ト}} \cdot \boxed{\text{ナ}}^{\,n-1} - \boxed{\text{ニ}}\,n - \boxed{\text{ヌ}}$$

である。

(数学 II・数学 B 第 4 問は次ページに続く。)

(3)　次のように定められた数列 $\{c_n\}$ がある。

$$c_1 = 1,\ \ c_{n+1} = \frac{c_n}{n^2 c_n + 2} \quad (n = 1,\ 2,\ 3,\ \cdots)$$

数列 $\{c_n\}$ の一般項を求めると

$$c_n = \frac{\boxed{\text{ネ}}}{\boxed{\text{ノ}} \cdot \boxed{\text{ハ}}^{\,n-1} - n^{\boxed{\text{ヒ}}} - \boxed{\text{フ}}\,n - \boxed{\text{ヘ}}}$$

である。

（下　書　き　用　紙）

数学 II・数学 B の試験問題は次に続く。

第3問～第5問は，いずれか2問を選択し，解答しなさい。

第5問 （選択問題）（配点 20）

平面上の異なる2点 $A\left(\vec{a}\right)$，$B\left(\vec{b}\right)$ に対して，ベクトルで表された関係式を満たす動点 $P\left(\vec{p}\right)$，$Q\left(\vec{q}\right)$ が，関係式によってどのような軌跡を描くか，どのような領域に存在するかについて考察しよう。

(1) 点 $P\left(\vec{p}\right)$ が直線 AB 上にあるとき，$A \neq P$ ならば $AP \mathbin{/\!/} AB$ であり，$A = P$ のときも含め，実数 k を用いて

$$\overrightarrow{AP} = k\overrightarrow{AB}$$

と表すことができるから

$$\vec{p} - \vec{a} = k\left(\vec{b} - \vec{a}\right)$$

より

$$\vec{p} = (1-k)\vec{a} + k\vec{b}$$

が成り立つ。

(i) 直線 AB 上の点 $P\left(\vec{p}\right)$ が，点 $A\left(\vec{a}\right)$ に関して，点 $B\left(\vec{b}\right)$ の反対側にあるとき，k の値について，[ア] ことがわかる。

[ア] については，最も適当なものを，次の ⓪～② のうちから一つ選べ。

⓪ 正の値をとる
① 負の値をとる
② 正の値をとることも，負の値をとることもある

(ii) 点 $P\left(\vec{p}\right)$ が線分 AB（端点を含む）上にあるとき，k のとり得る値の範囲は

[イ] $\leqq k \leqq$ [ウ]

である。

（数学 II・数学 B 第5問は次ページに続く。）

(2) ベクトル $\vec{a}$，$\vec{b}$，$\vec{p}$ の始点を，$\mathrm{OA}=4$，$\mathrm{OB}=6$，$\angle\mathrm{AOB}=60^\circ$ を満たす点 O とし，s，t を実数として

$$\vec{p}=s\vec{a}+t\vec{b}$$

が成り立つとする。

(i) 線分 OA の中点を M とおくと，$\vec{p}$ は

$$\vec{p}=\boxed{\text{エ}}\,s\overrightarrow{\mathrm{OM}}+t\overrightarrow{\mathrm{OB}}$$

と表すことができ，点 $\mathrm{P}\left(\vec{p}\right)$ が直線 MB 上にあるとき

$$\boxed{\text{エ}}\,s+t=\boxed{\text{オ}}$$

が成り立つ。

(ii) $2s+3t=1$ が成り立つとき，点 $\mathrm{P}\left(\vec{p}\right)$ は線分 OA を 1：$\boxed{\text{カ}}$ に内分する点と，線分 OB を 1：$\boxed{\text{キ}}$ に内分する点を結ぶ直線上にある。

（数学 II・数学 B 第 5 問は次ページに続く。）

(iii) $\vec{p}$ が実数 s, t を用いて

$$\vec{p}=s\vec{a}+t\vec{b},\ 2s+3t\leqq 1,\ 0\leqq s\leqq 1,\ 0\leqq t\leqq 1$$

を満たすとき，点 $\mathrm{P}\left(\vec{p}\right)$ の存在する領域の面積 S は

$$S=\sqrt{\boxed{\text{ク}}}$$

である。

(iv) (iii)を満たす点 $\mathrm{P}\left(\vec{p}\right)$ に対して，点 $\mathrm{Q}\left(\vec{q}\right)$ が

$$\left|\vec{q}-\vec{p}\right|=1$$

を満たすとき，点 $\mathrm{Q}\left(\vec{q}\right)$ の存在する領域の面積は ケ である。

ケ の解答群

⓪ $\pi+4$	① $\pi+4+\sqrt{3}$	② $\pi+6$	③ $\pi+6+\sqrt{3}$
④ $2\pi+4$	⑤ $2\pi+4+\sqrt{3}$	⑥ $2\pi+6$	⑦ $2\pi+6+\sqrt{3}$

模試　第2回

（100点 60分）

〔数学Ⅱ・B〕

注　意　事　項

1　**数学解答用紙（模試 第2回）をキリトリ線より切り離し，試験開始の準備をしなさい。**

2　**時間を計り，上記の解答時間内で解答しなさい。**
ただし，納得のいくまで時間をかけて解答するという利用法でもかまいません。

3　第1問，第2問は必答。第3問～第5問から2問選択。計4問を解答しなさい。

4　この回の模試の問題は，このページを含め，25ページあります。

5　**解答用紙には解答欄以外に受験番号欄，氏名欄，試験場コード欄，解答科目欄があります。解答科目欄は解答する科目**を一つ選び，科目名の下の○に**マーク**しなさい。**その他の欄**は自分自身で本番を想定し，**正しく記入し，マークしなさい。**

6　**解答は解答用紙の解答欄にマークしなさい。**

7　選択問題については，解答する問題を決めたあと，その問題番号の解答欄に解答しなさい。ただし，**指定された問題数をこえて解答してはいけません。**

8　問題の余白は適宜利用してよいが，どのページも切り離してはいけません。

第１問　（必答問題）（配点　30）

〔1〕 文化祭の展示品を制作する際に使う塗料を調達することになった。必要となるのは，黒い塗料が 1200 mL，白い塗料が 2000 mL，青い塗料が 1000 mL である。

これらの塗料の入手方法を調査したところ，それぞれを単品で購入するよりも，セット販売の商品を購入した方が費用を安くできることがわかった。利用する業者の候補は次の二つである。

> **業者 X**：
> 黒い塗料 300 mL，白い塗料 300 mL，青い塗料 100 mL のセットを 1000 円で販売している。購入するセットの個数に関わらず一律で一定の送料がかかる。
>
> **業者 Y**：
> 黒い塗料 100 mL，白い塗料 200 mL，青い塗料 200 mL のセットを 1500 円で販売している。購入するセットの個数に関わらず一律で一定の送料がかかる。

x，y を 0 以上の整数とし，業者 X のセットを x 個，業者 Y のセットを y 個購入するとする。このとき，費用をなるべく安くするためには，どのセットを何個購入するのがよいかを調べよう。

（数学 Ⅱ・数学 B 第 1 問は次ページに続く。）

(1) x, y は次の条件を満たす必要がある。

黒い塗料についての条件　[ア] $\geqq 1200$

白い塗料についての条件　[イ] $\geqq 2000$

青い塗料についての条件　[ウ] $\geqq 1000$

[ア] ～ [ウ] の解答群（同じものを繰り返し選んでもよい。）

⓪ $100x+100y$	① $100x+200y$	② $100x+300y$
③ $200x+100y$	④ $200x+200y$	⑤ $200x+300y$
⑥ $300x+100y$	⑦ $300x+200y$	⑧ $300x+300y$

(2) 次の x の値に対し，(1)の三つの条件をすべて満たす y の最小値を求めよう。

$x=4$ のとき，y の最小値は　$y=$ [エ]

$x=5$ のとき，y の最小値は　$y=$ [オ]

（数学Ⅱ・数学B 第1問は次ページに続く。）

(3) 送料を除いたときに費用が最も安くなる場合を考えよう。

送料を除いたときの費用は [カ] (円) であるから，送料を除いたときの費用が最も安くなるのは，業者 X のセットを [キ] 個，業者 Y のセットを [ク] 個購入する場合で，このときの費用は [ケコサシ] 円である。

[カ] の解答群

⓪	$1000x+1500y$	①	$1500x+1000y$
②	$2x+3y$	③	$3x+2y$

(4) 送料を含めたときに費用が最も安くなる場合を考えよう。

業者 X と業者 Y の送料が(i)，(ii)の金額のときに，費用が最も安くなる購入の仕方として正しいものは

(i) 業者 X の送料 900 円，業者 Y の送料 900 円のとき [ス]

(ii) 業者 X の送料 3000 円，業者 Y の送料 1500 円のとき [セ]

である。

[ス]，[セ] の解答群（同じものを繰り返し選んでもよい。）

⓪ 業者 X だけを使って購入する

① 業者 Y だけを使って購入する

② 業者 X と業者 Y の両方を使って購入する

（下　書　き　用　紙）

数学 II・数学 B の試験問題は次に続く。

〔2〕

(1) $\cos 2x + 2\sin x$ の周期を求めよう。ただし，正の周期のうち最小のものを単に周期とよぶことにする。

$\cos 2x$ の周期は [ソ]，$2\sin x$ の周期は [タ] である。

また，$x=0$ のとき $\cos 2x + 2\sin x = 1$ であることを利用して，$\cos 2x + 2\sin x = 1$ となる x の値を，$0 \leqq x < 2\pi$ において求めると

$x = 0$，[チ]，[ツ]

である。

よって，$\cos 2x + 2\sin x$ の周期は [テ] である。

[ソ]，[タ]，[テ] の解答群（同じものを繰り返し選んでもよい。）

⓪ $\dfrac{\pi}{2}$	① π	② $\dfrac{3}{2}\pi$	③ 2π
④ $\dfrac{5}{2}\pi$	⑤ 3π	⑥ $\dfrac{7}{2}\pi$	⑦ 4π

[チ]，[ツ] の解答群（解答の順序は問わない。）

⓪ $\dfrac{\pi}{4}$	① $\dfrac{\pi}{2}$	② $\dfrac{3}{4}\pi$	③ π
④ $\dfrac{5}{4}\pi$	⑤ $\dfrac{3}{2}\pi$	⑥ $\dfrac{7}{4}\pi$	

(2) $\cos 2x + 2\sin x$ の最大値と最小値を求めよう。

$$\cos 2x + 2\sin x = \boxed{\text{トナ}}\left(\sin x - \frac{\boxed{\text{ニ}}}{\boxed{\text{ヌ}}}\right)^2 + \frac{\boxed{\text{ネ}}}{\boxed{\text{ノ}}}$$

より，最大値は $\dfrac{\boxed{\text{ハ}}}{\boxed{\text{ヒ}}}$，最小値は [フヘ] である。

（数学Ⅱ・数学B 第1問は次ページに続く。）

(3)　図の点線は $y = \cos 2x$ のグラフである。

(1)，(2)の結果から，$y = \cos 2x + 2\sin x$ のグラフの概形が実線で正しくかかれているものは **ホ** である。

ホ については，最も適当なものを，次の ⓪〜⑤ のうちから一つ選べ。

⓪
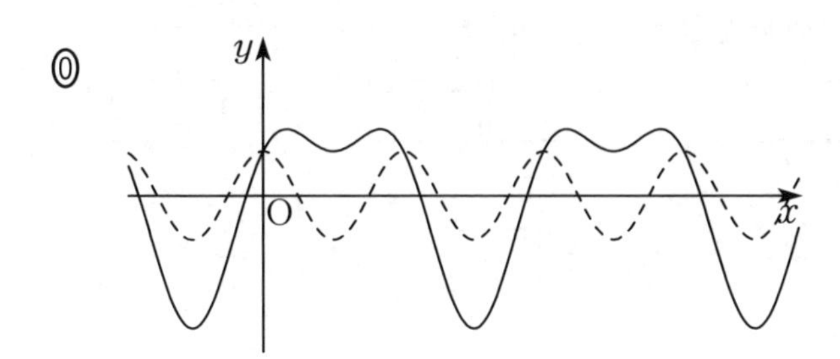

①
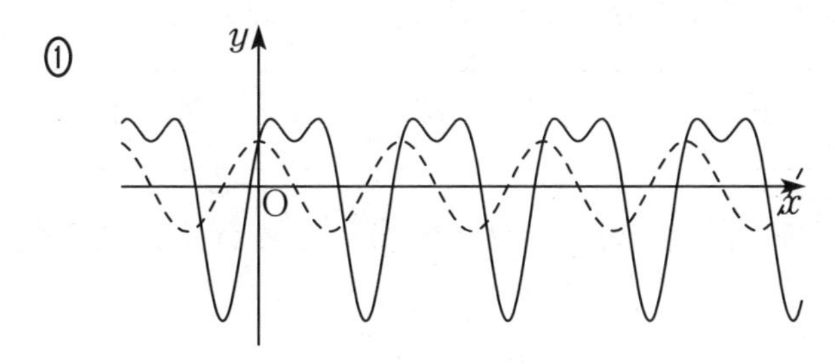

②
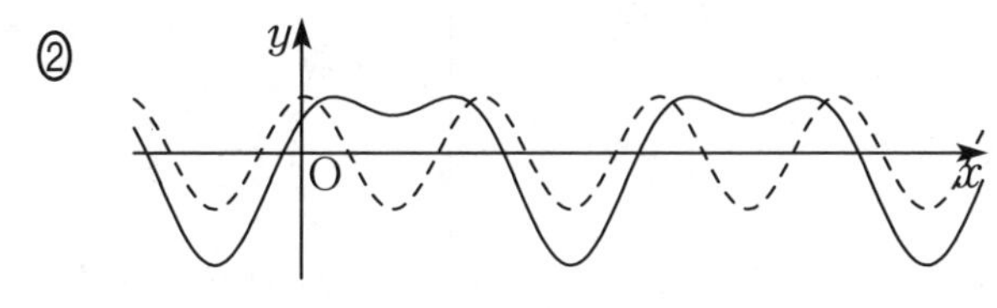

③

④
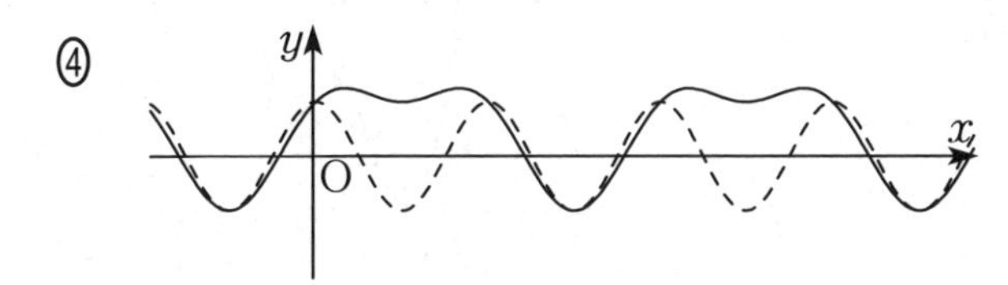

⑤
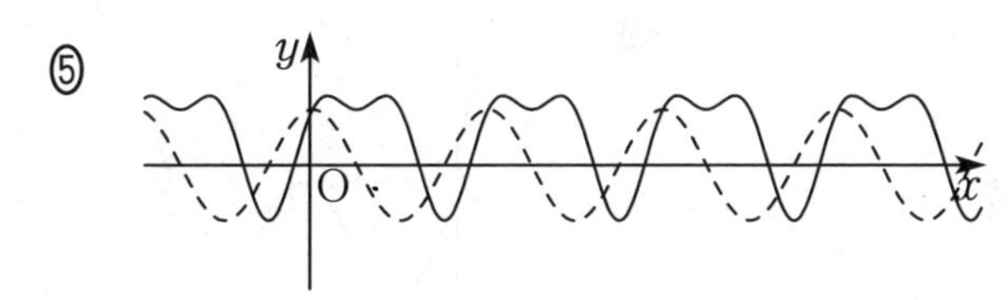

第２問　（必答問題）（配点　30）

$\alpha > 0$ とする。3 次関数 $f(x) = x^3 + ax^2 + bx + c$ は $x = \alpha,\ 3\alpha$ で極値をとり，$y = f(x)$ のグラフは点 $(0,\ 0)$ を通るとする。

(1)　$y = f(x)$ のグラフの概形を調べよう。$a,\ b,\ c$ はそれぞれ

$a =$ アイ ウ，　$b =$ エ オ，　$c =$ カ

である。

よって，$y = f(x)$ のグラフの概形は キ である。

ウ，オ の解答群（同じものを繰り返し選んでもよい。）

⓪　α	①　α^2	②　α^3	③　α^4

キ については，最も適当なものを，次の⓪～⑤のうちから一つ選べ。

⓪
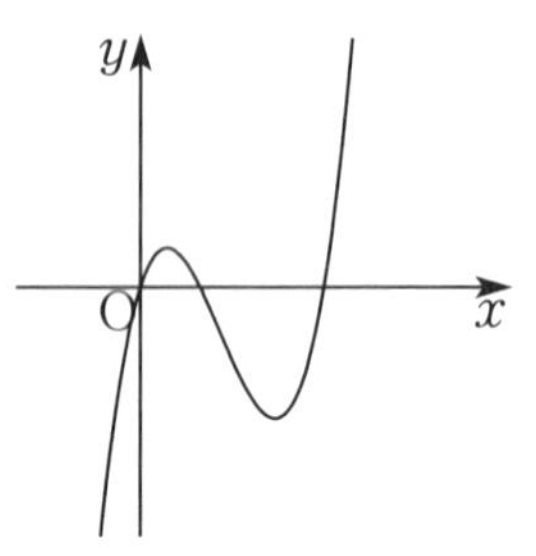

①
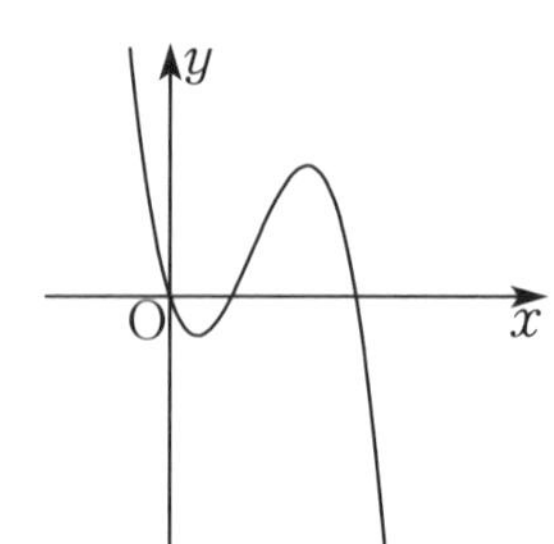

②
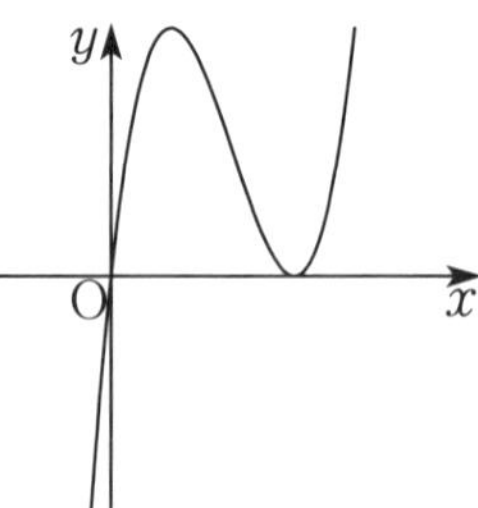

③
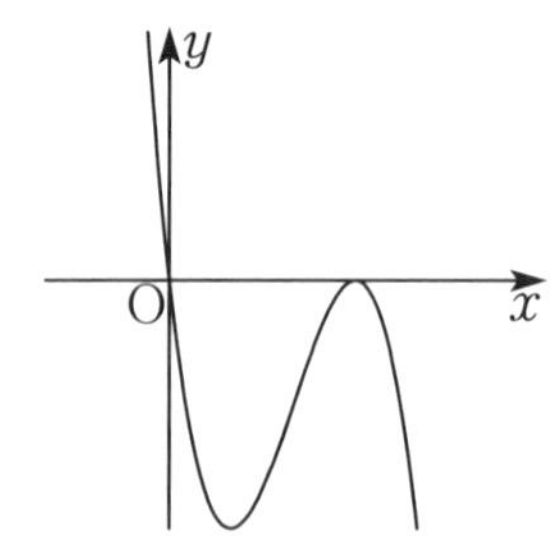

④
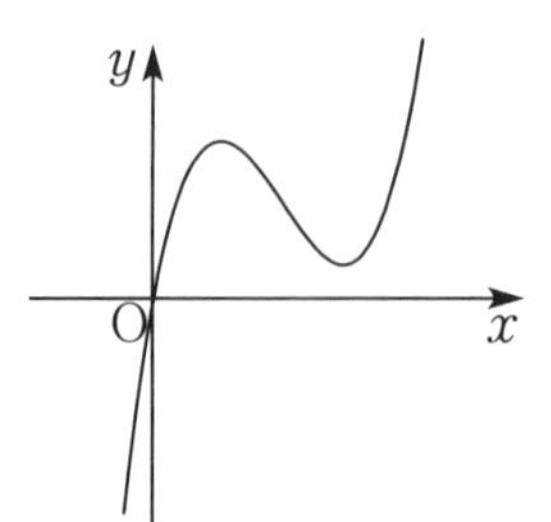

⑤
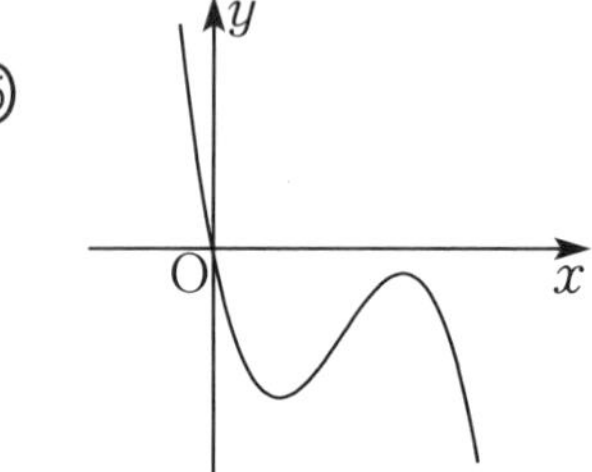

（数学Ⅱ・数学Ｂ第２問は次ページに続く。）

(2) 曲線 $y=f(x)$ 上の点 $\mathrm{P}(\alpha,\ f(\alpha))$ における接線 ℓ_1 と曲線 $y=f(x)$ によって囲まれてできる図形の面積を S_1 とし，曲線 $y=f(x)$ 上の点 $\mathrm{Q}(3\alpha,\ f(3\alpha))$ における接線 ℓ_2 と曲線 $y=f(x)$ によって囲まれてできる図形の面積を S_2 として，S_1 と S_2 の関係について調べよう。

ℓ_1 と曲線 $y=f(x)$ の共有点の x 座標は α と $\boxed{\text{ク}}\,\alpha$ であるから

$$S_1=\frac{\boxed{\text{ケコ}}}{\boxed{\text{サ}}}\alpha^{\boxed{\text{シ}}}$$

である。

そして，S_2 も S_1 と同様に α を用いて表すことができ，S_1 と S_2 は $\boxed{\boxed{\text{ス}}}$ を満たすことがわかる。

$\boxed{\boxed{\text{ス}}}$ の解答群

⓪ $S_1=S_2$	① $2S_1=3S_2$	② $4S_1=3S_2$	③ $3S_1=4S_2$
④ $9S_1=16S_2$	⑤ $16S_1=9S_2$	⑥ $27S_1=16S_2$	⑦ $16S_1=27S_2$

（数学Ⅱ・数学B 第2問は次ページに続く。）

(3) r, s $(r \neq s)$ を実数とする。曲線 $y=f(x)$ 上の点 $\mathrm{R}(r,\ f(r))$ における接線 ℓ_3 と曲線 $y=f(x)$ によって囲まれてできる図形の面積を S_3 とし，曲線 $y=f(x)$ 上の点 $\mathrm{S}(s,\ f(s))$ における接線 ℓ_4 と曲線 $y=f(x)$ によって囲まれてできる図形の面積を S_4 として，S_3 と S_4 の大小関係について調べよう。

(i) (2)における 2 点 P，Q を結ぶ線分 PQ の中点を M とおくと，点 M の座標は

$$\left(\boxed{\text{セ}}\,\alpha,\ \boxed{\text{ソ}}\,\alpha^{\boxed{\text{タ}}}\right)$$

であり，点 M に関して点 R と対称の位置にある点を T とし，T の座標を $(X,\ Y)$ とすると

$$\boxed{\boxed{\text{チ}}} = \boxed{\text{セ}}\,\alpha, \quad \boxed{\boxed{\text{ツ}}} = \boxed{\text{ソ}}\,\alpha^{\boxed{\text{タ}}}$$

であるから，T の座標は

$$\left(\boxed{\text{テ}}\,r+\boxed{\text{ト}}\,\alpha,\ \boxed{\text{ナ}}\,r^3+\boxed{\text{ニ}}\,\alpha r^2-\boxed{\text{ヌ}}\,\alpha^2 r+\boxed{\text{ネ}}\,\alpha^3\right)$$

である。よって，点 T は $\boxed{\boxed{\text{ノ}}}$。

$\boxed{\boxed{\text{チ}}}$，$\boxed{\boxed{\text{ツ}}}$ の解答群（同じものを繰り返し選んでもよい。）

⓪ $X+r$	① $X+f(r)$	② $Y+r$	③ $Y+f(r)$
④ $\dfrac{X+r}{2}$	⑤ $\dfrac{X+f(r)}{2}$	⑥ $\dfrac{Y+r}{2}$	⑦ $\dfrac{Y+f(r)}{2}$

（数学Ⅱ・数学B 第 2 問は次ページに続く。）

ノ については，最も適当なものを，次の ⓪～⑤ のうちから一つ選べ。

⓪　点 R の位置に関係なく曲線 $y = f(x)$ 上の点であり，点 R における接線と点 T における接線の傾きは等しい

①　点 R の位置に関係なく曲線 $y = f(x)$ 上の点であるが，点 R における接線と点 T における接線の傾きは等しいときと等しくないときがある

②　点 R の位置に関係なく曲線 $y = f(x)$ 上の点であるが，点 R における接線と点 T における接線の傾きは等しくない

③　点 R の位置によっては曲線 $y = f(x)$ 上の点になることもならないこともあり，点 T が曲線 $y = f(x)$ 上の点であれば，点 R における接線と点 T における接線の傾きは等しい

④　点 R の位置によっては曲線 $y = f(x)$ 上の点になることもならないこともあり，点 T が曲線 $y = f(x)$ 上の点であっても，点 R における接線と点 T における接線の傾きは等しいときと等しくないときがある

⑤　点 R の位置によっては曲線 $y = f(x)$ 上の点になることもならないこともあり，点 T が曲線 $y = f(x)$ 上の点であっても，点 R における接線と点 T における接線の傾きは等しくない

(数学 II・数学 B 第 2 問は次ページに続く。)

(ii) $r \neq$ [セ] α かつ $s \neq$ [セ] α とし，ℓ_3 の傾きを m_3，ℓ_4 の傾きを m_4 とする。

次の(a)～(c)の命題の真偽について正しいものは [ハ] である。

(a) $S_3 = S_4$ であれば，$m_3 = m_4$ である。

(b) $m_3 > m_4$ であれば，$S_3 > S_4$ である。

(c) $S_3 > S_4$ であれば，$m_3 > m_4$ である。

[ハ] の解答群

	⓪	①	②	③	④	⑤	⑥	⑦
(a)	真	真	真	真	偽	偽	偽	偽
(b)	真	真	偽	偽	真	真	偽	偽
(c)	真	偽	真	偽	真	偽	真	偽

（下　書　き　用　紙）

数学 II・数学 B の試験問題は次に続く。

第3問～第5問は，いずれか2問を選択し，解答しなさい。

第3問 （選択問題）（配点 20）

以下の問題を解答するにあたっては，必要に応じて17ページの正規分布表を用いてもよい。

ある高校で，生徒会の規約を改正する意見としてA案が提出されており，生徒はA案について「賛成」か「反対」のいずれかに投票することになっている。太郎さんと花子さんは，「賛成」に投票した人が何人以上いれば【可決】するかについて，それぞれのモデルを設定していろいろな場合について考えることにした。

(1) 太郎さんは，ある1人の生徒が「賛成」に投票する確率と「反対」に投票する確率がどちらも $\frac{1}{2}$ であると仮定した。そして，n 人の生徒が仮想の投票を行ったときに，A案について「賛成」に投票した人の割合が $\frac{11}{18}$ 以上であれば，A案を【可決】するという「太郎モデル」を設定して，A案が【可決】される確率について調べることにした。

$n=2$ のとき，A案が可決されるのは「賛成」に投票した人が2人いたときであるから，A案が【可決】される確率は $\dfrac{\boxed{\text{ア}}}{\boxed{\text{イ}}}$ である。

また，$n=5$ のとき，A案が可決されるのは「賛成」に投票した人が $\boxed{\text{ウ}}$ 人以上いたときであるから，A案が【可決】される確率は $\dfrac{\boxed{\text{エ}}}{\boxed{\text{オカ}}}$ である。

（数学Ⅱ・数学B第3問は次ページに続く。）

(2) 花子さんは，仮想の投票を行った生徒から n 人を無作為に選んだとき，$\dfrac{n}{2}$ 人の生徒が A 案について「賛成」に投票したと仮定した。ただし n は偶数であるとする。

そして，この仮定において「賛成」に投票した生徒の比率を標本比率として，「賛成」に投票した生徒の割合 p（母比率）に対する信頼度 95 %の信頼区間 $D_1 \leqq p \leqq D_2$ を求め，「賛成」に投票する生徒の割合が D_2 以上であれば，A 案を【可決】するという「花子モデル」を設定した。

以下，この D_2 を，「花子モデル」において A 案が【可決】されるのに必要な「賛成」に投票する生徒の割合とする。

n が十分に大きいとき，「賛成」に投票した生徒の割合 p（母比率）に対する信頼度 95 %の信頼区間は

$$\frac{\boxed{\text{キ}}}{\boxed{\text{ク}}} - \boxed{\text{ケ}} \times \boxed{\text{コ}} \leqq p \leqq \frac{\boxed{\text{キ}}}{\boxed{\text{ク}}} + \boxed{\text{ケ}} \times \boxed{\text{コ}}$$

である。

ケ の解答群

⓪ 1.64	① 1.96	② 2.58

コ の解答群

⓪ $\dfrac{1}{n}$	① $\dfrac{1}{2n}$	② $\dfrac{1}{4n}$
③ $\dfrac{1}{\sqrt{n}}$	④ $\dfrac{1}{\sqrt{2n}}$	⑤ $\dfrac{1}{2\sqrt{n}}$

よって，36 人という人数が十分に大きいとすると，$n = 36$ のときに，「花子モデル」において A 案が【可決】されるのに必要な「賛成」に投票する生徒の割合を p_{36} とすると，$p_{36} = \boxed{\text{サ}}.\boxed{\text{シス}}$ である。

（数学 II・数学 B 第 3 問は次ページに続く。）

次に，n 人の生徒が仮想の投票を行ったときの(1)の「太郎モデル」と，仮想の投票を行った生徒から n 人を無作為に選んだときの「花子モデル」について，A 案が【可決】されるのに必要な「賛成」に投票する生徒の割合をそれぞれ x_n，p_n とする。

このとき

$$p_{324} = \boxed{セ}.\boxed{ソタ}$$

であり，［チ］が成り立つ。

［チ］については，当てはまるものを，次の ⓪～③ のうちから一つ選べ。

⓪ $p_{36} < x_{36}$ かつ $p_{324} < x_{324}$	① $p_{36} < x_{36}$ かつ $p_{324} > x_{324}$
② $p_{36} > x_{36}$ かつ $p_{324} < x_{324}$	③ $p_{36} > x_{36}$ かつ $p_{324} > x_{324}$

(3) (2)の考察をもとに，$n = 36$ や $n = 324$ 以外の場合についても，(1)の「太郎モデル」と(2)の「花子モデル」において，A 案が【可決】されるのに必要な「賛成」に投票する生徒の割合 x_n と p_n の大小関係がどのようになるのかを調べることにした。

(2)と同様に，n は十分に大きいとすると

(i) $n = 48$ のとき　［ツ］

(ii) $n = 78$ のとき　［テ］

(iii) $n = 124$ のとき　［ト］

である。

［ツ］～［ト］の解答群

⓪ $x_n \geqq p_n$	① $x_n = p_n$	② $x_n \leqq p_n$

(数学Ⅱ・数学B 第3問は次ページに続く。)

正 規 分 布 表

次の表は，標準正規分布の分布曲線における右図の灰色部分の面積の値をまとめたものである。

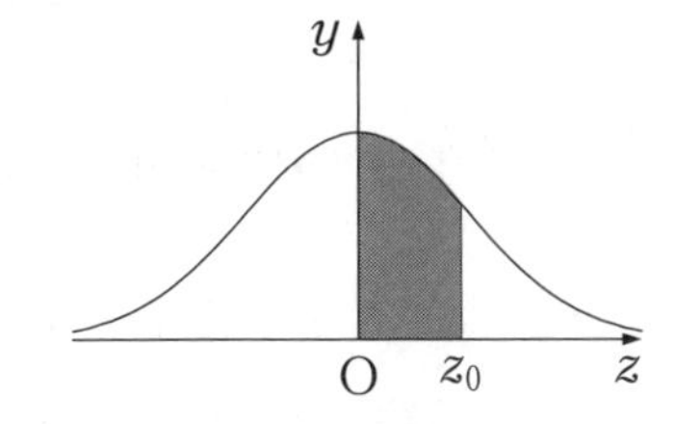

z_0	0.00	0.01	0.02	0.03	0.04	0.05	0.06	0.07	0.08	0.09
0.0	0.0000	0.0040	0.0080	0.0120	0.0160	0.0199	0.0239	0.0279	0.0319	0.0359
0.1	0.0398	0.0438	0.0478	0.0517	0.0557	0.0596	0.0636	0.0675	0.0714	0.0753
0.2	0.0793	0.0832	0.0871	0.0910	0.0948	0.0987	0.1026	0.1064	0.1103	0.1141
0.3	0.1179	0.1217	0.1255	0.1293	0.1331	0.1368	0.1406	0.1443	0.1480	0.1517
0.4	0.1554	0.1591	0.1628	0.1664	0.1700	0.1736	0.1772	0.1808	0.1844	0.1879
0.5	0.1915	0.1950	0.1985	0.2019	0.2054	0.2088	0.2123	0.2157	0.2190	0.2224
0.6	0.2257	0.2291	0.2324	0.2357	0.2389	0.2422	0.2454	0.2486	0.2517	0.2549
0.7	0.2580	0.2611	0.2642	0.2673	0.2704	0.2734	0.2764	0.2794	0.2823	0.2852
0.8	0.2881	0.2910	0.2939	0.2967	0.2995	0.3023	0.3051	0.3078	0.3106	0.3133
0.9	0.3159	0.3186	0.3212	0.3238	0.3264	0.3289	0.3315	0.3340	0.3365	0.3389
1.0	0.3413	0.3438	0.3461	0.3485	0.3508	0.3531	0.3554	0.3577	0.3599	0.3621
1.1	0.3643	0.3665	0.3686	0.3708	0.3729	0.3749	0.3770	0.3790	0.3810	0.3830
1.2	0.3849	0.3869	0.3888	0.3907	0.3925	0.3944	0.3962	0.3980	0.3997	0.4015
1.3	0.4032	0.4049	0.4066	0.4082	0.4099	0.4115	0.4131	0.4147	0.4162	0.4177
1.4	0.4192	0.4207	0.4222	0.4236	0.4251	0.4265	0.4279	0.4292	0.4306	0.4319
1.5	0.4332	0.4345	0.4357	0.4370	0.4382	0.4394	0.4406	0.4418	0.4429	0.4441
1.6	0.4452	0.4463	0.4474	0.4484	0.4495	0.4505	0.4515	0.4525	0.4535	0.4545
1.7	0.4554	0.4564	0.4573	0.4582	0.4591	0.4599	0.4608	0.4616	0.4625	0.4633
1.8	0.4641	0.4649	0.4656	0.4664	0.4671	0.4678	0.4686	0.4693	0.4699	0.4706
1.9	0.4713	0.4719	0.4726	0.4732	0.4738	0.4744	0.4750	0.4756	0.4761	0.4767
2.0	0.4772	0.4778	0.4783	0.4788	0.4793	0.4798	0.4803	0.4808	0.4812	0.4817
2.1	0.4821	0.4826	0.4830	0.4834	0.4838	0.4842	0.4846	0.4850	0.4854	0.4857
2.2	0.4861	0.4864	0.4868	0.4871	0.4875	0.4878	0.4881	0.4884	0.4887	0.4890
2.3	0.4893	0.4896	0.4898	0.4901	0.4904	0.4906	0.4909	0.4911	0.4913	0.4916
2.4	0.4918	0.4920	0.4922	0.4925	0.4927	0.4929	0.4931	0.4932	0.4934	0.4936
2.5	0.4938	0.4940	0.4941	0.4943	0.4945	0.4946	0.4948	0.4949	0.4951	0.4952
2.6	0.4953	0.4955	0.4956	0.4957	0.4959	0.4960	0.4961	0.4962	0.4963	0.4964
2.7	0.4965	0.4966	0.4967	0.4968	0.4969	0.4970	0.4971	0.4972	0.4973	0.4974
2.8	0.4974	0.4975	0.4976	0.4977	0.4977	0.4978	0.4979	0.4979	0.4980	0.4981
2.9	0.4981	0.4982	0.4982	0.4983	0.4984	0.4984	0.4985	0.4985	0.4986	0.4986
3.0	0.4987	0.4987	0.4987	0.4988	0.4988	0.4989	0.4989	0.4989	0.4990	0.4990

第3問～第5問は，いずれか2問を選択し，解答しなさい。

第4問 （選択問題）（配点　20）

太郎さんと花子さんは，和の記号 $\sum$ に関する**問題**について話している。二人の会話を読んで，下の問いに答えよ。

(1)

問題 $\displaystyle\sum_{k=1}^{99} \frac{1}{\sqrt{k+1}+\sqrt{k}}$ を計算せよ。

太郎：授業で同じような問題を解いたね。$\dfrac{1}{\sqrt{k+1}+\sqrt{k}}$ の分母を有理化すれば和が求まるんじゃないかな。

$\dfrac{1}{\sqrt{k+1}+\sqrt{k}}$ の分母・分子にそれぞれ ［ア］ をかけると分母を有理化することができ，これを整理すると $\dfrac{1}{\sqrt{k+1}+\sqrt{k}}=$ ［イ］ であるから

$$\sum_{k=1}^{99} \frac{1}{\sqrt{k+1}+\sqrt{k}}=\sum_{k=1}^{99}\left(\boxed{イ}\right)=\boxed{ウ}$$

である。

［ア］ については，最も適当なものを，次の⓪～③のうちから一つ選べ。

⓪ $\sqrt{k}$　① $\sqrt{k+1}$　② $\sqrt{k+1}+\sqrt{k}$　③ $\sqrt{k+1}-\sqrt{k}$

［イ］ の解答群

⓪ $\sqrt{k+1}+\sqrt{k}$　① $\sqrt{k+1}-\sqrt{k}$　② $\sqrt{k}-\sqrt{k+1}$

③ $\dfrac{1}{\sqrt{k+1}}+\dfrac{1}{\sqrt{k}}$　④ $\dfrac{1}{\sqrt{k+1}}-\dfrac{1}{\sqrt{k}}$　⑤ $\dfrac{1}{\sqrt{k}}-\dfrac{1}{\sqrt{k+1}}$

（数学Ⅱ・数学B 第4問は次ページに続く。）

(2)

花子：分母を有理化すると確かに計算はできるけれど，このようにするとどうして和が計算できるのかな。

太郎：分母が有理化されるということよりも，[イ] の形にしたことで，和を計算するときに途中の項が消えることが大事じゃないかな。一般に，数列 $\{a_n\}$ の一般項 a_n が数列 $\{b_n\}$ を用いて，$a_n = b_{n+1} - b_n$ と表されるとき

$$\sum_{k=1}^{n} a_k = \sum_{k=1}^{n}(b_{k+1} - b_k) = b_{n+1} - b_1 \quad \cdots\cdots\cdots(*)$$

と計算できるよ。

花子：等比数列の和の公式を導くときも，同じように途中の項を消す考え方を用いていたね。

太郎：初項 3，公比 3 の等比数列の初項から第 n 項までの和 S_n は直接，$(*)$ を用いて求めることができるよ。x を定数として，数列 $\{s_n\}$ を $s_n = x \cdot 3^n\ (n = 1,\ 2,\ 3,\ \cdots)$ とおき

$$3^n = s_{n+1} - s_n$$

のようにすれば，$(*)$ を利用できるよ。

(数学 II・数学 B 第 4 問は次ページに続く。)

初項 3，公比 3 の等比数列の初項から第 n 項までの和 S_n を求めよう。

$$S_n = 3 + 3^2 + \cdots + 3^{n-1} + 3^n$$

の両辺に [エ] をかけて，辺々引くと

$$S_n - S_n \times \boxed{\text{エ}} = 3 - 3^{\boxed{\text{オ}}}$$

であるから

$$S_n = \frac{\boxed{\text{カ}}}{\boxed{\text{キ}}}\left(3^n - \boxed{\text{ク}}\right)$$

である。

[オ] の解答群

⓪ $n-1$	① n	② $n+1$	③ $n+2$

また，x を定数として，数列 $\{s_n\}$ を $s_n = x \cdot 3^n$ $(n = 1,\ 2,\ 3,\ \cdots)$ とおき，S_n を求めよう。

このとき，$3^n = s_{n+1} - s_n$ となるならば

$$x = \frac{\boxed{\text{ケ}}}{\boxed{\text{コ}}}$$

であるから

$$S_n = \sum_{k=1}^{n}(s_{k+1} - s_k) = s_{\boxed{\text{サ}}} - s_{\boxed{\text{シ}}} = \frac{\boxed{\text{カ}}}{\boxed{\text{キ}}}\left(3^n - \boxed{\text{ク}}\right)$$

である。

[サ] の解答群

⓪ $n-1$	① n	② $n+1$	③ $n+2$

（数学 II・数学 B 第 4 問は次ページに続く。）

(3)　$\sum_{k=1}^{n} 2k \cdot 3^k$ を求めよう。

$t_n = \left(n - \dfrac{\boxed{ス}}{\boxed{セ}}\right) \cdot 3^n$ とおくと，$t_{n+1} - t_n = 2n \cdot 3^n$ となるので

$$\sum_{k=1}^{n} 2k \cdot 3^k = \sum_{k=1}^{n} (t_{k+1} - t_k) = \left(n - \frac{\boxed{ソ}}{\boxed{タ}}\right) \cdot 3^{\boxed{チ}} + \frac{\boxed{ツ}}{\boxed{テ}}$$

である。

$\boxed{チ}$ の解答群

⓪ $n-1$	① n	② $n+1$	③ $n+2$

第3問～第5問は，いずれか2問を選択し，解答しなさい。

第5問　（選択問題）（配点　20）

太郎さんと花子さんは，四面体OABCについて，直線OA，AB，BC上にそれぞれ点P，Q，Rを，平面PQRと直線OCが交点Sをもつようにとったとき，点Sがどのような点であるかを考察している。$\overrightarrow{OA}=\vec{a}$，$\overrightarrow{OB}=\vec{b}$，$\overrightarrow{OC}=\vec{c}$ として，以下の問いに答えよ。

(1)　まず，点Pが辺OAを1：2に内分する点，点Qが辺ABを3：1に内分する点，点Rが辺BCを2：1に内分する点である場合を考えることにした。このとき

$$\overrightarrow{OP}=\frac{1}{\boxed{\text{ア}}}\vec{a},$$

$$\overrightarrow{OQ}=\frac{1}{\boxed{\text{イ}}}\vec{a}+\frac{\boxed{\text{ウ}}}{\boxed{\text{エ}}}\vec{b},$$

$$\overrightarrow{OR}=\frac{1}{\boxed{\text{オ}}}\vec{b}+\frac{\boxed{\text{カ}}}{\boxed{\text{キ}}}\vec{c}$$

である。

（数学Ⅱ・数学B第5問は次ページに続く。）

(i)　太郎さんは，次のことに着目して点Sの位置を求めることにした。

太郎さんが着目したこと

点Sは平面PQR上の点なので，実数 x，y を用いて

$$\overrightarrow{\mathrm{PS}} = x\overrightarrow{\mathrm{PQ}} + y\overrightarrow{\mathrm{PR}}$$

と表される。

太郎さんが着目したことをもとに，点Sがどのような点であるかを調べよう。

x，y を実数として

$$\overrightarrow{\mathrm{OS}} = \overrightarrow{\mathrm{OP}} + \overrightarrow{\mathrm{PS}}$$

$$= \frac{\boxed{\text{ク}} - x - \boxed{\text{ケ}}\,y}{\boxed{\text{コサ}}}\vec{a} + \frac{\boxed{\text{シ}}\,x + \boxed{\text{ス}}\,y}{\boxed{\text{コサ}}}\vec{b} + \frac{\boxed{\text{セ}}\,y}{\boxed{\text{ソ}}}\vec{c}$$

と表すことができ，点Sは直線OC上の点なので

$$x = \frac{\boxed{\text{タチ}}}{\boxed{\text{ツ}}},\quad y = \frac{\boxed{\text{テ}}}{\boxed{\text{ト}}}$$

である。

よって，点Sは辺OCを $\boxed{\text{ナ}}$: 1 に内分する点であることがわかる。

(数学Ⅱ・数学B 第5問は次ページに続く。)

(ii) 花子さんは，次のことに着目して点Sの位置を求めることにした。

花子さんが着目したこと

$\overrightarrow{\mathrm{PQ}}$ と $\overrightarrow{\mathrm{OB}}$ は平行でなく，ともに平面OAB上の直線なので，直線PQと直線OBはある点Tで交わる。

すると，Tは平面PQR上の点でもあるので，直線TRと直線OCの交点がSに他ならない。

花子さんが着目したことをもとに，点Sがどのような点であるかを調べよう。

s を実数として

$$\overrightarrow{\mathrm{OT}}=\overrightarrow{\mathrm{OP}}+s\overrightarrow{\mathrm{PQ}}=\frac{\boxed{ニ}-s}{\boxed{ヌネ}}\vec{a}+\frac{\boxed{ノ}s}{\boxed{ハ}}\vec{b}$$

と表せる。点Tは直線OB上の点なので

$$s=\boxed{ヒ}$$

である。

また，t を実数として

$$\overrightarrow{\mathrm{OS}}=\overrightarrow{\mathrm{OT}}+t\overrightarrow{\mathrm{TR}}$$

と表せるので，点Sは直線OC上の点であることから

$$t=\frac{\boxed{フ}}{\boxed{ヘ}}$$

となる。

よって，点Sは辺OCを $\boxed{ナ}$ ：1に内分する点であることがわかる。

（数学Ⅱ・数学B第5問は次ページに続く。）

(2) 点Pが辺OAを1：2に内分する点，点Qが辺ABを3：1に内分する点，点Rが辺BCを2：1に外分する点である場合，点Sは [ホ] である。

[ホ] については，最も適当なものを，次の⓪～⑧のうちから一つ選べ。

⓪ 辺OCの中点
① 辺OCを2：1に内分する点
② 辺OCを2：1に外分する点
③ 辺OCを1：2に内分する点
④ 辺OCを1：2に外分する点
⑤ 辺OCを3：1に内分する点
⑥ 辺OCを3：1に外分する点
⑦ 辺OCを1：3に内分する点
⑧ 辺OCを1：3に外分する点

（下　書　き　用　紙）

模試　第3回

（100点／60分）

〔数学Ⅱ・B〕

注意事項

1 **数学解答用紙（模試 第3回）をキリトリ線より切り離し，試験開始の準備をしなさい。**

2 **時間を計り，上記の解答時間内で解答しなさい。**
ただし，納得のいくまで時間をかけて解答するという利用法でもかまいません。

3 第1問，第2問は必答。第3問～第5問から2問選択。計4問を解答しなさい。

4 この回の模試の問題は，このページを含め，22ページあります。

5 **解答用紙には解答欄以外に受験番号欄，氏名欄，試験場コード欄，解答科目欄があります。解答科目欄は解答する科目**を一つ選び，科目名の下の◯に**マーク**しなさい。**その他の欄**は自分自身で本番を想定し，**正しく記入し，マークしなさい。**

6 **解答は解答用紙の解答欄にマークしなさい。**

7 選択問題については，解答する問題を決めたあと，その問題番号の解答欄に解答しなさい。ただし，**指定された問題数をこえて解答してはいけません。**

8 問題の余白は適宜利用してよいが，どのページも切り離してはいけません。

第1問 （必答問題）（配点　30）

〔1〕 O を原点とする座標平面上に，3 点 $\mathrm{P}(\cos\theta,\ \sin\theta)$，$\mathrm{Q}(\cos 2\theta,\ \sin 2\theta)$，$\mathrm{R}(\cos 3\theta,\ \sin 3\theta)$ がある。△OPQ の面積を S_1，△OPR の面積を S_2 とし，θ は与えられた範囲で動くものとする。

(1) θ が $0 < \theta < \dfrac{\pi}{2}$ で動いたとき，$S_1 =$ [ア]，$S_2 =$ [イ] である。

θ が $\dfrac{\pi}{2} < \theta < \pi$ で動いたとき，$S_1 =$ [ウ]，$S_2 =$ [エ] である。

[ア] ～ [エ] の解答群（同じものを繰り返し選んでもよい。）

⓪ $\dfrac{1}{2}\sin\theta$	① $\dfrac{1}{2}\sin 2\theta$
② $\dfrac{1}{2}\sin^2\theta$	③ $\dfrac{1}{2}\sin^2 2\theta$
④ $-\dfrac{1}{2}\sin\theta$	⑤ $-\dfrac{1}{2}\sin 2\theta$
⑥ $-\dfrac{1}{2}\sin^2\theta$	⑦ $-\dfrac{1}{2}\sin^2 2\theta$

（数学 Ⅱ・数学 B 第 1 問は次ページに続く。）

(2) θ が $0 < \theta < \dfrac{\pi}{2}$ で動いたとき，$S_1 = S_2$ となる θ は

$$\theta = \frac{\pi}{\boxed{\text{オ}}}$$

である。

θ が $\dfrac{\pi}{2} < \theta < \pi$ で動いたとき，$S_1 = S_2$ となる θ は

$$\theta = \frac{\boxed{\text{カ}}}{\boxed{\text{キ}}}\pi$$

である。

また，$S_1 = S_2 \neq 0$ となる θ の値が全部で 6 個であるときの θ の動く範囲を $0 < \theta < p$ とすると，p のとり得る値の範囲は

$$\frac{\boxed{\text{ク}}}{\boxed{\text{ケ}}}\pi < p \leqq \frac{\boxed{\text{コサ}}}{\boxed{\text{シ}}}\pi$$

である。

（数学Ⅱ・数学B 第1問は次ページに続く。）

〔2〕 次の問いに答えよ。

(1) $\log_y x > 1$ を満たす x, y の存在範囲を座標平面上に図示してみよう。

$y > x$ となるのは [ス] のときであり，$y < x$ となるのは [セ] のときである。

よって，x, y の存在範囲を座標平面上に図示したものは [ソ] である。

[ス], [セ] の解答群

⓪ $0 < y < 1$	① $0 < y \leqq 1$	② $y = 1$
③ $y \neq 1$	④ $y > 1$	⑤ $y \geqq 1$

[ソ] については，最も適当なものを，次の ⓪〜③ のうちから一つ選べ。ただし，x, y の存在範囲は図の斜線部分であり，境界線は含まない。

⓪

①

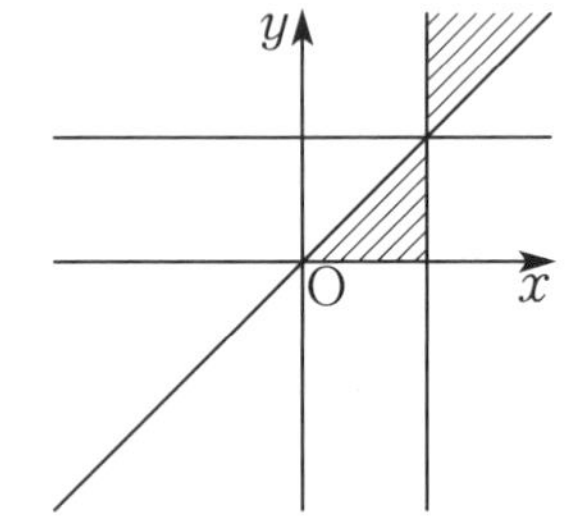

②

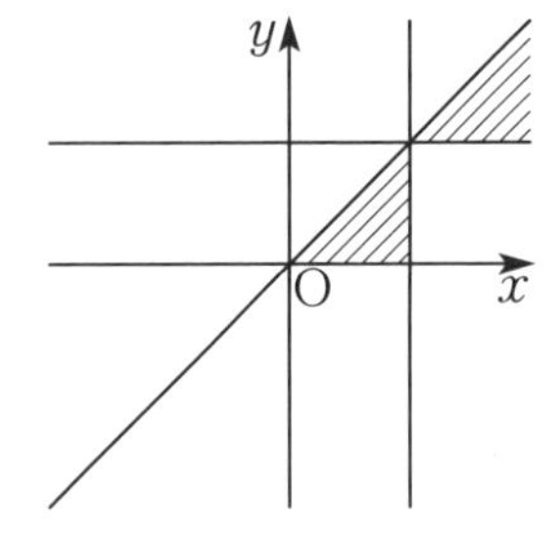

③

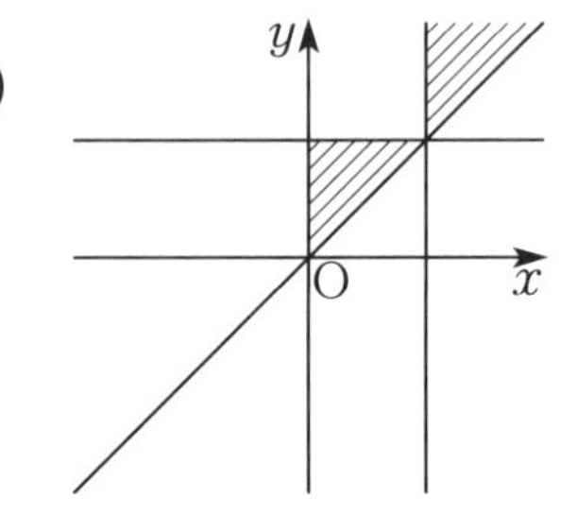

（数学 Ⅱ・数学 B 第 1 問は次ページに続く。）

(2) $\log_y f(x) > 1$ を満たす x，y の存在範囲を座標平面上に図示したものについて考えてみよう。

(i) $f(x) = 2^x$ とする。$\log_y 2^x > 1$ を満たす x，y の存在範囲を座標平面上に図示したものは [タ] である。

[タ] については，最も適当なものを，次の ⓪〜③ のうちから一つ選べ。ただし，x，y の存在範囲は図の斜線部分であり，境界線は含まない。

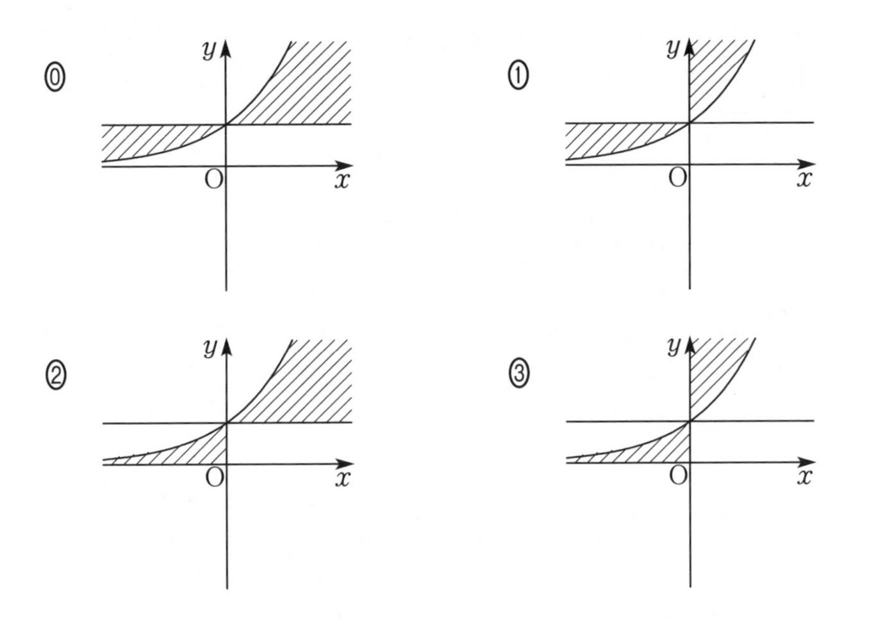

(数学Ⅱ・数学B 第1問は次ページに続く。)

(ii) a を 1 でない正の数とする。$f(x) = a^x$ のとき，$\log_y f(x) > 1$ を満たす x，y の存在範囲を表す領域を D_1 とし，$f(x) = \log_a x$ のとき，$\log_y f(x) > 1$ を満たす x，y の存在範囲を表す領域を D_2 とする。

$0 < a < 1$ のとき，曲線 $y = a^x$ と曲線 $y = \log_a x$ は直線 [チ] に関して対称である。また，D_1 が表す図形と D_2 が表す図形は直線 [チ] に関して [ツ]。

$a > 1$ のとき，曲線 $y = a^x$ と曲線 $y = \log_a x$ は直線 [テ] に関して対称である。また，D_1 が表す図形と D_2 が表す図形は直線 [テ] に関して [ト]。

[チ]，[テ] の解答群（同じものを繰り返し選んでもよい。）

⓪ $y = x$	① $y = -x$	② $x = 0$	③ $y = 0$

[ツ]，[ト] の解答群（同じものを繰り返し選んでもよい。）

⓪ 対称である	① 対称ではない

（下　書　き　用　紙）

数学 II・数学 B の試験問題は次に続く。

第２問　（必答問題）（配点　30）

$f(x) = x^3 - x$ とおく。曲線 $C : y = f(x)$ 上にない点 A を通る曲線 C の接線の本数を考える。

曲線 C 上の点 $(t,\ f(t))$ における接線の方程式は

$$y = \left(\boxed{ア}\, t^2 - \boxed{イ} \right) x - \boxed{ウ}\, t^3 \quad \cdots\cdots\cdots\cdots\cdots\cdots ①$$

である。

(1)　A$(1,\ -1)$ のとき，点 A を通る曲線 C の接線の本数を求めてみよう。

①が点 A を通るとき $\boxed{エ}$ であるから，点 A を通る曲線 C の接線の本数は $\boxed{オ}$ 本である。

$\boxed{エ}$ の解答群

⓪ $t^3 - 3t^2 = -1$	① $t^3 - 3t^2 = 0$	② $t^3 - 3t^2 = 1$
③ $2t^3 - 3t^2 = -1$	④ $2t^3 - 3t^2 = 0$	⑤ $2t^3 - 3t^2 = 1$

（数学Ⅱ・数学Ｂ第２問は次ページに続く。）

(2) a を 0 でない実数とする。A(1, a) のとき，点 A を通る曲線 C の接線の本数を求めてみよう。

①が点 A を通るとき

$$a = \boxed{\text{カキ}}\,t^3 + \boxed{\text{ク}}\,t^2 - \boxed{\text{ケ}}$$

であるから，$g(t) = \boxed{\text{カキ}}\,t^3 + \boxed{\text{ク}}\,t^2 - \boxed{\text{ケ}}$ とおくと，$u = g(t)$ のグラフの概形は $\boxed{\boxed{\text{コ}}}$ である。

よって，点 A を通る曲線 C の接線の本数は

$a = -2$ のとき　　$\boxed{\text{サ}}$ 本

$a = -\dfrac{1}{2}$ のとき　　$\boxed{\text{シ}}$ 本

である。

$\boxed{\boxed{\text{コ}}}$ については，最も適当なものを，次の ⓪～⑦ のうちから一つ選べ。

⓪
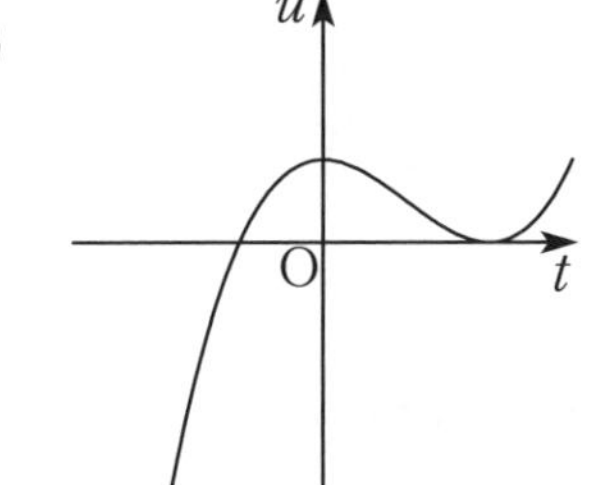

①
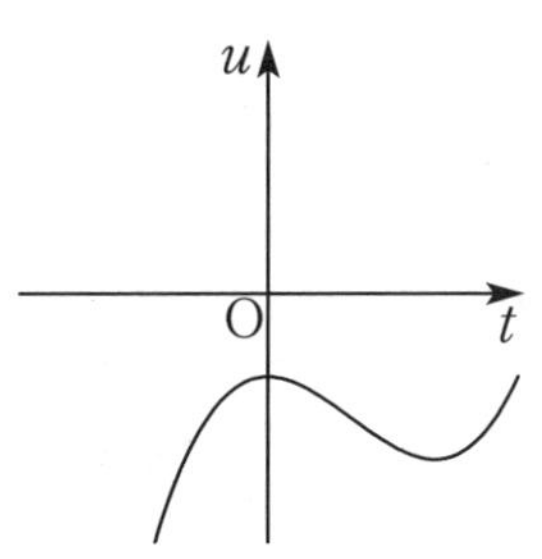

②
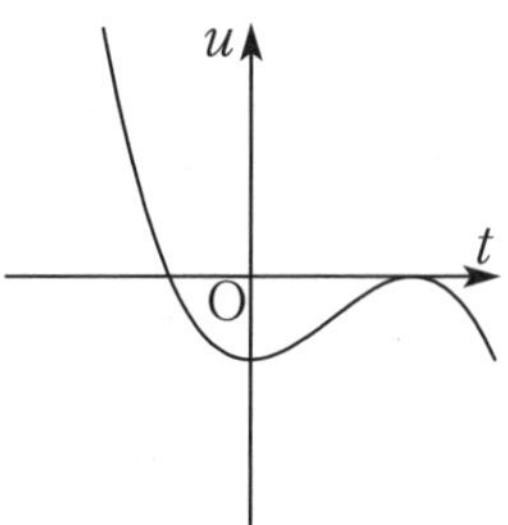

③
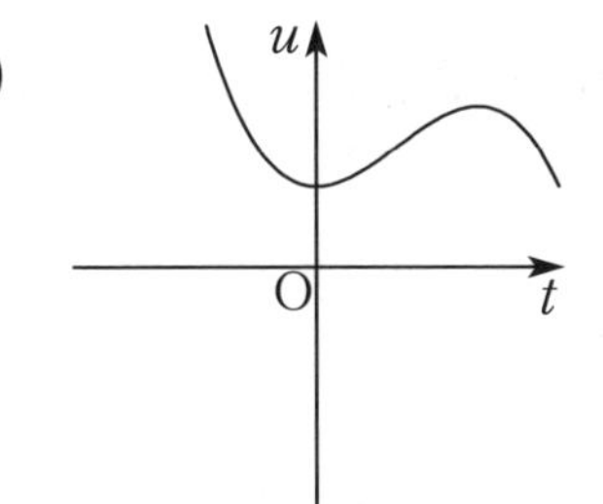

④
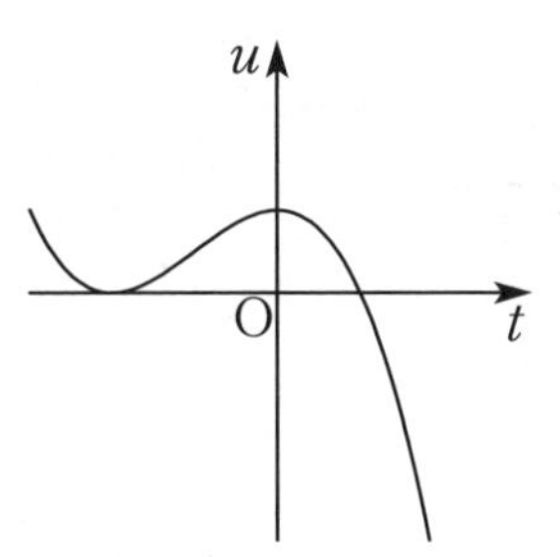

⑤
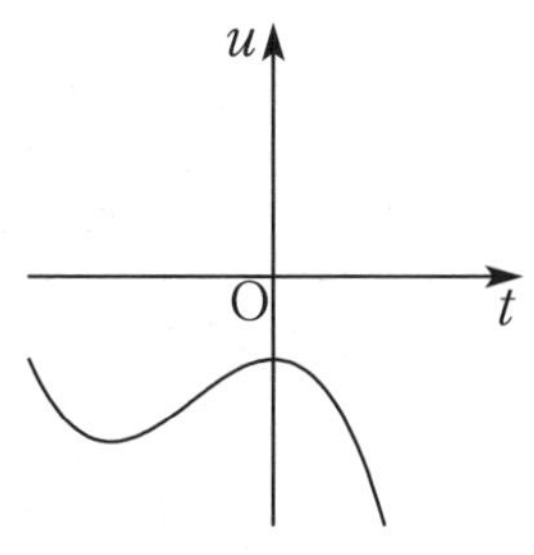

⑥
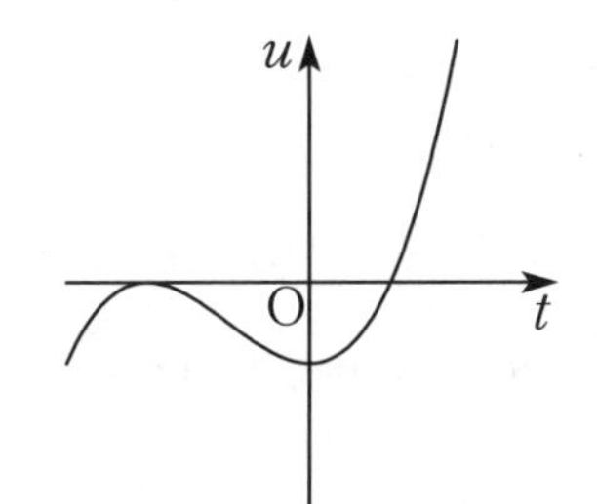

⑦
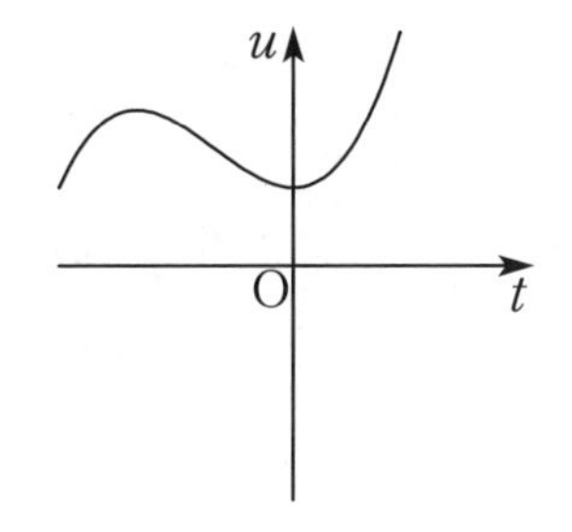

（数学 Ⅱ・数学 B 第 2 問は次ページに続く。）

(3) $b > 0$ とする。$\mathrm{A}(b,\ 6)$ のとき，点 A を通る曲線 C の接線の本数を求めてみよう。

①が点 A を通るとき

$$2t^3 - \boxed{\text{スセ}}\,t^2 + b + \boxed{\text{ソ}} = 0$$

である。

よって，点 A を通る曲線 C の接線の本数が 3 本になるのは

$$b > \boxed{\text{タ}}$$

のときである。

(4) a，b を実数とする。$\mathrm{A}(b,\ a)$ とおき，点 A を通る曲線 C の接線の本数が 3 本であるときの点 A の存在範囲を図示しよう。

①が点 A を通るとき

$$2t^3 - \boxed{\text{チツ}}\,t^2 + \boxed{\text{テ}} + \boxed{\text{ト}} = 0$$

である。ただし，$\boxed{\text{テ}}$，$\boxed{\text{ト}}$ の解答の順序は問わない。

よって，$b > 0$ のとき，点 A を通る曲線 C の接線の本数が 3 本になるのは，a が

$\boxed{\boxed{\text{ナ}}}$ かつ $\boxed{\boxed{\text{ニ}}}$

を満たすときである。

$\boxed{\boxed{\text{ナ}}}$，$\boxed{\boxed{\text{ニ}}}$ の解答群（解答の順序は問わない。）

⓪ $a > b$	① $a < b$	② $a > -b$	③ $a < -b$
④ $a > b^3 - b$	⑤ $a < b^3 - b$	⑥ $a > -b^3 + b$	⑦ $a < -b^3 + b$

（数学Ⅱ・数学 B 第 2 問は次ページに続く。）

$b=0$ のとき，点 A を通る曲線 C の接線の本数が 3 本になることはない。$b<0$ のときについても同様に考え，点 A を通る曲線 C の接線の本数が 3 本になるときの点 A の存在範囲を図示すると，［ヌ］の斜線部分（ただし，境界線は含まない）となる。

［ヌ］については，最も適当なものを，次の ⓪～⑧ のうちから一つ選べ。

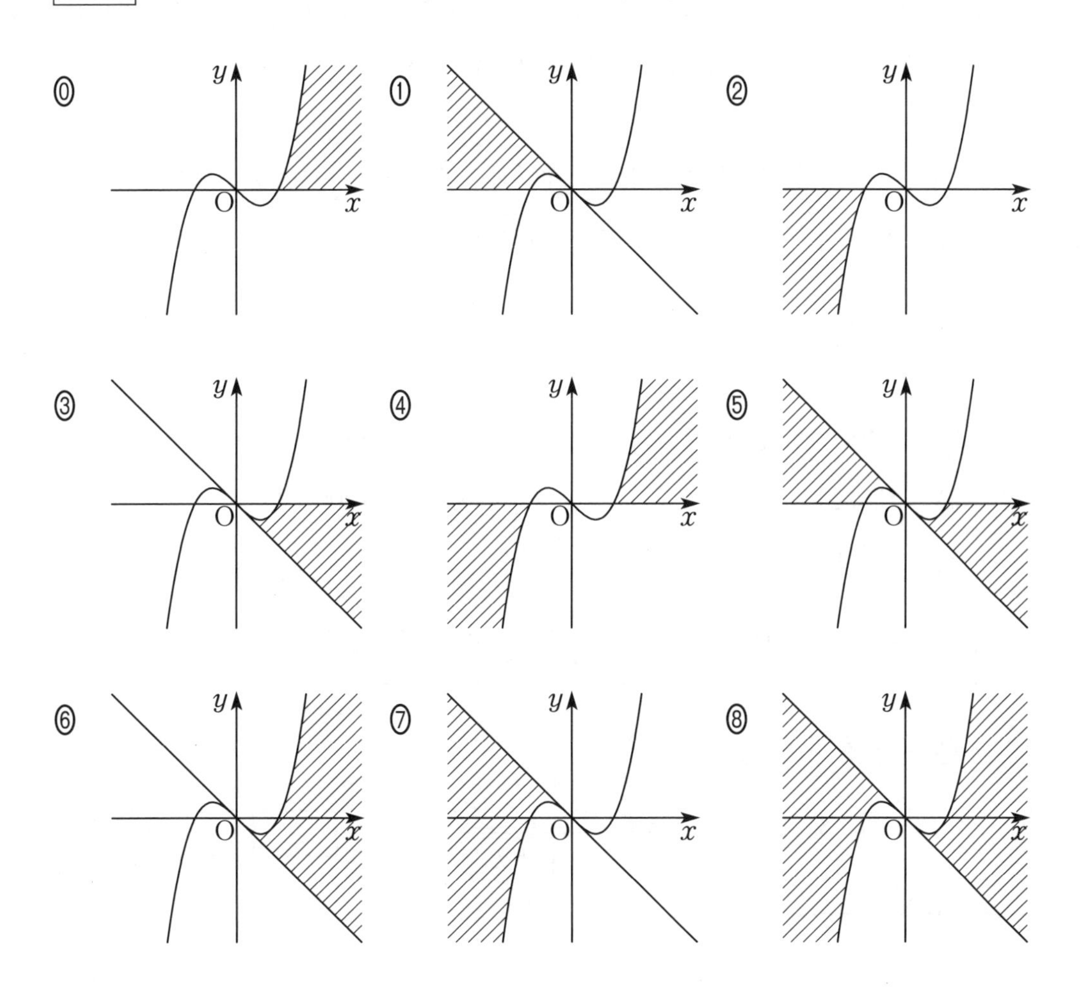

第３問～第５問は，いずれか２問を選択し，解答しなさい。

第３問 （選択問題）（配点　20）

以下の問題を解答するにあたっては，必要に応じて 15 ページの正規分布表を用いてもよい。

(1)　表が出る確率が $\frac{1}{2}$ である 2 枚のコインを同時に投げる試行を 1200 回繰り返し，そのうち 2 枚が同時に表であった回数を X 回とする。

このとき，X は二項分布 ［ア］ に従うと考えられるから，確率変数 X の平均（期待値）は ［イウエ］，標準偏差は ［オカ］ である。

［ア］ の解答群

⓪　$B\left(1200,\ \frac{1}{4}\right)$	①　$B\left(1200,\ \frac{1}{2}\right)$
②　$B(1200,\ 1)$	③　$B(1200,\ 2)$
④　$B\left(\frac{1}{4},\ 1200\right)$	⑤　$B\left(\frac{1}{2},\ 1200\right)$
⑥　$B(1,\ 1200)$	⑦　$B(2,\ 1200)$

$X \leqq 285$ となる確率は

$$P(X \leqq 285) = P\left(\frac{X - \boxed{\text{イウエ}}}{\boxed{\text{オカ}}} \leqq -\boxed{\text{キ}}.\boxed{\text{クケ}}\right)$$

である。

いま，標準正規分布に従う確率変数を Z とすると，$n = 1200$ は十分に大きいので，確率 $P(X \leqq 285)$ の近似値を求めると，小数第 4 位を四捨五入して

$$P(X \leqq 285) = P\left(Z \leqq -\boxed{\text{キ}}.\boxed{\text{クケ}}\right) = 0.\boxed{\text{コサシ}}$$

である。

（数学 Ⅱ・数学 B 第 3 問は次ページに続く。）

(2)　母平均 m，母標準偏差が 16 の正規分布に従う母集団から，大きさ 400 の標本を抽出したところ，その標本平均が $\overline{X}$ であったとする。

このとき，$\overline{X}$ の標準偏差は［ス］であり，母平均 m に対する信頼度 95 % の信頼区間は

$$\overline{X} - \fbox{セ}.\fbox{ソタチ} \leqq m \leqq \overline{X} + \fbox{セ}.\fbox{ソタチ}$$

である。

［ス］の解答群

⓪ 0.01	① 0.04	② 0.2	③ 0.8
④ 1.25	⑤ 5	⑥ 25	⑦ 100

（数学Ⅱ・数学B 第3問は次ページに続く。）

(3) 母平均 m, 母標準偏差 σ の正規分布に従う母集団から大きさ n の標本を抽出する。

$n=1$ のとき，その標本 X が $m-\sigma$ と $m+\sigma$ の間にある確率 $P(m-\sigma \leqq X \leqq m+\sigma)$ の近似値を求めると，小数第4位を四捨五入して

$$P(m-\sigma \leqq X \leqq m+\sigma)=0.\boxed{ツテト}$$

である。

$n=4$ のとき，その標本平均 $\overline{X}$ が $m-\sigma$ と $m+\sigma$ の間にある確率 $P(m-\sigma \leqq \overline{X} \leqq m+\sigma)$ の近似値を求めると，小数第4位を四捨五入して

$$P(m-\sigma \leqq \overline{X} \leqq m+\sigma)=0.\boxed{ナニヌ}$$

である。

また，n を限りなく大きくするとき，その標本平均 $\overline{X}$ が $m-\sigma$ と $m+\sigma$ の間にある確率は n が大きくなるにつれて $\boxed{ネ}$。

$\boxed{ネ}$ の解答群

⓪ 小さくなり，限りなく0に近づく
① 小さくなり，限りなく0.5に近づく
② 大きくなり，限りなく0.5に近づく
③ 大きくなり，限りなく1に近づく

（数学Ⅱ・数学B 第3問は次ページに続く。）

正　規　分　布　表

次の表は，標準正規分布の分布曲線における右図の灰色部分の面積の値をまとめたものである。

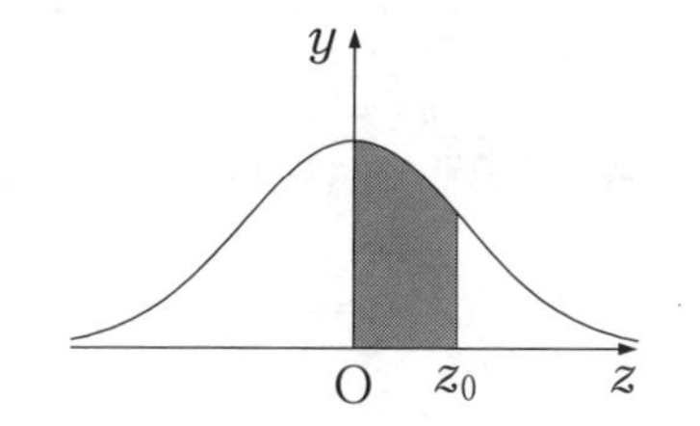

z_0	0.00	0.01	0.02	0.03	0.04	0.05	0.06	0.07	0.08	0.09
0.0	0.0000	0.0040	0.0080	0.0120	0.0160	0.0199	0.0239	0.0279	0.0319	0.0359
0.1	0.0398	0.0438	0.0478	0.0517	0.0557	0.0596	0.0636	0.0675	0.0714	0.0753
0.2	0.0793	0.0832	0.0871	0.0910	0.0948	0.0987	0.1026	0.1064	0.1103	0.1141
0.3	0.1179	0.1217	0.1255	0.1293	0.1331	0.1368	0.1406	0.1443	0.1480	0.1517
0.4	0.1554	0.1591	0.1628	0.1664	0.1700	0.1736	0.1772	0.1808	0.1844	0.1879
0.5	0.1915	0.1950	0.1985	0.2019	0.2054	0.2088	0.2123	0.2157	0.2190	0.2224
0.6	0.2257	0.2291	0.2324	0.2357	0.2389	0.2422	0.2454	0.2486	0.2517	0.2549
0.7	0.2580	0.2611	0.2642	0.2673	0.2704	0.2734	0.2764	0.2794	0.2823	0.2852
0.8	0.2881	0.2910	0.2939	0.2967	0.2995	0.3023	0.3051	0.3078	0.3106	0.3133
0.9	0.3159	0.3186	0.3212	0.3238	0.3264	0.3289	0.3315	0.3340	0.3365	0.3389
1.0	0.3413	0.3438	0.3461	0.3485	0.3508	0.3531	0.3554	0.3577	0.3599	0.3621
1.1	0.3643	0.3665	0.3686	0.3708	0.3729	0.3749	0.3770	0.3790	0.3810	0.3830
1.2	0.3849	0.3869	0.3888	0.3907	0.3925	0.3944	0.3962	0.3980	0.3997	0.4015
1.3	0.4032	0.4049	0.4066	0.4082	0.4099	0.4115	0.4131	0.4147	0.4162	0.4177
1.4	0.4192	0.4207	0.4222	0.4236	0.4251	0.4265	0.4279	0.4292	0.4306	0.4319
1.5	0.4332	0.4345	0.4357	0.4370	0.4382	0.4394	0.4406	0.4418	0.4429	0.4441
1.6	0.4452	0.4463	0.4474	0.4484	0.4495	0.4505	0.4515	0.4525	0.4535	0.4545
1.7	0.4554	0.4564	0.4573	0.4582	0.4591	0.4599	0.4608	0.4616	0.4625	0.4633
1.8	0.4641	0.4649	0.4656	0.4664	0.4671	0.4678	0.4686	0.4693	0.4699	0.4706
1.9	0.4713	0.4719	0.4726	0.4732	0.4738	0.4744	0.4750	0.4756	0.4761	0.4767
2.0	0.4772	0.4778	0.4783	0.4788	0.4793	0.4798	0.4803	0.4808	0.4812	0.4817
2.1	0.4821	0.4826	0.4830	0.4834	0.4838	0.4842	0.4846	0.4850	0.4854	0.4857
2.2	0.4861	0.4864	0.4868	0.4871	0.4875	0.4878	0.4881	0.4884	0.4887	0.4890
2.3	0.4893	0.4896	0.4898	0.4901	0.4904	0.4906	0.4909	0.4911	0.4913	0.4916
2.4	0.4918	0.4920	0.4922	0.4925	0.4927	0.4929	0.4931	0.4932	0.4934	0.4936
2.5	0.4938	0.4940	0.4941	0.4943	0.4945	0.4946	0.4948	0.4949	0.4951	0.4952
2.6	0.4953	0.4955	0.4956	0.4957	0.4959	0.4960	0.4961	0.4962	0.4963	0.4964
2.7	0.4965	0.4966	0.4967	0.4968	0.4969	0.4970	0.4971	0.4972	0.4973	0.4974
2.8	0.4974	0.4975	0.4976	0.4977	0.4977	0.4978	0.4979	0.4979	0.4980	0.4981
2.9	0.4981	0.4982	0.4982	0.4983	0.4984	0.4984	0.4985	0.4985	0.4986	0.4986
3.0	0.4987	0.4987	0.4987	0.4988	0.4988	0.4989	0.4989	0.4989	0.4990	0.4990

第３問〜第５問は，いずれか２問を選択し，解答しなさい。

第４問 （選択問題）（配点 20）

太郎さんと花子さんは，次のように定められた数列 $\{a_n\}$ に関する【問題】について話している。

$$a_{n+1}=3a_n-5 \quad (n=1,\ 2,\ 3,\ \cdots)$$

二人の会話を読んで，下の問いに答えよ。

【問題】 $a_1=7$ のとき，任意の自然数 n について，a_{2n} は 4 の倍数であることを示せ。

太郎：数列 $\{a_n\}$ の漸化式は，前に授業で学習したタイプだから，一般項を求めることができるね。

花子：まず，m を定数として $a_{n+1}=3a_n-5$ を

$$a_{n+1}-m=3(a_n-m)$$

の形に変形するといいんだよね。

(1) m の値，および $a_1=7$ のとき，数列 $\{a_n\}$ の一般項を求めると

$$m=\frac{\boxed{\text{ア}}}{\boxed{\text{イ}}},\quad a_n=\frac{\boxed{\text{ウ}}^{\,n+1}+\boxed{\text{エ}}}{\boxed{\text{オ}}}$$

である。

（数学Ⅱ・数学B 第４問は次ページに続く。）

太郎：一般項がわかったから，それを用いて**【問題】**の証明ができるかな。

花子：a_2，a_4，a_6，… についてすべて成り立つことを示すんだよね。

太郎：自然数 n についての証明だから，数学的帰納法を利用できるんじゃないかな。

(2) **【問題】**について，太郎さんは一般項を用いて証明する構想を立てた。一方，花子さんは一般項を用いなくても証明できるのではないかと考えて，構想を立てた。

太郎さんの証明の構想

$A_n = a_{2n}$ とおくと

$$A_1 = \boxed{\text{カキ}}$$

である。また，A_n が 4 の倍数であると仮定して $A_n = 4p$（p は整数）とおくと，$\boxed{\text{ウ}}^{2n+1} = \boxed{\text{ク}}\,p - \boxed{\text{ケ}}$ より

$$A_{n+1} = \boxed{\text{コサ}}\,p - \boxed{\text{シス}}$$

ゆえに，A_{n+1} も 4 の倍数になることより，数学的帰納法によって**【問題】**は示される。

花子さんの証明の構想

$A_n = a_{2n}$ とおくと

$$A_1 = \boxed{\text{カキ}}$$

である。また

$$A_{n+1} = \boxed{\text{セ}}\,A_n - \boxed{\text{ソタ}}$$

ゆえに，A_n が 4 の倍数ならば，A_{n+1} も 4 の倍数になることより，数学的帰納法によって**【問題】**は示される。

（数学 II・数学 B 第 4 問は次ページに続く。）

(3) a_n が 13 の倍数ならば，a_{n+q} も 13 の倍数となるような自然数 q のうち，最小のものは $q =$ チ である。この q に対して，$a_1 =$ ツ のとき，任意の自然数 n について a_{qn} は 13 の倍数になる。

ツ については，最も適当なものを，次の ⓪～⑤ のうちから一つ選べ。

⓪ 2	① 4	② 6	③ 8	④ 10	⑤ 12

（下　書　き　用　紙）

数学 II・数学 B の試験問題は次に続く。

第3問〜第5問は，いずれか2問を選択し，解答しなさい。

第5問 （選択問題）（配点 20）

(1) 座標平面上の2円

$$C_1 : (x-1)^2+(y-1)^2=1$$

$$C_2 : (x-4)^2+(y-5)^2=r^2 \quad (r>0)$$

が互いに外接するとき，その接点を通る C_1 と C_2 の接線 ℓ の方程式を次の**方針**で求めよう。

方針

C_1 の中心を $\mathrm{A_1}$，C_2 の中心を $\mathrm{A_2}$，2円 C_1，C_2 の接点を B とおくと，ℓ 上の点 P に対して

$$\overrightarrow{\mathrm{A_1A_2}}\cdot\overrightarrow{\mathrm{BP}} = \boxed{\text{ア}}$$

が成り立つことを利用する。

(i) C_1 と C_2 の中心間の距離は

$$\mathrm{A_1A_2} = \boxed{\text{イ}}$$

であるから，C_1 と C_2 が互いに外接するとき

$$r = \boxed{\text{ウ}}$$

である。

（数学Ⅱ・数学B 第5問は次ページに続く。）

(ii) $\mathrm{B}(x_1,\ y_1)$ とおくと

$$x_1 = \frac{\boxed{\text{エ}}}{\boxed{\text{オ}}},\ y_1 = \frac{\boxed{\text{カ}}}{\boxed{\text{キ}}}$$

である。

(iii) 接線 ℓ の方程式は

$$3x + \boxed{\text{ク}}\,y - \boxed{\text{ケコ}} = 0$$

である。

(数学Ⅱ・数学B 第5問は次ページに続く。)

(2) 座標空間内に $C_1(2,\ 3,\ 1)$ を中心とする半径 2 の球面 S_1 と，$C_2(4,\ 7,\ 5)$ を中心とする半径 R の球面 S_2 がある。S_1 と S_2 が点 D で互いに外接しているとき

$$R = \boxed{\text{サ}}$$

であり，$D(X,\ Y,\ Z)$ とおくと

$$X = \frac{\boxed{\text{シ}}}{\boxed{\text{ス}}},\quad Y = \frac{\boxed{\text{セソ}}}{\boxed{\text{タ}}},\quad Z = \frac{\boxed{\text{チ}}}{\boxed{\text{ツ}}}$$

である。

そして，点 D を通り，二つの球面 S_1，S_2 の接する平面上の点を $Q(x,\ y,\ z)$ とおくと，x，y，z は関係式

$$x + \boxed{\text{テ}}\,y + \boxed{\text{ト}}\,z - \boxed{\text{ナニ}} = 0$$

を満たす。

模試　第4回

（100点 60分）

〔数学Ⅱ・B〕

注　意　事　項

1　**数学解答用紙（模試 第4回）をキリトリ線より切り離し，試験開始の準備をしなさい。**

2　**時間を計り，上記の解答時間内で解答しなさい。**
ただし，納得のいくまで時間をかけて解答するという利用法でもかまいません。

3　第1問，第2問は必答。第3問～第5問から2問選択。計4問を解答しなさい。

4　この回の模試の問題は，このページを含め，23ページあります。

5　**解答用紙には解答欄以外に受験番号欄，氏名欄，試験場コード欄，解答科目欄があります。解答科目欄は解答する科目**を一つ選び，科目名の下の◯に**マーク**しなさい。**その他の欄**は自分自身で本番を想定し，**正しく記入し，マークしなさい**。

6　**解答は解答用紙の解答欄にマークしなさい**。

7　選択問題については，解答する問題を決めたあと，その問題番号の解答欄に解答しなさい。ただし，**指定された問題数をこえて解答してはいけません**。

8　問題の余白は適宜利用してよいが，どのページも切り離してはいけません。

第1問 （必答問題）（配点　30）

〔1〕 a を実数とする。O を原点とする座標平面上に 2 直線

$$\ell_1 : 4x + 3y - 56 = 0, \qquad \ell_2 : ax - y = 0$$

がある。次の問いに答えよ。

(1) ℓ_1, ℓ_2 が交点をもたないのは

$$a = -\frac{\boxed{\text{ア}}}{\boxed{\text{イ}}}$$

のときである。

以下，$a \neq -\dfrac{\boxed{\text{ア}}}{\boxed{\text{イ}}}$ とし，ℓ_1 と ℓ_2 の交点を A，ℓ_1 と x 軸との交点を B，ℓ_1 と y 軸との交点を C とする。

(2) $a = -2$ とする。∠OAB の二等分線を ℓ とし，ℓ 上の点を (X, Y) とおく。

点 (X, Y) は $\boxed{\text{ウ}}$ または $\boxed{\text{エ}}$ で表される領域に存在し，ℓ_1 と ℓ_2 から等距離にあるので，$\boxed{\text{オ}}$ を満たす。

$\boxed{\text{ウ}}$，$\boxed{\text{エ}}$ の解答群（解答の順序は問わない。）

⓪　「 $4x + 3y - 56 \geqq 0$　かつ　$2x + y \geqq 0$ 」
①　「 $4x + 3y - 56 \geqq 0$　かつ　$2x + y \leqq 0$ 」
②　「 $4x + 3y - 56 \leqq 0$　かつ　$2x + y \geqq 0$ 」
③　「 $4x + 3y - 56 \leqq 0$　かつ　$2x + y \leqq 0$ 」

（数学Ⅱ・数学 B 第 1 問は次ページに続く。）

[オ] の解答群

⓪ $\dfrac{4X+3Y-56}{\sqrt{5}}=\dfrac{2X+Y}{5}$

① $\dfrac{4X+3Y-56}{\sqrt{5}}=-\dfrac{2X+Y}{5}$

② $\dfrac{4X+3Y-56}{5}=\dfrac{2X+Y}{\sqrt{5}}$

③ $\dfrac{4X+3Y-56}{5}=-\dfrac{2X+Y}{\sqrt{5}}$

(3) $\dfrac{4x+3y-56}{5}=\dfrac{ax-y}{\sqrt{a^2+1}}$ によって表される直線を ℓ' とする。

$a<-\dfrac{\boxed{ア}}{\boxed{イ}}$ のとき，ℓ' は [カ]

$-\dfrac{\boxed{ア}}{\boxed{イ}}<a<0$ のとき，ℓ' は [キ]

$a=0$ のとき，ℓ' は [ク]

$a>0$ のとき，ℓ' は [ケ]

である。

[カ] ～ [ケ] の解答群（同じものを繰り返し選んでもよい。）

⓪ $\angle$OAB の二等分線

① $\triangle$OAB における $\angle$OAB の外角の二等分線

② $\angle$OBC の二等分線

③ $\triangle$OBC における $\angle$OBC の外角の二等分線

（数学Ⅱ・数学B 第1問は次ページに続く。）

〔2〕 太郎さんと花子さんは，次の**問題**について話している。二人の会話を読んで，下の問いに答えよ。

> **問題** $x \geqq 2$，$y \geqq 2$，$xy = 1024$ のとき，$\log_x y$ のとり得る値の範囲を求めよ。

(1)

> 太郎：$1024 = 2^{10}$ だから，底が 2 の対数を利用するとよさそうだね。
>
> 花子：$\log_2 x + \log_2 y =$ [コサ] だね。
>
> 太郎：そして，$\log_x y =$ [シ] であることから，$\log_x y$ のとり得る値の範囲を考えることができそうだね。

[シ] の解答群

⓪ $\dfrac{\log_2 x}{\log_2 y}$	① $\dfrac{\log_2 y}{\log_2 x}$	② $-\dfrac{\log_2 x}{\log_2 y}$	③ $-\dfrac{\log_2 y}{\log_2 x}$

（数学Ⅱ・数学B 第1問は次ページに続く。）

(2) 太郎さんと花子さんは，$\log_x y =$ [シ] であることから，それぞれ次の方針で $\log_x y$ のとり得る値の範囲を求めることにした。

太郎さんの方針

$t = \log_2 x$ とおくと

$$\log_x y = \boxed{\text{スセ}} + \frac{\boxed{\text{ソタ}}}{t}$$

であることから $\log_x y$ のとり得る値の範囲を求める。

太郎さんの方針における $f(t) = \boxed{\text{スセ}} + \dfrac{\boxed{\text{ソタ}}}{t}$ のグラフの概形は [チ] である。

[チ] については，最も適当なものを，次の ⓪～⑤ のうちから一つ選べ。ただし，図の●の点はグラフの両端を示す点で，●の点もグラフに含まれるものとする。

⓪
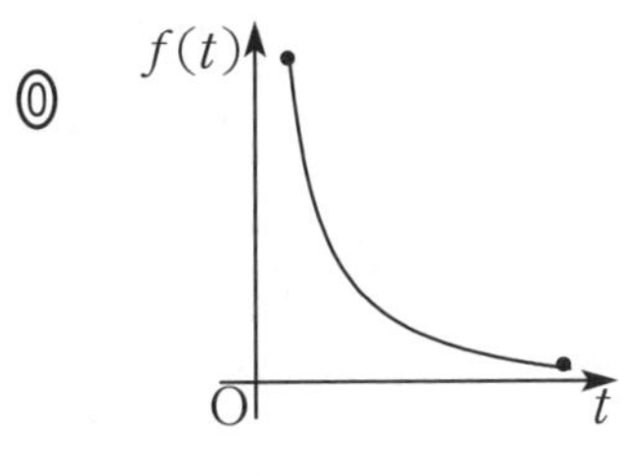

①
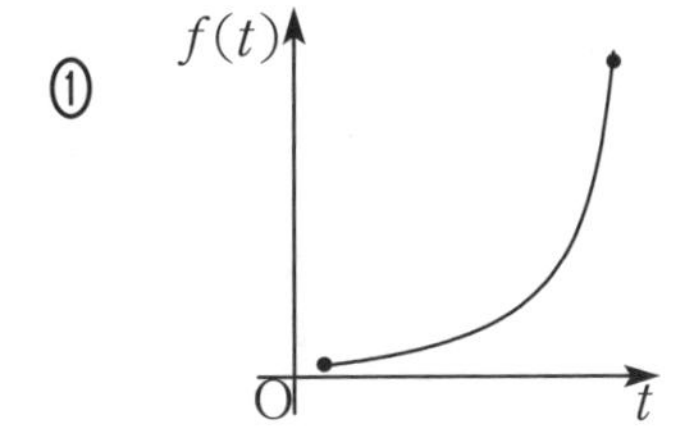

②
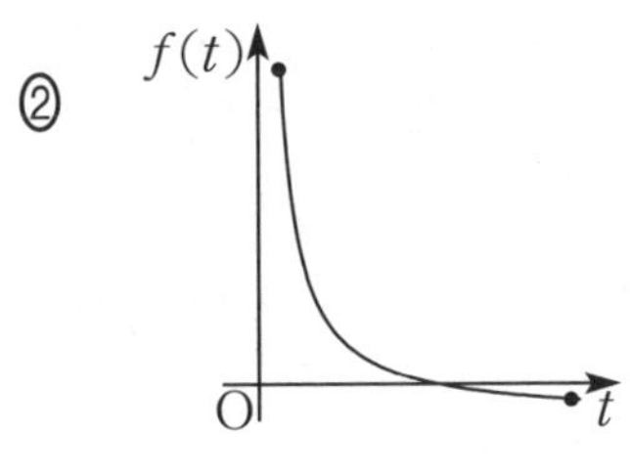

③
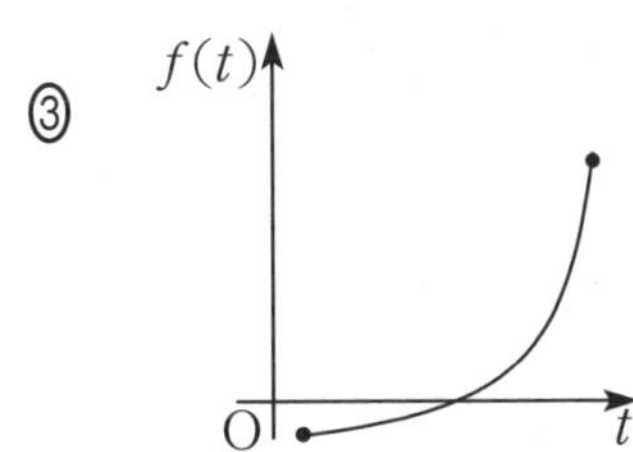

④
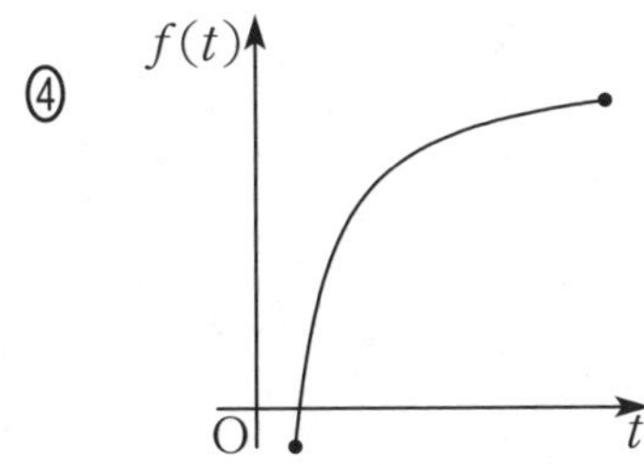

⑤
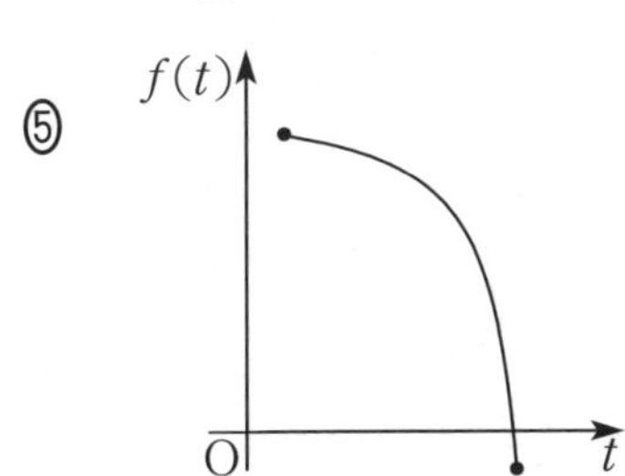

(数学 Ⅱ・数学 B 第 1 問は次ページに続く。)

花子さんの方針

$X = \log_2 x$, $Y = \log_2 y$, $\log_x y = k$ とおくと

$Y =$ ツ

であることから $\log_x y$ のとり得る値の範囲を求める。

ツ の解答群

⓪ kX	① $-kX$	② $\frac{1}{k}X$	③ $-\frac{1}{k}X$

花子さんの方針における X, Y の存在範囲は テ である。

(数学Ⅱ・数学B 第1問は次ページに続く。)

テ については，最も適当なものを，次の⓪～⑤のうちから一つ選べ。

⓪

X，Y は図の線分上のみに存在

①

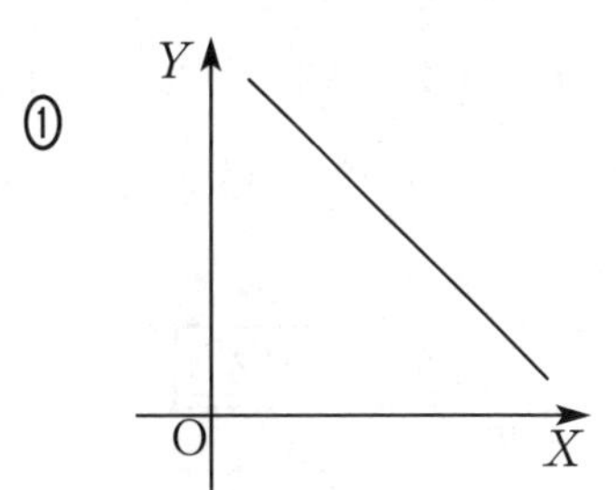

X，Y は図の線分上のみに存在

②

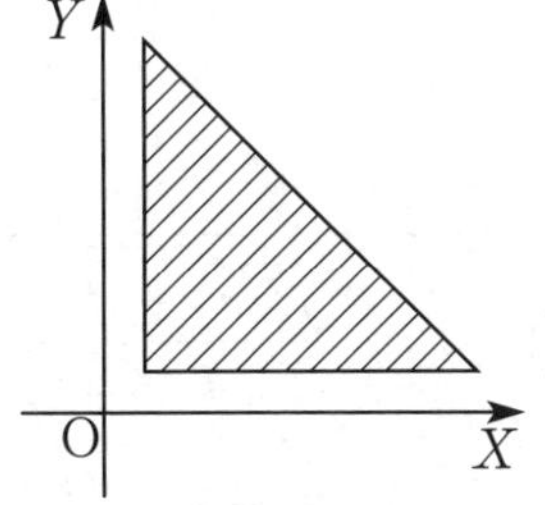

X，Y は図の斜線部分に存在
（ただし，境界線を含む）

③

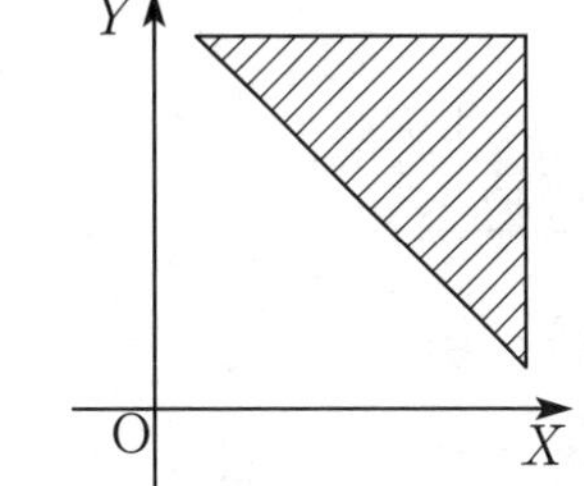

X，Y は図の斜線部分に存在
（ただし，境界線を含む）

④

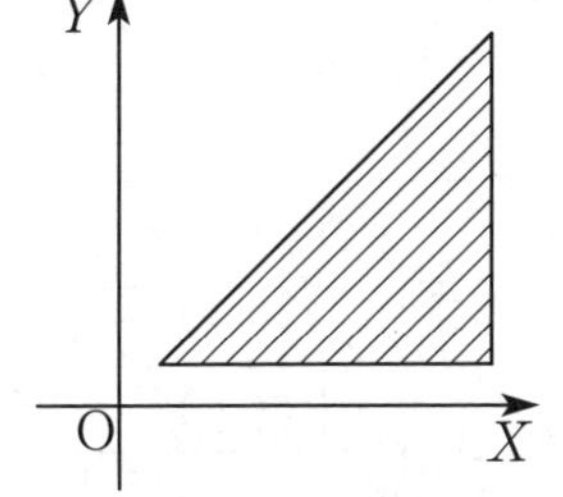

X，Y は図の斜線部分に存在
（ただし，境界線を含む）

⑤

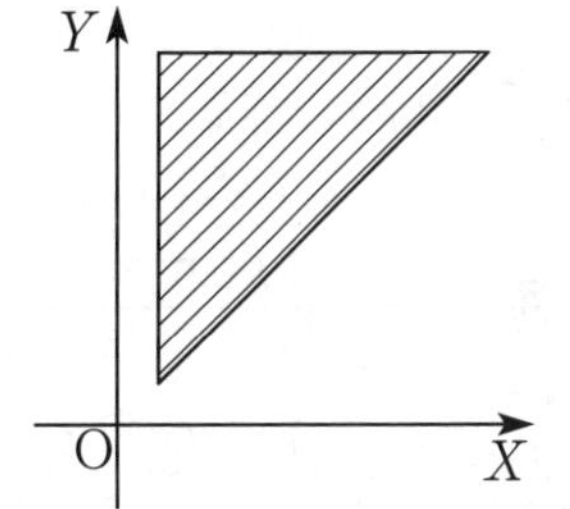

X，Y は図の斜線部分に存在
（ただし，境界線を含む）

(3)　太郎さんの方針または花子さんの方針を用いて，$\log_x y$ のとり得る値の範囲を求めると

$$\frac{\boxed{\text{ト}}}{\boxed{\text{ナ}}} \leqq \log_x y \leqq \boxed{\text{ニ}}$$

となる。

第2問　（必答問題）（配点　30）

〔1〕 $f(x)=x^3-2x$ とし，$g(x)=\{f(x)\}^3$ とする。$g(x)$ の $x=2$ における微分係数 $g'(2)$ を，$f(2)$，$f'(2)$ を用いて求めよう。

(1)　$f'(2)=$ [ア]

$g'(2)=$ [イ]

である。

[ア] の解答群

⓪ $\lim_{x\to 2}\dfrac{f(x)-f(2)}{x-2}$	① $\lim_{x\to 0}\dfrac{f(x)-f(2)}{x-2}$
② $\lim_{x\to 2}\dfrac{f(x)+f(2)}{x+2}$	③ $\lim_{x\to 0}\dfrac{f(x)+f(2)}{x+2}$

[イ] の解答群

⓪ $\lim_{x\to 2}\dfrac{\{f(x)\}^3-\{f(2)\}^3}{x-2}$	① $\lim_{x\to 2}\dfrac{\{f(x)-f(2)\}^3}{x-2}$
② $\lim_{x\to 0}\dfrac{\{f(x)\}^3-\{f(2)\}^3}{x-2}$	③ $\lim_{x\to 0}\dfrac{\{f(x)-f(2)\}^3}{x-2}$
④ $\lim_{x\to 2}\dfrac{\{f(x)\}^3+\{f(2)\}^3}{x+2}$	⑤ $\lim_{x\to 2}\dfrac{\{f(x)+f(2)\}^3}{x+2}$
⑥ $\lim_{x\to 0}\dfrac{\{f(x)\}^3+\{f(2)\}^3}{x+2}$	⑦ $\lim_{x\to 0}\dfrac{\{f(x)+f(2)\}^3}{x+2}$

（数学Ⅱ・数学B 第2問は次ページに続く。）

(2) $g'(2)$ を，$f(2)$，$f'(2)$ を用いて表すと ウ である。

よって，$g'(2) =$ エオカ である。

ウ の解答群

⓪	$f'(2)\{f(2)\}^3$	①	$f'(2)\{f(2)\}^2$
②	$\{f'(2)\}^2 f(2)$	③	$\{f'(2)\}^3 f(2)$
④	$3f'(2)\{f(2)\}^3$	⑤	$3f'(2)\{f(2)\}^2$
⑥	$3\{f'(2)\}^2 f(2)$	⑦	$3\{f'(2)\}^3 f(2)$

（数学 Ⅱ・数学 B 第 2 問は次ページに続く。）

〔2〕 m を実数とする。O を原点とする座標平面上に二つの放物線

$$C_1 : y = x^2 + 4x$$

$$C_2 : y = x^2 - 2x$$

と直線 $\ell : y = mx$ がある。

(1) C_1 と C_2 の交点は O であり，O における C_1 の接線の傾きは [キ]，O における C_2 の接線の傾きは $-$[ク] である。

ℓ と C_1 または C_2 との共有点の個数を n とする。たとえば，ℓ と C_1 が O 以外の 1 点と交わり，ℓ と C_2 が O 以外の 1 点と交わるとき $n = 3$ である。このとき，m の値によって n の値が決まり

$m =$ [キ] または $m = -$[ク] のとき　　$n =$ [ケ]

$m >$ [キ] または $m < -$[ク] のとき　　$n =$ [コ]

$-$[ク] $< m <$ [キ] のとき　　$n =$ [サ]

である。

(数学 Ⅱ・数学 B 第 2 問は次ページに続く。)

(2) $-$ [ク] $< m <$ [キ] とする。

C_1 と ℓ で囲まれた図形の面積を S_1 とし，C_2 と ℓ で囲まれた図形の面積を S_2 とすると

$S_1 =$ [シ]，$S_2 =$ [ス]

である。

[シ]，[ス] の解答群（同じものを繰り返し選んでもよい。）

⓪	$\dfrac{(m+2)^3}{6}$	①	$-\dfrac{(m+2)^3}{6}$
②	$\dfrac{(m+2)^3}{3}$	③	$-\dfrac{(m+2)^3}{3}$
④	$\dfrac{(m-4)^3}{6}$	⑤	$-\dfrac{(m-4)^3}{6}$
⑥	$\dfrac{(m-4)^3}{3}$	⑦	$-\dfrac{(m-4)^3}{3}$

よって，$S_1 = S_2$ となるのは，$m =$ [セ] のときであり

$S_1 + S_2 =$ [ソ] $\left(m -\right.$ [タ] $\left.\right)^2 +$ [チ]

であるから，$S_1 + S_2$ が最小になるのは $m =$ [ツ] のときである。

また，S_2 が，$m = 0$ のときの S_1 と等しくなるのは $m =$ [テ] のときであり，S_2 が，$m = k$ （ただし，$-$ [ク] $< k <$ [キ]）のときの S_1 と等しくなるのは $m =$ [ト] $k +$ [ナ] のときである。

第3問〜第5問は，いずれか2問を選択し，解答しなさい。

第3問 （選択問題）（配点 20）

以下の問題を解答するにあたっては，必要に応じて15ページの正規分布表を用いてもよい。

A高校では，技術・家庭科の授業において，ねじを手作業で作る実習を行っている。

(1) 例年，実習において作られるねじのうち，100本中80本が良品であるという。この良品の割合を，1本のねじが良品となる確率とみなし，ねじが良品かどうかは，ねじごとに独立であるとする。

(i) 実習において作られる良品の本数の平均（期待値）が51以上となるようにするには，ねじを［アイ］本以上作る必要がある。

(ii) 実習でねじを400本作ったとき，作ったねじのうち良品の本数を X とする。X は［ウ］に従う。また，X の平均（期待値）は［エオカ］，分散は［キク］である。

［ウ］については，最も適当なものを，次の⓪〜⑤のうちから一つ選べ。

⓪ 正規分布 $N(100,\ 80)$	① 二項分布 $B(100,\ 80)$
② 正規分布 $N(400,\ 0.8)$	③ 二項分布 $B(400,\ 0.8)$
④ 正規分布 $N(400,\ 80)$	⑤ 二項分布 $B(400,\ 80)$

ここで，作ったねじの本数400は十分大きいから，作ったねじのうち良品の本数は近似的に正規分布 N(［エオカ］，［キク］) に従う。すると，$\dfrac{X-\text{［ケコサ］}}{\text{［シ］}}$

は標準正規分布 $N(0,\ 1)$ に従うことから，実習で作った400本のねじのうち良品の本数が330以上となる確率は0.［スセソ］である。

（数学Ⅱ・数学B第3問は次ページに続く。）

(2) A 高校の実習に協力している M 社では，機械を使ってねじを作っている。この機械の取扱説明書によると，この機械が正常に稼働しているとき，作られるねじの長さ Y mm について平均値は 6.5 mm であり，$6.3 \leqq Y \leqq 6.7$ の範囲からはずれるものを不良品とすると，作られるねじのうち不良品の割合は 1000 本あたり 4 本であるという。

Y が正規分布に従う確率変数とみなせるとすると，Y の標準偏差は [タ].[チツテ] である。

さて，機械を長期間使い続けると，機械の部品に不具合が生じるなどの理由で，不良品の割合は高くなっていく。そのため，機械を定期的に点検することで，製品の品質を担保する必要がある。

M 社では，点検の際，この機械で作られたねじのうち 100 本を標本として無作為に取り出し，それらの長さの平均値を調べている。標本として取り出すねじの本数 100 は十分大きいから，機械が正常に稼働しているとすると，標本平均 $\overline{Y}$ は平均（期待値）[ト].[ナ]，標準偏差 [ニ].[ヌネノ] の正規分布に従うとみなすことができる。

よって，機械が正常に稼働しているとき，標本平均 $\overline{Y}$ は 95% の確率で

$$\left|\overline{Y} - \boxed{ト}.\boxed{ナ}\right| < \boxed{ハ}$$

を満たす。

この $\overline{Y}$ の範囲を利用することで，機械が正常に稼働しているかを判断することができる。

[ハ] については，最も適当なものを，次の ⓪～③ のうちから一つ選べ。

⓪ 0.011	① 0.014	② 0.099	③ 0.192

（数学 Ⅱ・数学 B 第 3 問は次ページに続く。）

M 社では,「機械が正常に稼働しているとき，標本平均が 95% の確率で含まれる範囲」が点検の際に得た標本平均を含んでいれば機械は正常に稼働していると判断してそのまま使い続け，そうでなければ修理に出すことにしている。

ある日，この機械で作られたねじのうち，100 本を無作為に取り出して検査したとき，それらの長さの平均値は 6.52 mm であった。このとき，M 社は機械を ［ヒ］。

［ヒ］ の解答群

⓪ そのまま使い続ける	① 修理に出す

（数学 Ⅱ・数学 B 第 3 問は次ページに続く。）

正 規 分 布 表

次の表は，標準正規分布の分布曲線における右図の灰色部分の面積の値をまとめたものである。

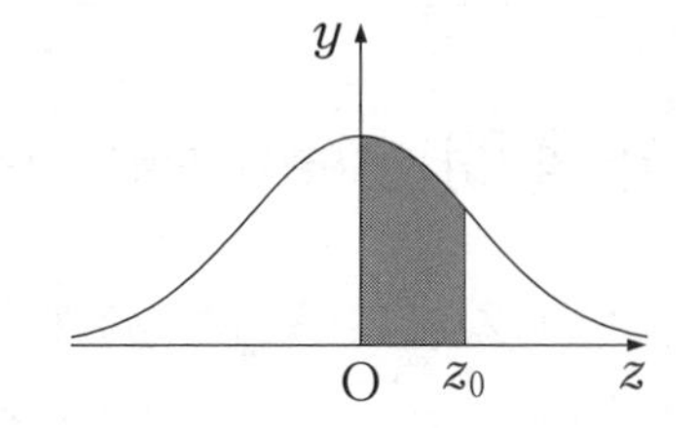

z_0	0.00	0.01	0.02	0.03	0.04	0.05	0.06	0.07	0.08	0.09
0.0	0.0000	0.0040	0.0080	0.0120	0.0160	0.0199	0.0239	0.0279	0.0319	0.0359
0.1	0.0398	0.0438	0.0478	0.0517	0.0557	0.0596	0.0636	0.0675	0.0714	0.0753
0.2	0.0793	0.0832	0.0871	0.0910	0.0948	0.0987	0.1026	0.1064	0.1103	0.1141
0.3	0.1179	0.1217	0.1255	0.1293	0.1331	0.1368	0.1406	0.1443	0.1480	0.1517
0.4	0.1554	0.1591	0.1628	0.1664	0.1700	0.1736	0.1772	0.1808	0.1844	0.1879
0.5	0.1915	0.1950	0.1985	0.2019	0.2054	0.2088	0.2123	0.2157	0.2190	0.2224
0.6	0.2257	0.2291	0.2324	0.2357	0.2389	0.2422	0.2454	0.2486	0.2517	0.2549
0.7	0.2580	0.2611	0.2642	0.2673	0.2704	0.2734	0.2764	0.2794	0.2823	0.2852
0.8	0.2881	0.2910	0.2939	0.2967	0.2995	0.3023	0.3051	0.3078	0.3106	0.3133
0.9	0.3159	0.3186	0.3212	0.3238	0.3264	0.3289	0.3315	0.3340	0.3365	0.3389
1.0	0.3413	0.3438	0.3461	0.3485	0.3508	0.3531	0.3554	0.3577	0.3599	0.3621
1.1	0.3643	0.3665	0.3686	0.3708	0.3729	0.3749	0.3770	0.3790	0.3810	0.3830
1.2	0.3849	0.3869	0.3888	0.3907	0.3925	0.3944	0.3962	0.3980	0.3997	0.4015
1.3	0.4032	0.4049	0.4066	0.4082	0.4099	0.4115	0.4131	0.4147	0.4162	0.4177
1.4	0.4192	0.4207	0.4222	0.4236	0.4251	0.4265	0.4279	0.4292	0.4306	0.4319
1.5	0.4332	0.4345	0.4357	0.4370	0.4382	0.4394	0.4406	0.4418	0.4429	0.4441
1.6	0.4452	0.4463	0.4474	0.4484	0.4495	0.4505	0.4515	0.4525	0.4535	0.4545
1.7	0.4554	0.4564	0.4573	0.4582	0.4591	0.4599	0.4608	0.4616	0.4625	0.4633
1.8	0.4641	0.4649	0.4656	0.4664	0.4671	0.4678	0.4686	0.4693	0.4699	0.4706
1.9	0.4713	0.4719	0.4726	0.4732	0.4738	0.4744	0.4750	0.4756	0.4761	0.4767
2.0	0.4772	0.4778	0.4783	0.4788	0.4793	0.4798	0.4803	0.4808	0.4812	0.4817
2.1	0.4821	0.4826	0.4830	0.4834	0.4838	0.4842	0.4846	0.4850	0.4854	0.4857
2.2	0.4861	0.4864	0.4868	0.4871	0.4875	0.4878	0.4881	0.4884	0.4887	0.4890
2.3	0.4893	0.4896	0.4898	0.4901	0.4904	0.4906	0.4909	0.4911	0.4913	0.4916
2.4	0.4918	0.4920	0.4922	0.4925	0.4927	0.4929	0.4931	0.4932	0.4934	0.4936
2.5	0.4938	0.4940	0.4941	0.4943	0.4945	0.4946	0.4948	0.4949	0.4951	0.4952
2.6	0.4953	0.4955	0.4956	0.4957	0.4959	0.4960	0.4961	0.4962	0.4963	0.4964
2.7	0.4965	0.4966	0.4967	0.4968	0.4969	0.4970	0.4971	0.4972	0.4973	0.4974
2.8	0.4974	0.4975	0.4976	0.4977	0.4977	0.4978	0.4979	0.4979	0.4980	0.4981
2.9	0.4981	0.4982	0.4982	0.4983	0.4984	0.4984	0.4985	0.4985	0.4986	0.4986
3.0	0.4987	0.4987	0.4987	0.4988	0.4988	0.4989	0.4989	0.4989	0.4990	0.4990

第3問〜第5問は，いずれか2問を選択し，解答しなさい。

第4問 （選択問題）（配点 20）

Zテレビでは，毎週1回放送する新しいテレビ番組の企画を立てている。制作担当者はできるだけ長く番組を続けたいと思っているが，視聴者数が80万人よりも少なくなったら，その週の放送後，番組を打ち切ることを決定する。視聴者数は視聴率より算出するものとし，視聴者数については，経験的に次のことがわかっている。

> 毎週，その週に番組を視聴した人のうち，10％の人が次の週は番組を観ない。
>
> 第2週目以降，前の週に番組を視聴しなかった人のうちの一定数が，番組の評判を聞いてその週の番組を観る。ただし，その週の番組を観たが前の週は観ていなかった人には，以前番組を視聴したことがあるが，途中で観るのをやめて再び観始めた人も含む。

n を自然数とする。番組の第1週の視聴者数は s 万人であり，番組開始から n 週目の視聴者数を a_n 万人とおく。また，その週の番組を観たが前の週の番組は観ていなかった人は，第2週目以降どの週でも一律 t 万人であるとする。ただし

$$s \geqq 80,\ t > 0$$

である。

（数学Ⅱ・数学B第4問は次ページに続く。）

(1) $s = 100$, $t = 4$ とする。

(i) 数列 $\{a_n\}$ の初項と漸化式は

$$a_1 = 100,\ a_{n+1} = \frac{\boxed{\text{ア}}}{\boxed{\text{イウ}}}a_n + \boxed{\text{エ}} \quad (n = 1,\ 2,\ 3,\ \cdots)$$

である。

(ii) 数列 $\{a_n\}$ の一般項は

$$a_n = \boxed{\text{オカ}} + \boxed{\text{キク}} \cdot \left(\frac{\boxed{\text{ケ}}}{\boxed{\text{コサ}}}\right)^{n-1} \quad (n = 1,\ 2,\ 3,\ \cdots)$$

である。

(iii) 初めて視聴者数が 80 万人より少なくなるのは，第 $\boxed{\text{シ}}$ 週であり，第 $\boxed{\text{シ}}$ 週の放送後，番組の打ち切りが決定する。

(数学 Ⅱ・数学 B 第 4 問は次ページに続く。)

(2) 視聴者数が毎週増え続けるのは，$t >$ [ス] のときである。

[ス] の解答群

⓪ $\frac{s}{10}$	① $\frac{s}{2}$	② s	③ $2s$	④ $10s$

(3) $t >$ [ス] のとき，視聴者数について正しいものは [セ] である。

[セ] については，最も適当なものを，次の⓪〜④のうちから一つ選べ。

⓪ 第 2 週以降，視聴者数はつねに $10t$ 万人を超える。

① 第 9 週まで視聴者数は $10t$ 万人未満だが，第 10 週以降の視聴者数は $10t$ 万人を超える。

② 第 9 週まで視聴者数は $s + 10t$ 万人未満だが，第 10 週以降の視聴者数は $s + 10t$ 万人を超える。

③ 第 9 週まで視聴者数は $100t$ 万人未満だが，第 10 週以降の視聴者数は $100t$ 万人を超える。

④ 何回放送しても視聴者数が $10t$ 万人を超えることはない。

（数学Ⅱ・数学 B 第 4 問は次ページに続く。）

(4) それぞれの s, t の値について，番組の存続は次のようになる。

$s=100$, $t=8$ のとき，［ソ］

$s=90$, $t=12$ のとき，［タ］

$s=80$, $t=5$ のとき，［チ］

［ソ］～［チ］については，最も適当なものを，次の ⓪～② のうちから一つずつ選べ。ただし，同じものを繰り返し選んでもよい。

⓪ 第 2 週の放送後，番組の打ち切りが決定する。

① 少なくとも最初の 2 週間の視聴者数は 80 万人以上だが，その後 80 万人より少なくなり，番組の打ち切りが決定する。

② 何回放送しても視聴者数は 80 万人より少なくならず，番組は存続する。

第3問～第5問は，いずれか2問を選択し，解答しなさい。

第5問 （選択問題）（配点　20）

O を原点とする座標空間に3点 A，B，C がある。三角形 OAB を底面とみたときの四面体 OABC の高さを求めよう。

はじめに，A(1，−2，0)，B(1，0，−1)，C(0，−3，−4) のときを考える。

(1) 点 C から平面 OAB に引いた垂線と，平面 OAB の交点を H とする。点 H が平面 OAB 上にあることから，実数 s，t を用いて

$$\overrightarrow{\mathrm{OH}} = s\overrightarrow{\mathrm{OA}} + t\overrightarrow{\mathrm{OB}}$$

と表される。よって，s，t を用いて $\overrightarrow{\mathrm{CH}}$ を表すと

$$\overrightarrow{\mathrm{CH}} = \left(s+t,\ \boxed{\text{アイ}}\,s + \boxed{\text{ウ}},\ \boxed{\text{エ}}\,t + \boxed{\text{オ}}\right)$$

である。これと，$\overrightarrow{\mathrm{CH}} \perp \overrightarrow{\mathrm{OA}}$ が成り立つことから

$$\boxed{\text{カ}}\,s + t = \boxed{\text{キ}} \quad \cdots\cdots\cdots\cdots ①$$

同様に，$\overrightarrow{\mathrm{CH}} \perp \overrightarrow{\mathrm{OB}}$ が成り立つことから

$$s + \boxed{\text{ク}}\,t = \boxed{\text{ケ}} \quad \cdots\cdots\cdots\cdots ②$$

①，②より，$s = \dfrac{\boxed{\text{コ}}}{\boxed{\text{サ}}}$，$t = \dfrac{\boxed{\text{シス}}}{\boxed{\text{セ}}}$ が得られる。

ゆえに，三角形 OAB を底面とみたときの四面体 OABC の高さは $\dfrac{\boxed{\text{ソタ}}}{\boxed{\text{チ}}}$ である。

（数学Ⅱ・数学B 第5問は次ページに続く。）

また，$\overrightarrow{\mathrm{OH}} = \dfrac{\boxed{\text{コ}}}{\boxed{\text{サ}}}\overrightarrow{\mathrm{OA}} + \dfrac{\boxed{\text{シス}}}{\boxed{\text{セ}}}\overrightarrow{\mathrm{OB}}$ であるから，点 H は直線 OA，OB，AB 上にない。次の図の ⓪〜⑥ のうち，平面 OAB 上で点 H が存在する領域を示したものは $\boxed{\text{ツ}}$ である。

$\boxed{\text{ツ}}$ については，最も適当なものを，次の ⓪〜⑥ のうちから一つ選べ。

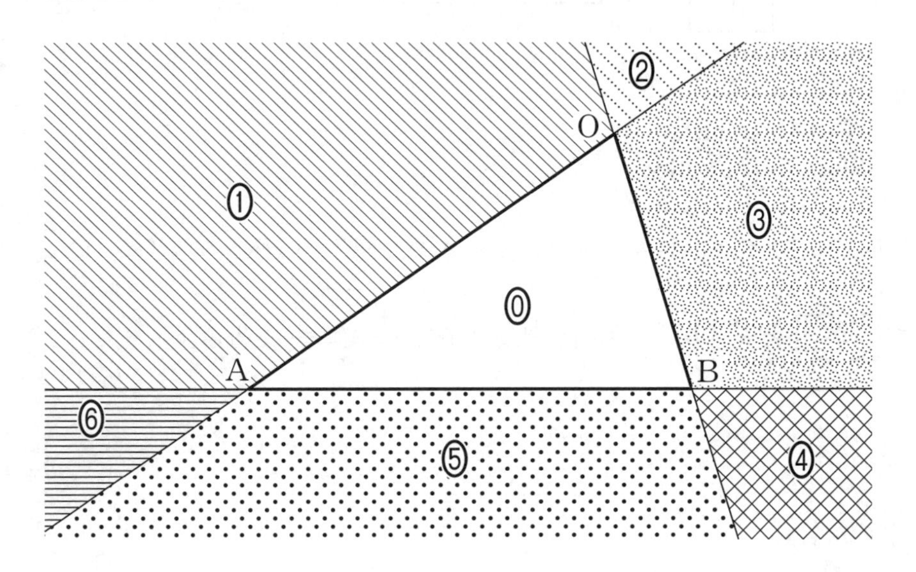

（数学 Ⅱ・数学 B 第 5 問は次ページに続く。）

(2) 三角形OABを底面とみたときの四面体OABCの高さを別の方法で求めてみよう。

$\overrightarrow{OA}$ と $\overrightarrow{OB}$ の両方に垂直で，大きさが $|\overrightarrow{OC}|$ と等しいベクトルのうち，x 成分が正であるものを $\vec{n}$ とすると

$$\vec{n} = \frac{\boxed{テ}}{\boxed{ト}}\left(2,\ \boxed{ナ},\ \boxed{ニ}\right)$$

である。よって

$$\overrightarrow{OC}\cdot\vec{n}\ \boxed{ヌ}\ 0$$

であるから，三角形OABを底面とみたときの四面体OABCの高さは，$\overrightarrow{OC}$，$\vec{n}$ を用いて $\boxed{ネ}$ と表され，この値を計算すると $\dfrac{\boxed{ソタ}}{\boxed{チ}}$ を得る。

$\boxed{ヌ}$ の解答群

⓪ $<$	① $=$	② $>$

$\boxed{ネ}$ の解答群

⓪ $\dfrac{\lvert\overrightarrow{OC}\rvert}{\overrightarrow{OC}\cdot\vec{n}}$	① $\dfrac{\lvert\overrightarrow{OC}\rvert^2}{\overrightarrow{OC}\cdot\vec{n}}$	② $-\dfrac{\lvert\overrightarrow{OC}\rvert}{\overrightarrow{OC}\cdot\vec{n}}$	③ $-\dfrac{\lvert\overrightarrow{OC}\rvert^2}{\overrightarrow{OC}\cdot\vec{n}}$
④ $\dfrac{\overrightarrow{OC}\cdot\vec{n}}{\lvert\overrightarrow{OC}\rvert}$	⑤ $\dfrac{\overrightarrow{OC}\cdot\vec{n}}{\lvert\overrightarrow{OC}\rvert^2}$	⑥ $-\dfrac{\overrightarrow{OC}\cdot\vec{n}}{\lvert\overrightarrow{OC}\rvert}$	⑦ $-\dfrac{\overrightarrow{OC}\cdot\vec{n}}{\lvert\overrightarrow{OC}\rvert^2}$

（数学Ⅱ・数学B第5問は次ページに続く。）

(3)　次に，A(1，−1，0)，B(1，0，−1)，C(2，1，−2) のときを考える。

三角形 OAB を底面とみたときの四面体 OABC の高さは $\dfrac{\sqrt{\boxed{\text{ノ}}}}{\boxed{\text{ハ}}}$ である。

（下　書　き　用　紙）

模試　第5回

（100点／60分）

〔数学Ⅱ・B〕

注　意　事　項

1　**数学解答用紙（模試 第5回）をキリトリ線より切り離し，試験開始の準備をしなさい。**

2　**時間を計り，上記の解答時間内で解答しなさい。**
ただし，納得のいくまで時間をかけて解答するという利用法でもかまいません。

3　第1問，第2問は必答。第3問～第5問から2問選択。計4問を解答しなさい。

4　この回の模試の問題は，このページを含め，23ページあります。

5　**解答用紙には解答欄以外に受験番号欄，氏名欄，試験場コード欄，解答科目欄があります。解答科目欄は解答する科目**を一つ選び，科目名の下の◯に**マーク**しなさい。**その他の欄**は自分自身で本番を想定し，**正しく記入し，マークしなさい。**

6　**解答は解答用紙の解答欄にマークしなさい。**

7　選択問題については，解答する問題を決めたあと，その問題番号の解答欄に解答しなさい。ただし，**指定された問題数をこえて解答してはいけません。**

8　問題の余白は適宜利用してよいが，どのページも切り離してはいけません。

第１問 （必答問題）（配点 30）

〔1〕 右のような，乗りカゴが反時計まわりに 24 分かけて 1 周する直径 20m の観覧車がある。また，観覧車の乗り場は地上から 3m の高さにある。

乗りカゴが乗り場を出発してから x 分後における，乗りカゴの地上からの高さを h m とする。乗りカゴの大きさは考えないものとして，次の問いに答えよ。

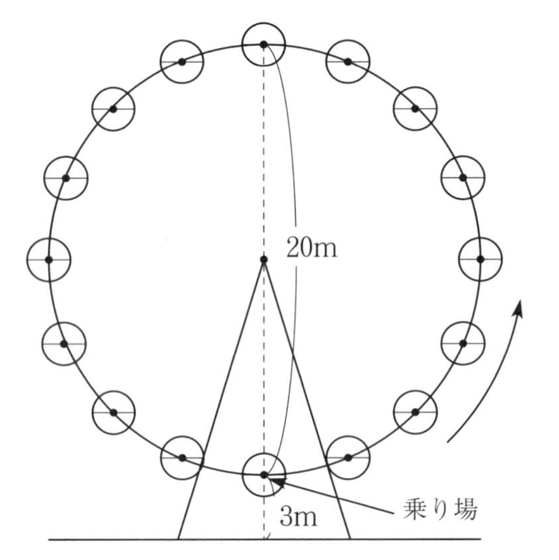

(1) 乗りカゴが乗り場を出発してから 6 分後における，乗りカゴの地上からの高さは [アイ] m である。

(2) 乗りカゴの地上からの高さ h を x を用いて表すと

$$h = \boxed{\text{ウエ}} - \boxed{\text{オカ}} \cos \frac{\pi}{\boxed{\text{キク}}} x$$

である。

（数学Ⅱ・数学 B 第 1 問は次ページに続く。）

(3)　乗りカゴが乗り場を出発してから17分後における，乗りカゴの地上からの高さを求めるためには，$\cos\dfrac{17}{\boxed{キク}}\pi$ の値が必要である。

この値は，三角関数の加法定理により

$$\cos\frac{17}{\boxed{キク}}\pi=\frac{\sqrt{\boxed{ケ}}-\sqrt{\boxed{コ}}}{\boxed{サ}}$$

と求めることができる。

(4)　乗りカゴの中の人が乗りカゴの外の景色を見ているときに，観覧車の近くにある地上からの高さが8mの建物の屋上がちょうど真横に見えるのは，乗りカゴが1周する間に2回ある。乗りカゴが乗り場を出発してから何分後かを求めよう。

$h=8$ であるから

$$\cos\frac{\pi}{\boxed{キク}}x=\frac{\boxed{シ}}{\boxed{ス}}$$

を満たす x を求めればよい。

よって，乗りカゴが乗り場を出発してから $\boxed{セ}$ 分後と $\boxed{ソタ}$ 分後である。

（数学Ⅱ・数学B第1問は次ページに続く。）

〔2〕 次の問いに答えよ。

(1) 下の図1の実線は $y = 2^x$ を平行移動したグラフであり，点線は $y = 2^x$ のグラフである。また，図2の実線は $y = \log_2 x$ を平行移動したグラフであり，点線は $y = \log_2 x$ のグラフである。

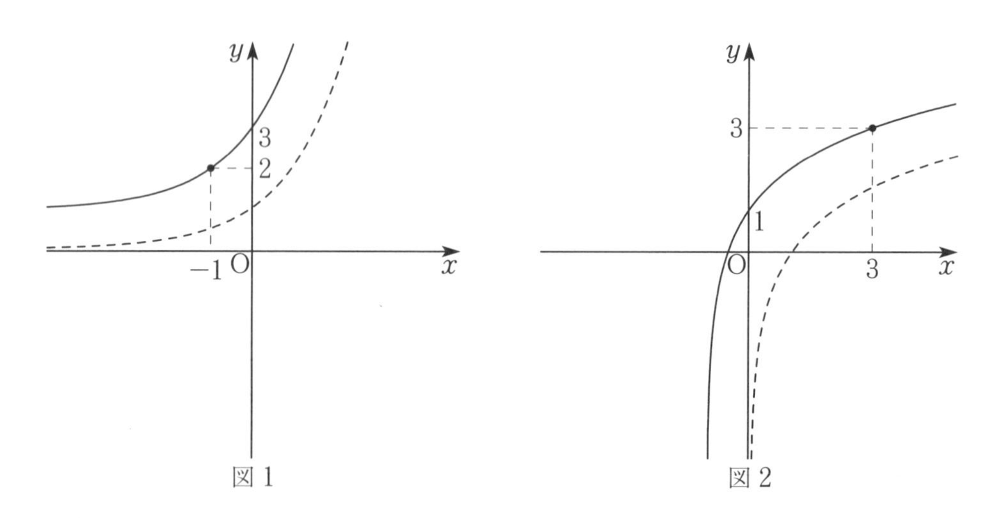

図1　　図2

図1の実線のグラフの式は

$$y = 2^{x+\boxed{チ}} + \boxed{ツ}$$

であり，図2の実線のグラフの式は

$$y = \log_2\left(x + \boxed{テ}\right) + \boxed{ト}$$

である。

図1の実線のグラフは，$y = 2^x$ のグラフを x 軸方向に $\boxed{ナニ}$，y 軸方向に $\boxed{ヌ}$ だけ平行移動したグラフであり，図2の実線のグラフは，$y = \log_2 x$ のグラフを x 軸方向に $\boxed{ネノ}$，y 軸方向に $\boxed{ハ}$ だけ平行移動したグラフである。

(数学Ⅱ・数学B第1問は次ページに続く。)

(2) $y=2^x$ のグラフと $y=\log_2 x$ のグラフは，直線 ヒ に関して対称である。

図 1 の実線のグラフと図 2 の実線のグラフは，直線 フ に関して対称である。

ヒ ， フ の解答群（同じものを繰り返し選んでもよい。）

⓪ $y=x$	① $y=x+1$	② $y=x+2$	③ $y=x+3$
④ $y=x-1$	⑤ $y=x-2$	⑥ $y=x-3$	

(3) 次の(i)〜(iii)のそれぞれのグラフの組のうち，直線 フ に関して対称であるものは， ヘ 。

(i) $y=4^{x+1}-2$ のグラフと $y=\log_4(x+1)-2$ のグラフ

(ii) $y=2^{x-1}+3$ のグラフと $y=\log_2(x-1)+3$ のグラフ

(iii) $y=9^{x+2}$ のグラフと $y=\dfrac{\log_3(x+2)}{2}$ のグラフ

ヘ の解答群

⓪ (i)だけである
① (ii)だけである
② (iii)だけである
③ (i)と(ii)である
④ (i)と(iii)である
⑤ (ii)と(iii)である
⑥ (i)〜(iii)の三つすべてである
⑦ (i)〜(iii)のうちには一つもない

第２問　（必答問題）（配点　30）

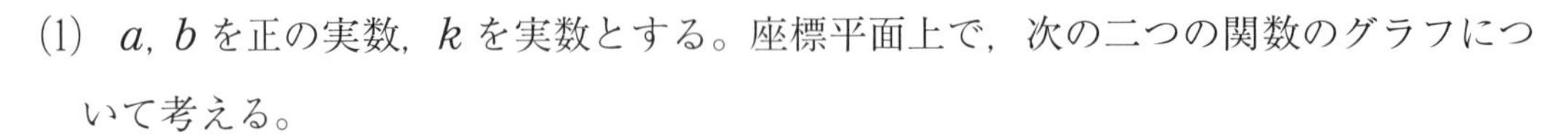

(1)　a, b を正の実数，k を実数とする。座標平面上で，次の二つの関数のグラフについて考える。

$$y = -x(x-2) + ax + b \quad \cdots\cdots\cdots\cdots ①$$

$$y = ax + k \quad \cdots\cdots\cdots\cdots ②$$

(i)　①と②のグラフが異なる２点で交わるような k の値の範囲は ［ア］ である。

［ア］ の解答群

⓪　$k > b + \dfrac{1}{4}$	①　$k \geqq b + \dfrac{1}{4}$	②　$k < b + \dfrac{1}{4}$	③　$k \leqq b + \dfrac{1}{4}$
④　$k > b + 1$	⑤　$k \geqq b + 1$	⑥　$k < b + 1$	⑦　$k \leqq b + 1$

(ii)　②のグラフが①のグラフの接線であるときを考える。接点の x 座標は ［イ］ であり，②のグラフと x 軸の共有点の x 座標は ［ウ］ である。①と②のグラフおよび直線 $x =$ ［ウ］ で囲まれた図形の面積を S とすると

$$S = \frac{\boxed{エ}}{\boxed{オ}}\left(\boxed{カ}\right)^{\boxed{キ}}$$

である。

（数学Ⅱ・数学Ｂ第２問は次ページに続く。）

ウ の解答群

⓪	$-\dfrac{4b+1}{4a}$	①	$\dfrac{4b+1}{4a}$	②	$-\dfrac{4b-1}{4a}$	③	$\dfrac{4b-1}{4a}$
④	$-\dfrac{b+1}{a}$	⑤	$\dfrac{b+1}{a}$	⑥	$-\dfrac{b-1}{a}$	⑦	$\dfrac{b-1}{a}$

カ の解答群

⓪	$\dfrac{a+b+1}{a}$	①	$\dfrac{a+b-1}{a}$
②	$\dfrac{a-b+1}{a}$	③	$\dfrac{a-b-1}{a}$
④	$\dfrac{4a+4b+1}{4a}$	⑤	$\dfrac{4a+4b-1}{4a}$
⑥	$\dfrac{4a-4b+1}{4a}$	⑦	$\dfrac{4a-4b-1}{4a}$

（数学 Ⅱ・数学 B 第 2 問は次ページに続く。）

S の値が一定となるように正の実数 a, b の値を変化させる。このとき，a と b の関係を表すグラフの概形は [ク] である。

[ク] については，最も適当なものを，次の ⓪～⑨ のうちから一つ選べ。

⓪
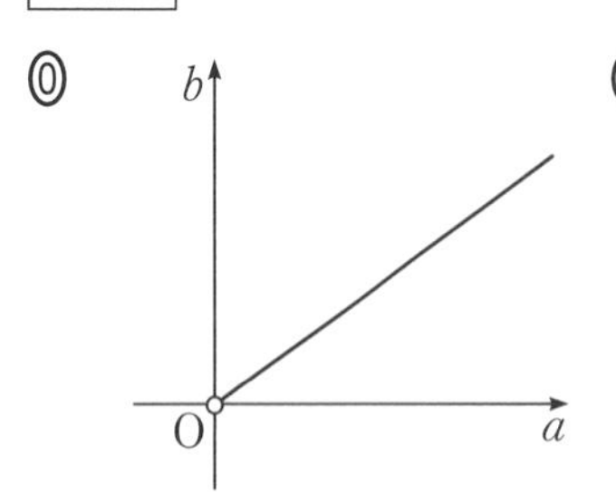

①
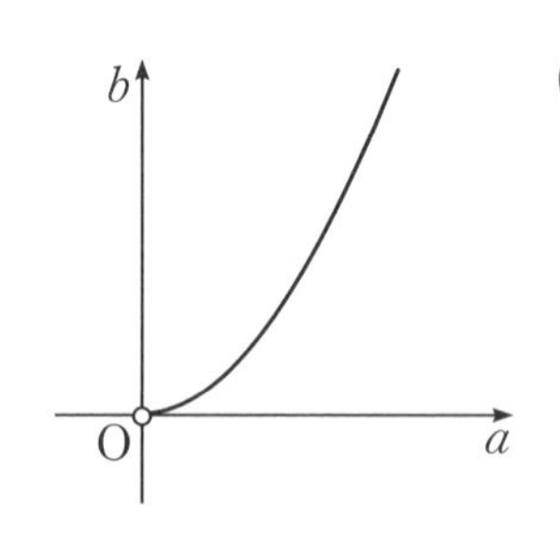

②
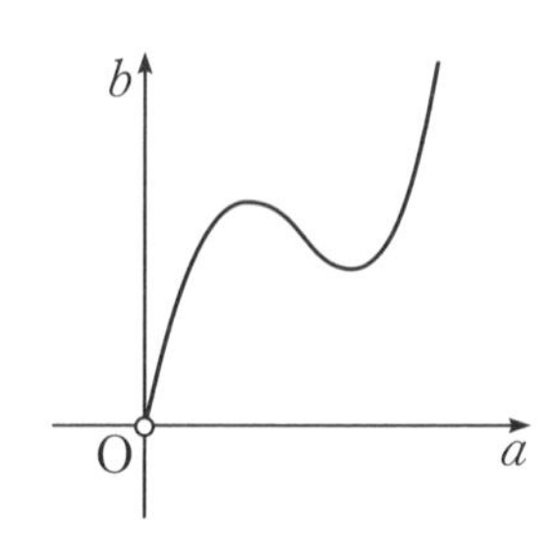

③
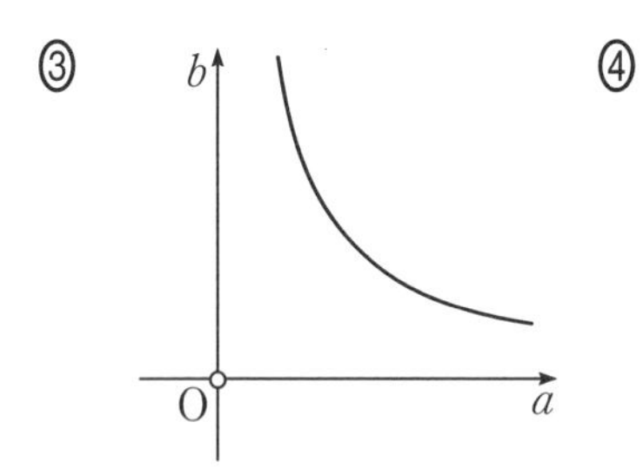

④
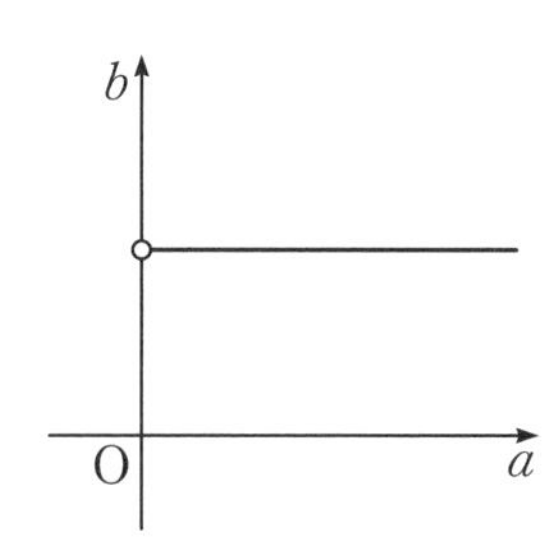

⑤
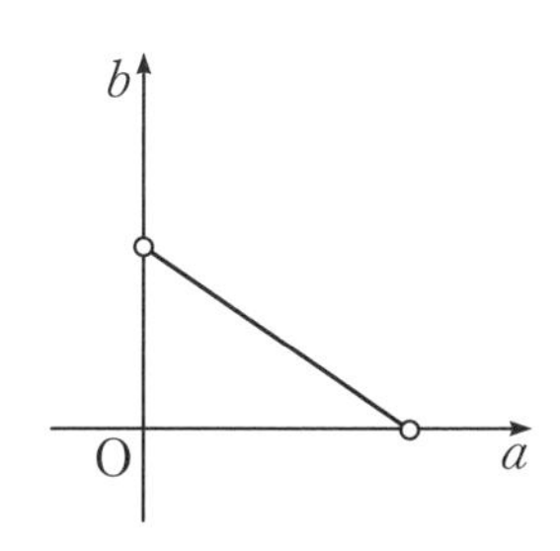

⑥
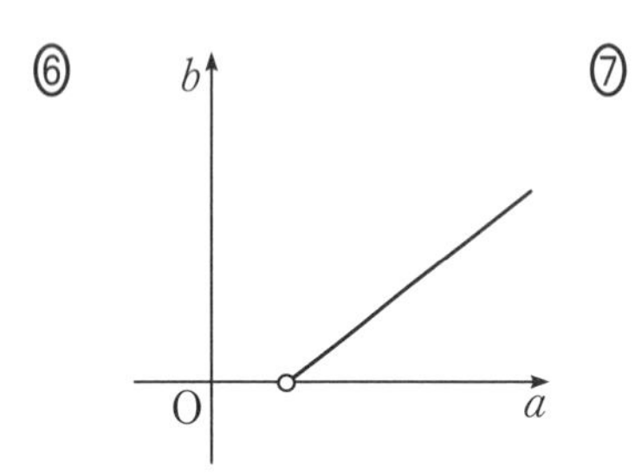

⑦
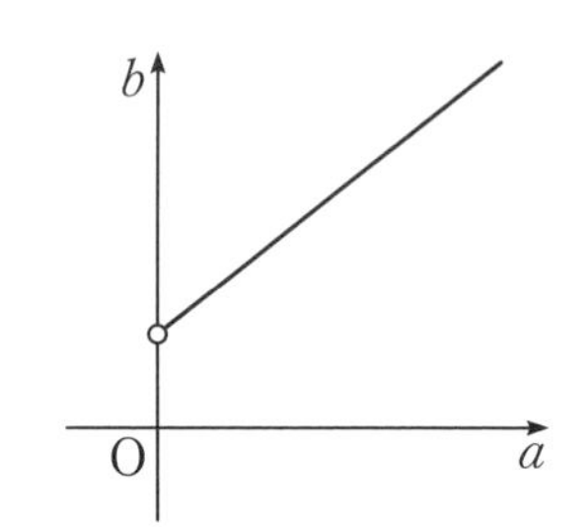

⑧
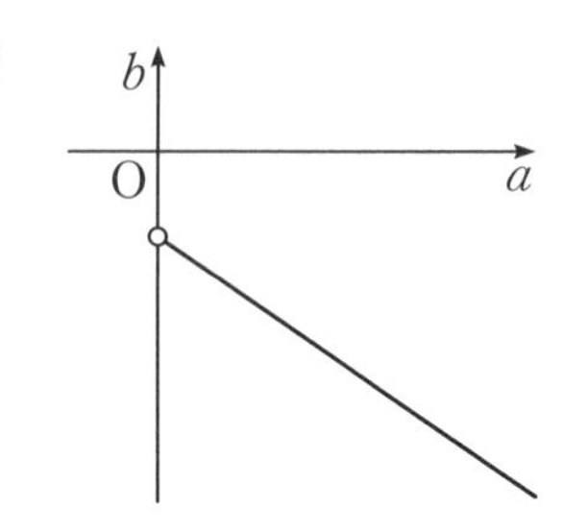

⑨
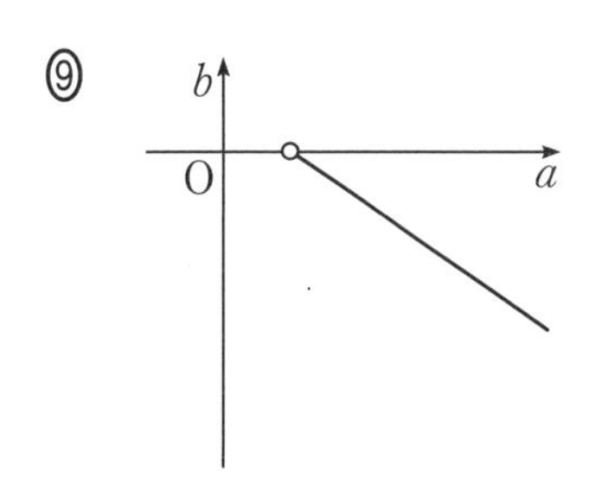

（数学 II・数学 B 第 2 問は次ページに続く。）

(2) a を 0 でない実数，b，k を実数とする。座標平面上で，次の二つの関数のグラフについて考える。

$$y = -x(x - \sqrt{3})(x + \sqrt{3}) + ax + b \quad \cdots\cdots\cdots\cdots\cdots\cdots\cdots \text{③}$$

$$y = ax + k \quad \cdots\cdots\cdots\cdots\cdots\cdots\cdots\cdots\cdots\cdots\cdots\cdots\cdots\cdots\cdots \text{④}$$

(i) ③と④のグラフが異なる 3 点で交わるような k の値の範囲は [ケ] である。

[ケ] の解答群

⓪ $k \leqq -b-2$	① $k < b-2$
② $-b-2 \leqq k \leqq -b+2$	③ $-b-2 < k < -b+2$
④ $-b-2 \leqq k \leqq b+2$	⑤ $-b-2 < k < b+2$
⑥ $b-2 \leqq k \leqq b+2$	⑦ $b-2 < k < b+2$
⑧ $k \geqq -b+2$	⑨ $k > b+2$

（数学Ⅱ・数学B 第 2 問は次ページに続く。）

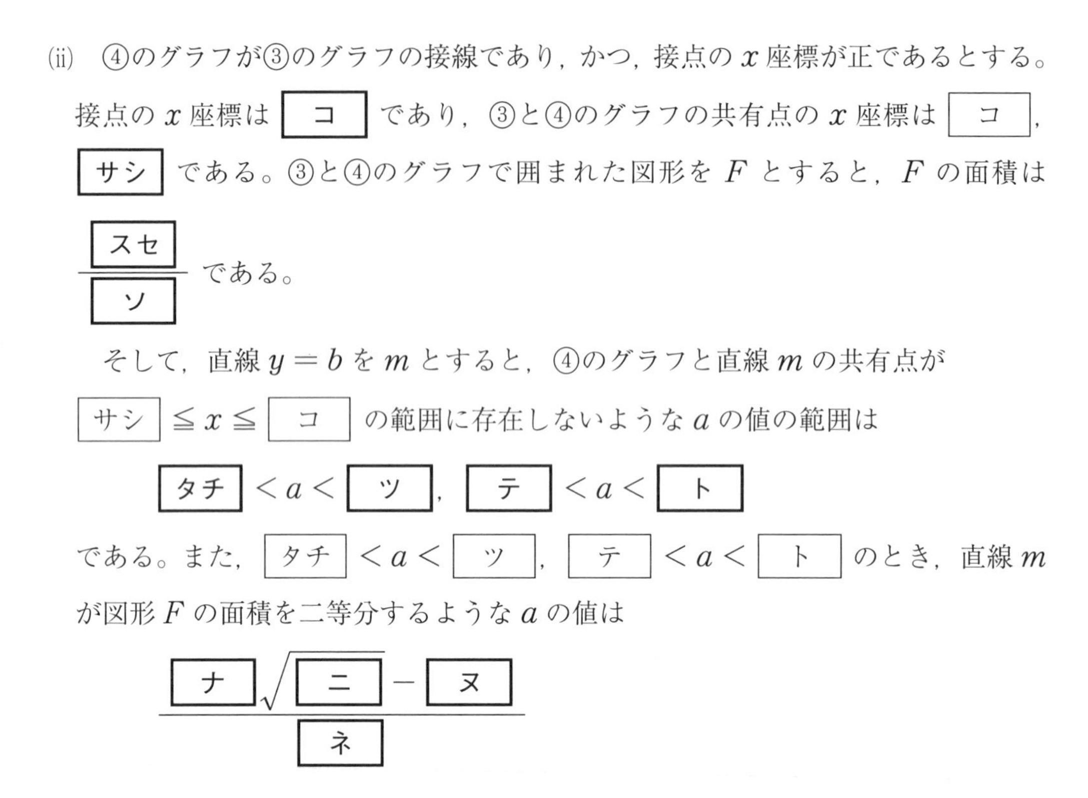

(ii) ④のグラフが③のグラフの接線であり，かつ，接点の x 座標が正であるとする。接点の x 座標は $\boxed{\text{コ}}$ であり，③と④のグラフの共有点の x 座標は $\boxed{\text{コ}}$，$\boxed{\text{サシ}}$ である。③と④のグラフで囲まれた図形を F とすると，F の面積は

$$\frac{\boxed{\text{スセ}}}{\boxed{\text{ソ}}}$$ である。

そして，直線 $y=b$ を m とすると，④のグラフと直線 m の共有点が $\boxed{\text{サシ}} \leqq x \leqq \boxed{\text{コ}}$ の範囲に存在しないような a の値の範囲は

$$\boxed{\text{タチ}} < a < \boxed{\text{ツ}},\quad \boxed{\text{テ}} < a < \boxed{\text{ト}}$$

である。また，$\boxed{\text{タチ}} < a < \boxed{\text{ツ}}$，$\boxed{\text{テ}} < a < \boxed{\text{ト}}$ のとき，直線 m が図形 F の面積を二等分するような a の値は

$$\frac{\boxed{\text{ナ}}\sqrt{\boxed{\text{ニ}}} - \boxed{\text{ヌ}}}{\boxed{\text{ネ}}}$$

である。

（下　書　き　用　紙）

数学 II・数学 B の試験問題は次に続く。

第３問〜第５問は，いずれか２問を選択し，解答しなさい。

第３問　（選択問題）（配点　20）

以下の問題を解答するにあたっては，必要に応じて 15 ページの正規分布表を用いてもよい。

ある植物の種子の発芽率についての研究が，A 試験所で行われている。ただし，発芽率とは，種子 1 つずつが発芽する確率のことである。

(1)　A 試験所では，この植物の種子の発芽率は 0.64 である。100 個の種子を無作為に抽出したとき，発芽した種子の個数を表す確率変数を X とすると，X は ［ア］ に従う。また，X の平均（期待値）は ［イウ］，標準偏差は ［エ］.［オ］ である。

［ア］ については，最も適当なものを，次の ⓪〜⑤ のうちから一つ選べ。

⓪　正規分布 $N(0,\ 1)$	①　二項分布 $B(0,\ 1)$
②　正規分布 $N(100,\ 0.64)$	③　二項分布 $B(100,\ 0.64)$
④　正規分布 $N(100,\ 64)$	⑤　二項分布 $B(100,\ 64)$

（数学 II・数学 B 第 3 問は次ページに続く。）

(2) A 試験所では，この植物の種子の発芽率を高くするために改良した。その結果を詳しく調べるために，やや多めの 300 個の種子を無作為に抽出して調査を行い，改良した種子の発芽率 p を推定してみた。

標本の大きさ 300 は十分大きいので，この 300 個の種子のうち，発芽した種子の割合 R は近似的に平均（期待値）[カ]，標準偏差 [キ] の正規分布に従う。よって，調査の結果，$R=0.75$ であったとき，p に対する信頼度 95 %の信頼区間を $C \leqq p \leqq D$ とすると

$$C = 0.\boxed{クケコ},\quad D = 0.\boxed{サシス}$$

である。

そして，A 試験所では，標本の大きさ n の値を大きくして，$n=300$ のときよりもよい信頼区間を得たいと考えている。$n=300$ のときの信頼区間の幅 $D-C$ を半分以下にするためには

$$n \geqq \boxed{セソタチ}$$

とすればよい。

[カ]，[キ] については，最も適当なものを，次の ⓪～⑧ のうちから一つずつ選べ。ただし，同じものを繰り返し選んでもよい。

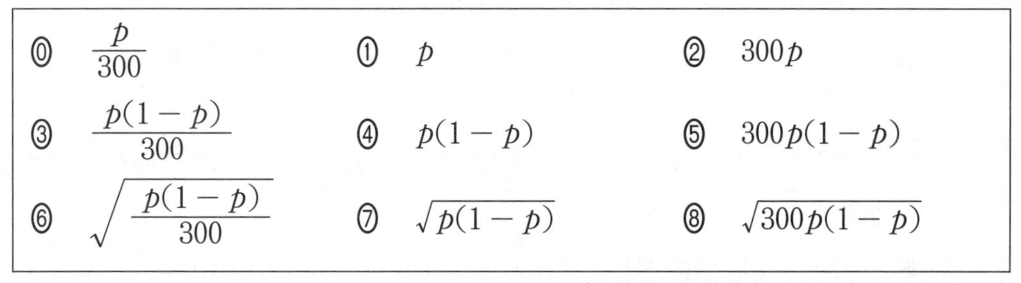

⓪ $\dfrac{p}{300}$　① p　② $300p$

③ $\dfrac{p(1-p)}{300}$　④ $p(1-p)$　⑤ $300p(1-p)$

⑥ $\sqrt{\dfrac{p(1-p)}{300}}$　⑦ $\sqrt{p(1-p)}$　⑧ $\sqrt{300p(1-p)}$

（数学 II・数学 B 第 3 問は次ページに続く。）

(3) A 試験所では，改良前の種子の発芽率は 0.64 であったが，改良前の種子を 100 個無作為に抽出したとき，75 個以上が発芽する可能性がどの程度あるかを調べてみた。

100 個の種子を無作為に抽出したとき，発芽した種子の個数を表す確率変数を (1) と同じ X とする。標本の大きさ 100 は十分大きいので

$$Z = \frac{X - \boxed{\text{ツテ}}}{\boxed{\text{ト}}.\boxed{\text{ナ}}}$$

とおくと，Z は標準正規分布 $N(0,\ 1)$ で近似できる。よって，改良前の標本 100 個のうち，75 個以上が発芽する確率は 0.[ニヌネ] である。この確率は，「2 人でじゃんけんをするとき，[ノ] 回連続してあいこになる確率」に近い確率であり，起こる可能性は低いことがわかる。A 試験所での種子の改良は成功していると考えられる。

また，[ハ] が発芽する確率は，およそ 0.1056 である。

[ハ] については，最も適当なものを，次の ⓪～⑤ のうちから一つ選べ。

⓪ 改良前の標本 100 個のうち，60 個以上
① 改良前の標本 100 個のうち，70 個以上
② 改良前の標本 100 個のうち，80 個以上
③ 大きさ 100 の標本とは別に無作為抽出した改良前の 10 個の種子のうち，6 個以上
④ 大きさ 100 の標本とは別に無作為抽出した改良前の 10 個の種子のうち，7 個以上
⑤ 大きさ 100 の標本とは別に無作為抽出した改良前の 10 個の種子のうち，8 個以上

(数学 II・数学 B 第 3 問は次ページに続く。)

正 規 分 布 表

次の表は，標準正規分布の分布曲線における右図の灰色部分の面積の値をまとめたものである。

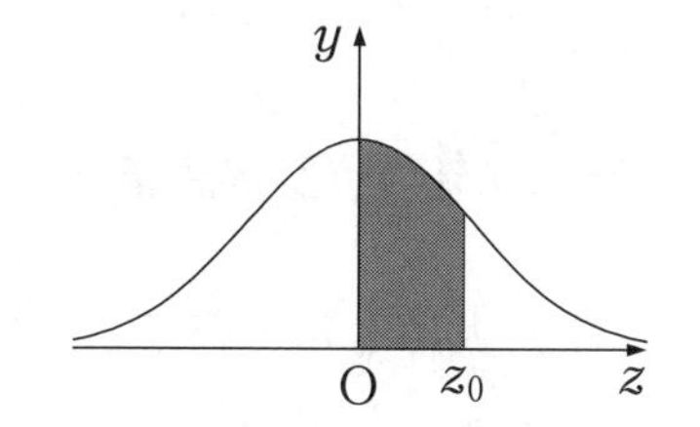

z_0	0.00	0.01	0.02	0.03	0.04	0.05	0.06	0.07	0.08	0.09
0.0	0.0000	0.0040	0.0080	0.0120	0.0160	0.0199	0.0239	0.0279	0.0319	0.0359
0.1	0.0398	0.0438	0.0478	0.0517	0.0557	0.0596	0.0636	0.0675	0.0714	0.0753
0.2	0.0793	0.0832	0.0871	0.0910	0.0948	0.0987	0.1026	0.1064	0.1103	0.1141
0.3	0.1179	0.1217	0.1255	0.1293	0.1331	0.1368	0.1406	0.1443	0.1480	0.1517
0.4	0.1554	0.1591	0.1628	0.1664	0.1700	0.1736	0.1772	0.1808	0.1844	0.1879
0.5	0.1915	0.1950	0.1985	0.2019	0.2054	0.2088	0.2123	0.2157	0.2190	0.2224
0.6	0.2257	0.2291	0.2324	0.2357	0.2389	0.2422	0.2454	0.2486	0.2517	0.2549
0.7	0.2580	0.2611	0.2642	0.2673	0.2704	0.2734	0.2764	0.2794	0.2823	0.2852
0.8	0.2881	0.2910	0.2939	0.2967	0.2995	0.3023	0.3051	0.3078	0.3106	0.3133
0.9	0.3159	0.3186	0.3212	0.3238	0.3264	0.3289	0.3315	0.3340	0.3365	0.3389
1.0	0.3413	0.3438	0.3461	0.3485	0.3508	0.3531	0.3554	0.3577	0.3599	0.3621
1.1	0.3643	0.3665	0.3686	0.3708	0.3729	0.3749	0.3770	0.3790	0.3810	0.3830
1.2	0.3849	0.3869	0.3888	0.3907	0.3925	0.3944	0.3962	0.3980	0.3997	0.4015
1.3	0.4032	0.4049	0.4066	0.4082	0.4099	0.4115	0.4131	0.4147	0.4162	0.4177
1.4	0.4192	0.4207	0.4222	0.4236	0.4251	0.4265	0.4279	0.4292	0.4306	0.4319
1.5	0.4332	0.4345	0.4357	0.4370	0.4382	0.4394	0.4406	0.4418	0.4429	0.4441
1.6	0.4452	0.4463	0.4474	0.4484	0.4495	0.4505	0.4515	0.4525	0.4535	0.4545
1.7	0.4554	0.4564	0.4573	0.4582	0.4591	0.4599	0.4608	0.4616	0.4625	0.4633
1.8	0.4641	0.4649	0.4656	0.4664	0.4671	0.4678	0.4686	0.4693	0.4699	0.4706
1.9	0.4713	0.4719	0.4726	0.4732	0.4738	0.4744	0.4750	0.4756	0.4761	0.4767
2.0	0.4772	0.4778	0.4783	0.4788	0.4793	0.4798	0.4803	0.4808	0.4812	0.4817
2.1	0.4821	0.4826	0.4830	0.4834	0.4838	0.4842	0.4846	0.4850	0.4854	0.4857
2.2	0.4861	0.4864	0.4868	0.4871	0.4875	0.4878	0.4881	0.4884	0.4887	0.4890
2.3	0.4893	0.4896	0.4898	0.4901	0.4904	0.4906	0.4909	0.4911	0.4913	0.4916
2.4	0.4918	0.4920	0.4922	0.4925	0.4927	0.4929	0.4931	0.4932	0.4934	0.4936
2.5	0.4938	0.4940	0.4941	0.4943	0.4945	0.4946	0.4948	0.4949	0.4951	0.4952
2.6	0.4953	0.4955	0.4956	0.4957	0.4959	0.4960	0.4961	0.4962	0.4963	0.4964
2.7	0.4965	0.4966	0.4967	0.4968	0.4969	0.4970	0.4971	0.4972	0.4973	0.4974
2.8	0.4974	0.4975	0.4976	0.4977	0.4977	0.4978	0.4979	0.4979	0.4980	0.4981
2.9	0.4981	0.4982	0.4982	0.4983	0.4984	0.4984	0.4985	0.4985	0.4986	0.4986
3.0	0.4987	0.4987	0.4987	0.4988	0.4988	0.4989	0.4989	0.4989	0.4990	0.4990

第3問～第5問は，いずれか2問を選択し，解答しなさい。

第4問 (選択問題) (配点 20)

太郎さんと花子さんは，3項間の漸化式に関する**問題A**と，4項間の漸化式に関する**問題B**について話している。二人の会話を読んで，下の問いに答えよ。

(1)

問題A 次のように定められた数列 $\{a_n\}$ の一般項を求めよ。

$$a_1 = -3,\ a_2 = 9,$$

$$a_{n+2} = 5a_{n+1} - 4a_n \quad (n = 1,\ 2,\ 3,\ \cdots)$$

太郎 :2項間の漸化式 $a_{n+1} = pa_n + q$ は，この式を

$$a_{n+1} - \alpha = p(a_n - \alpha)$$

に変形して，数列 $\{a_n\}$ の一般項を求めたね。

花子 :3項間の漸化式も，同じように変形して一般項を求められるのかな。

数列 $\{a_n\}$ の漸化式を

$$a_{n+2} - \beta a_{n+1} = \alpha(a_{n+1} - \beta a_n)$$

に変形する。この式は

$$a_{n+2} = (\alpha + \beta)a_{n+1} - \alpha\beta a_n$$

であるから，この式を満たす α，β を求めると

$$(\alpha,\ \beta) = (\boxed{\text{ア}},\ \boxed{\text{イ}}),\ (\boxed{\text{イ}},\ \boxed{\text{ア}})$$

である。ただし，$\boxed{\text{ア}} < \boxed{\text{イ}}$ とする。

(数学Ⅱ・数学B 第4問は次ページに続く。)

(i)　$(\alpha,\ \beta) = ($ ア $,$ イ $)$ のとき

$b_n = a_{n+1} - \beta a_n$ とおくと，数列 $\{b_n\}$ は ウ ことから，数列 $\{b_n\}$ の一般項を求めることができる。よって

$$a_{n+1} - \beta a_n = \boxed{\text{エオ}}$$

である。

(ii)　$(\alpha,\ \beta) = ($ イ $,$ ア $)$ のとき

$c_n = a_{n+1} - \beta a_n$ とおくと，数列 $\{c_n\}$ は カ ことから，数列 $\{c_n\}$ の一般項を求めることができる。よって

$$a_{n+1} - \beta a_n = \boxed{\text{キ}} \cdot \boxed{\text{ク}}^{\boxed{\text{ケ}}}$$

である。

(i)，(ii) より，数列 $\{a_n\}$ の一般項は

$$a_n = \boxed{\text{コ}}^{\boxed{\text{サ}}} - \boxed{\text{シ}}$$

である。

ウ，カ の解答群（同じものを繰り返し選んでもよい。）

⓪　すべての項が同じ値からなる数列である
①　公差が 0 でない等差数列である
②　公比が 1 より大きい等比数列である
③　公比が 1 より小さい等比数列である
④　等差数列でも等比数列でもない

ケ，サ の解答群（同じものを繰り返し選んでもよい。）

⓪　$n-1$	①　n	②　$n+1$
③　$n+2$	④　$n+3$	

（数学Ⅱ・数学B 第 4 問は次ページに続く。）

(2)

問題B　次のように定められた数列 $\{a_n\}$ の一般項を求めよ。

$$a_1 = 1,\ a_2 = -2,\ a_3 = 3,$$

$$a_{n+3} = 4a_{n+2} - 5a_{n+1} + 2a_n \quad (n = 1,\ 2,\ 3,\ \cdots)$$

太郎：3項間の漸化式 $a_{n+2} = pa_{n+1} + qa_n$ は，この式を

$$a_{n+2} - \beta a_{n+1} = \alpha(a_{n+1} - \beta a_n)$$

に変形して，数列 $\{a_n\}$ の一般項を求めることができたね。

花子：4項間の漸化式も，同じように考えていけないかな。

数列 $\{a_n\}$ の漸化式を

$$a_{n+3} - qa_{n+2} - ra_{n+1} = p(a_{n+2} - qa_{n+1} - ra_n)$$

に変形できるとき

$$(p,\ q,\ r) = \left(\boxed{\text{ス}},\ \boxed{\text{セ}},\ \boxed{\text{ソタ}}\right),\ \left(\boxed{\text{チ}},\ \boxed{\text{ツ}},\ \boxed{\text{テト}}\right)$$

である。ただし，$\boxed{\text{ス}} < \boxed{\text{チ}}$ とする。

（数学Ⅱ・数学B第4問は次ページに続く。）

(i)　$(p,\ q,\ r)=\left(\boxed{ス},\ \boxed{セ},\ \boxed{ソタ}\right)$ のとき

$$a_{n+2}-qa_{n+1}-ra_n=\boxed{ナニ}$$

である。

(ii)　$(p,\ q,\ r)=\left(\boxed{チ},\ \boxed{ツ},\ \boxed{テト}\right)$ のとき

$$a_{n+2}-qa_{n+1}-ra_n=\boxed{ヌ}^{\boxed{ネ}}$$

である。

(i), (ii) より，数列 $\{a_n\}$ の一般項は

$$a_n=\boxed{ノ}^{\boxed{ハ}}-\boxed{ヒフ}n+\boxed{ヘ}$$

である。

$\boxed{ネ}$，$\boxed{ハ}$ の解答群（同じものを繰り返し選んでもよい。）

⓪　$n-1$	①　n	②　$n+1$
③　$n+2$	④　$n+3$	

第3問～第5問は，いずれか2問を選択し，解答しなさい。

第5問 （選択問題）（配点 20）

“反射”という現象を座標空間において考察しよう。

右の図のように，レーザー光源 P から鏡面上の点 Q にレーザー光線を発射したとき，“点 Q においてレーザー光線が反射する”とは，点 Q を通り鏡面に垂直な直線と直線 PQ を含む平面上で，入射角と反射角が等しくなるようにレーザー光線が点 Q において折れ曲がる現象のことを呼ぶ。

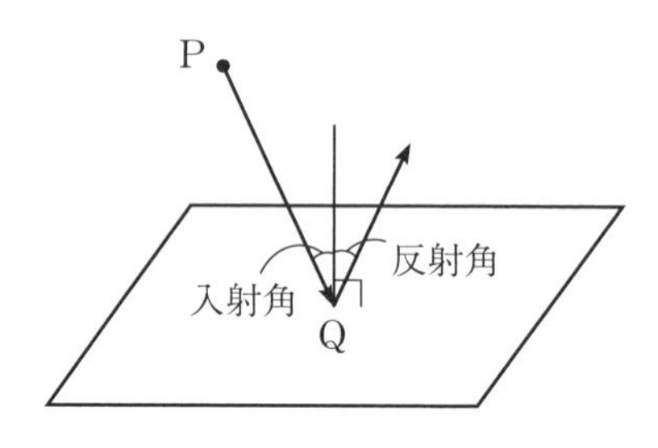

（数学 Ⅱ・数学 B 第 5 問は次ページに続く。）

(1) xy 平面が鏡面であるとし，右の図のようにレーザー光源 P の座標が P(0, 0, 1)，反射点 Q の座標が Q(2, 1, 0) の場合について，反射したレーザー光線と平面 $z=1$ の交点を R とする。

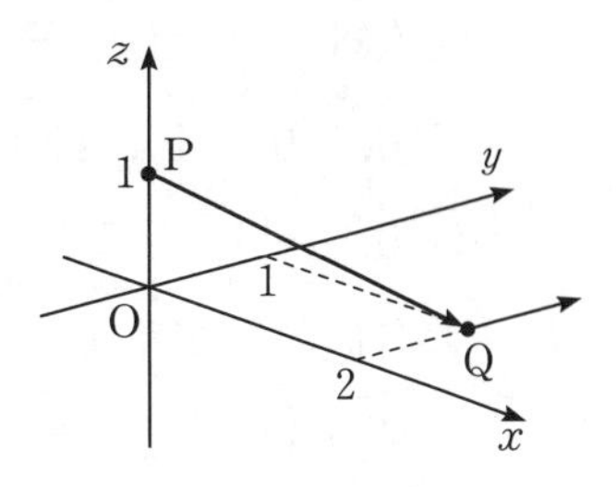

xy 平面に関して，点 P と対称な点 P′ の座標は

P′(ア , イ , ウエ)

である。3 点 P′，Q，R は同一直線上にあるから，t を実数として

$\overrightarrow{\mathrm{P'R}}=t\overrightarrow{\mathrm{P'Q}}$

とおくと

$\overrightarrow{\mathrm{P'R}}=($ オ $t,\ t,\ t)$

であるから

$\overrightarrow{\mathrm{OR}}=($ カ $t,\ t,\ t-$ キ $)$

と表される。よって，t の値と点 R の座標は

$t=$ ク ，　R(ケ , コ , 1)

である。

（数学Ⅱ・数学B 第 5 問は次ページに続く。）

(2) A(1, 0, 0), B(1, 1, 0), C(0, 1, 0), D(0, 0, 1), E(1, 0, 1), F(1, 1, 1), G(0, 1, 1) を頂点とする立方体 OABC−DEFG の各面の内側がすべて鏡面であるとする。

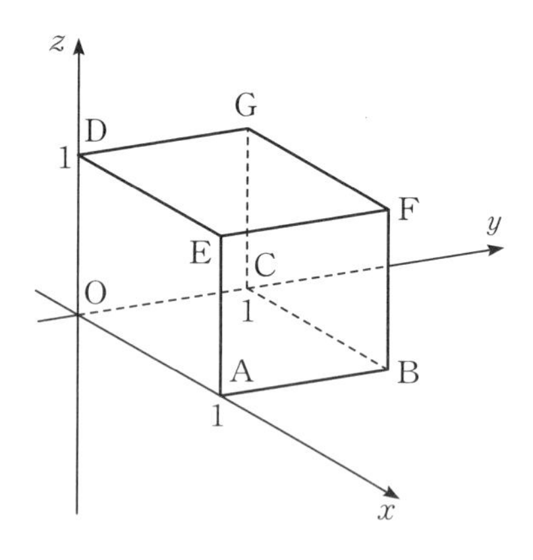

頂点 D にレーザー光源 P をおいて，立方体の内部の鏡面 OABC に向けてレーザーを発射する。発射されたレーザーは立方体の頂点または辺上では反射せず吸収されるが，それ以外の鏡面上では反射されるものとする。

発射されたレーザーが鏡面 OABC で反射したあと，他の面で反射されることなく頂点または辺上で吸収される場合を考える。

吸収される点を S とすると，反射点 Q は，点 (ア , イ , ウエ) と点 S を結んだ線分と，鏡面 OABC との共有点である。

そして，発射されたレーザーが鏡面 OABC で反射したあと，他の面で反射されることなく頂点または辺上で吸収されるとき，レーザーが吸収される線分は サ である。

サ については，最も適当なものを，次の ⓪～⑥ のうちから一つ選べ。ただし，線分の端点は点 F のみを含むものとする。

⓪ 線分 BF のみ	① 線分 BF と線分 EF のみ
② 線分 EF のみ	③ 線分 BF と線分 FG のみ
④ 線分 FG のみ	⑤ 線分 EF と線分 FG のみ
⑥ 線分 BF，線分 EF，線分 FG のすべて	

(数学 II・数学 B 第 5 問は次ページに続く。)

よって，反射点 Q の存在範囲は [シ] の太線部分である。ただし，白丸の点，破線部分は含まない。

[シ] については，最も適当なものを，次の ⓪～⑧ のうちから一つ選べ。

⓪
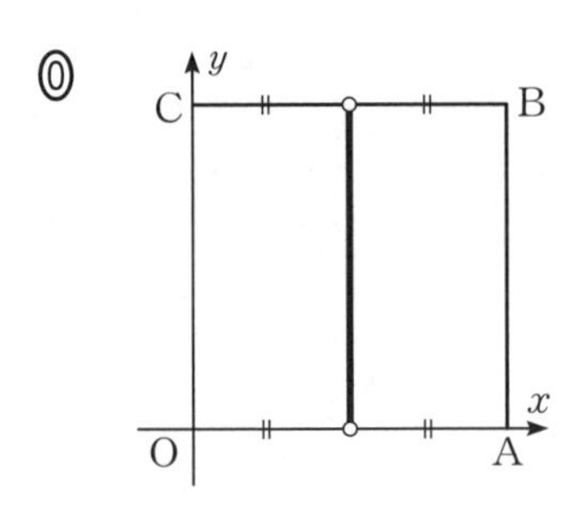

①
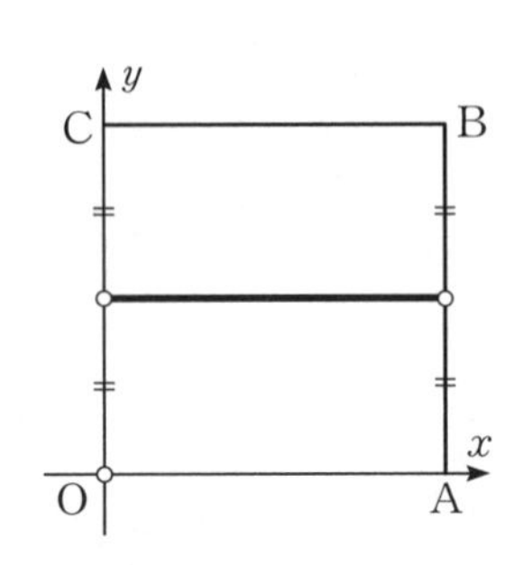

②
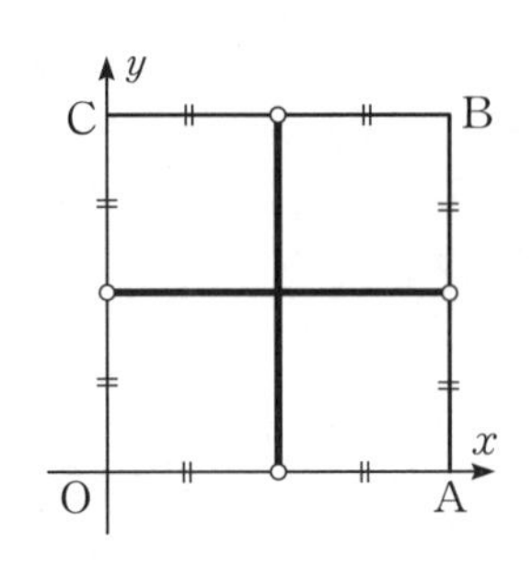

③
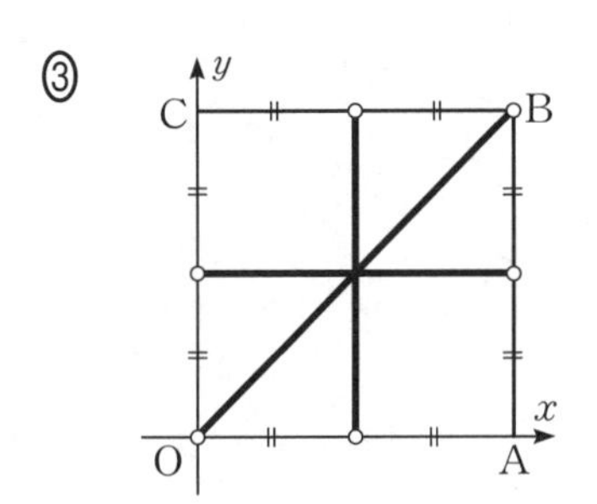

④
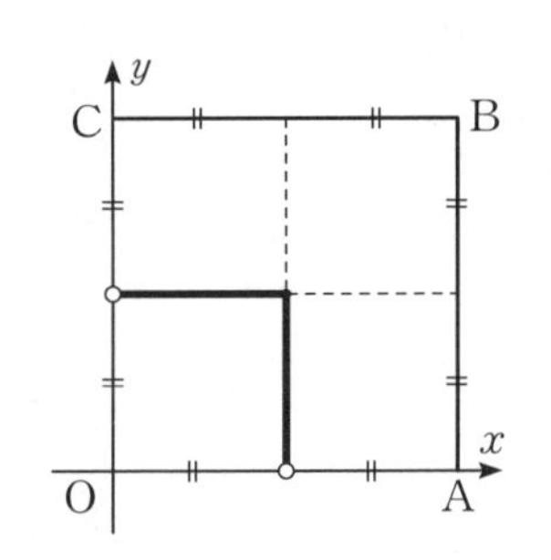

⑤
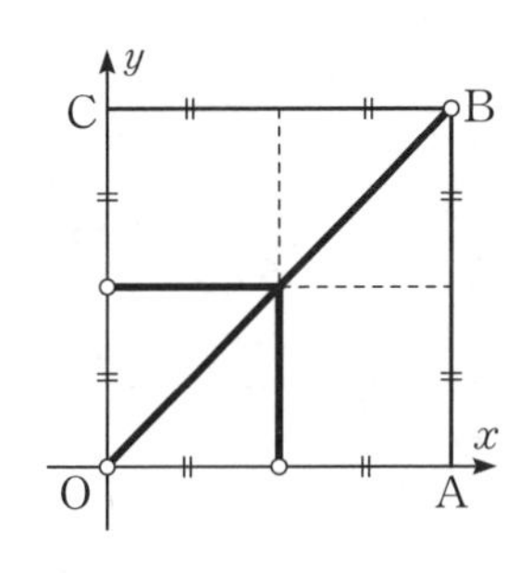

⑥
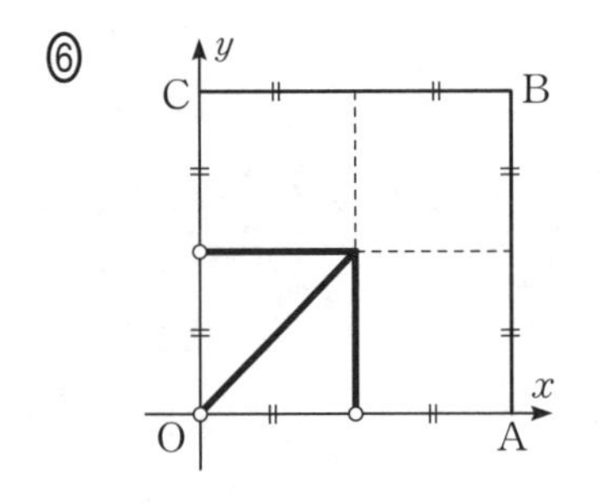

⑦
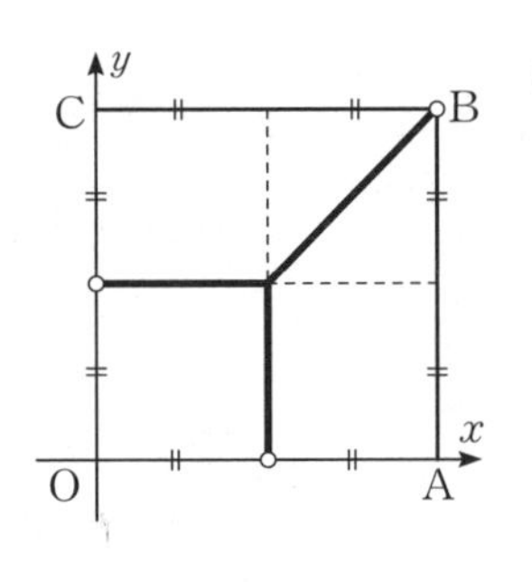

⑧
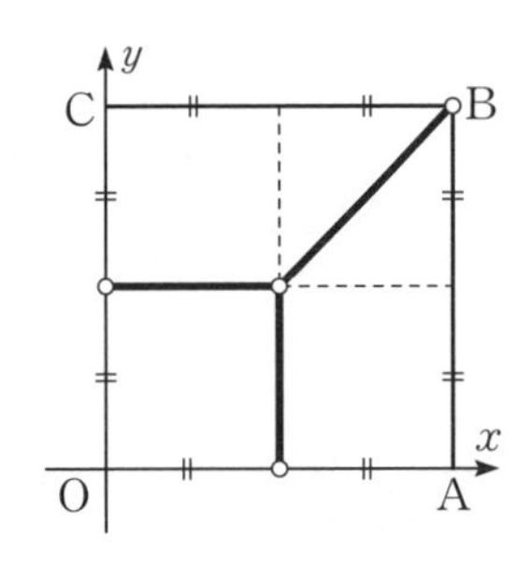

（下　書　き　用　紙）

2023 本試

(100点
60分)

〔数学Ⅱ・B〕

注　意　事　項

1　**数学解答用紙（2023　本試）をキリトリ線より切り離し，試験開始の準備をしなさい。**

2　**時間を計り，上記の解答時間内で解答しなさい。**
ただし，納得のいくまで時間をかけて解答するという利用法でもかまいません。

3　第1問，第2問は必答。第3問～第5問から2問選択。計4問を解答しなさい。

4　「2023 本試」の問題は，このページを含め，29ページあります。

5　**解答用紙には解答欄以外に受験番号欄，氏名欄，試験場コード欄，解答科目欄があります。解答科目欄は解答する科目**を一つ選び，科目名の下の◯に**マーク**しなさい。**その他の欄**は自分自身で本番を想定し，**正しく記入し，マークしなさい。**

6　**解答は解答用紙の解答欄にマークしなさい。**

7　選択問題については，解答する問題を決めたあと，その問題番号の解答欄に解答しなさい。ただし，**指定された問題数をこえて解答してはいけません。**

8　問題の余白は適宜利用してよいが，どのページも切り離してはいけません。

第１問 （必答問題）（配点　30）

〔１〕 三角関数の値の大小関係について考えよう。

(1) $x = \frac{\pi}{6}$ のとき $\sin x$ 【ア】 $\sin 2x$ であり，$x = \frac{2}{3}\pi$ のとき

$\sin x$ 【イ】 $\sin 2x$ である。

【ア】，【イ】の解答群（同じものを繰り返し選んでもよい。）

⓪ ＜	① ＝	② ＞

（数学Ⅱ・数学B第１問は次ページに続く。）

(2)　$\sin x$ と $\sin 2x$ の値の大小関係を詳しく調べよう。

$$\sin 2x - \sin x = \sin x\left(\boxed{\text{ウ}}\cos x - \boxed{\text{エ}}\right)$$

であるから，$\sin 2x - \sin x > 0$ が成り立つことは

「$\sin x > 0$　かつ　$\boxed{\text{ウ}}\cos x - \boxed{\text{エ}} > 0$」 …………… ①

または

「$\sin x < 0$　かつ　$\boxed{\text{ウ}}\cos x - \boxed{\text{エ}} < 0$」 …………… ②

が成り立つことと同値である。$0 \leqq x \leqq 2\pi$ のとき，① が成り立つような x の値の範囲は

$$0 < x < \frac{\pi}{\boxed{\text{オ}}}$$

であり，② が成り立つような x の値の範囲は

$$\pi < x < \frac{\boxed{\text{カ}}}{\boxed{\text{キ}}}\pi$$

である。よって，$0 \leqq x \leqq 2\pi$ のとき，$\sin 2x > \sin x$ が成り立つような x の値の範囲は

$$0 < x < \frac{\pi}{\boxed{\text{オ}}},\quad \pi < x < \frac{\boxed{\text{カ}}}{\boxed{\text{キ}}}\pi$$

である。

(数学Ⅱ・数学B第1問は次ページに続く。)

(3) $\sin 3x$ と $\sin 4x$ の値の大小関係を調べよう。

三角関数の加法定理を用いると，等式

$$\sin(\alpha+\beta)-\sin(\alpha-\beta)=2\cos\alpha\sin\beta \quad \cdots\cdots\cdots ③$$

が得られる。$\alpha+\beta=4x$，$\alpha-\beta=3x$ を満たす α，β に対して③を用いることにより，$\sin 4x-\sin 3x>0$ が成り立つことは

「$\cos$ [ク] >0 かつ $\sin$ [ケ] >0」 ……………… ④

または

「$\cos$ [ク] <0 かつ $\sin$ [ケ] <0」 ……………… ⑤

が成り立つことと同値であることがわかる。

$0\leqq x\leqq\pi$ のとき，④，⑤により，$\sin 4x>\sin 3x$ が成り立つような x の値の範囲は

$$0<x<\frac{\pi}{\boxed{コ}},\quad \frac{\boxed{サ}}{\boxed{シ}}\pi<x<\frac{\boxed{ス}}{\boxed{セ}}\pi$$

である。

[ク]，[ケ] の解答群（同じものを繰り返し選んでもよい。）

⓪ 0	① x	② $2x$	③ $3x$
④ $4x$	⑤ $5x$	⑥ $6x$	⑦ $\frac{x}{2}$
⑧ $\frac{3}{2}x$	⑨ $\frac{5}{2}x$	ⓐ $\frac{7}{2}x$	ⓑ $\frac{9}{2}x$

（数学Ⅱ・数学B第1問は次ページに続く。）

(4) (2), (3) の考察から，$0 \leqq x \leqq \pi$ のとき，$\sin 3x > \sin 4x > \sin 2x$ が成り立つような x の値の範囲は

$$\frac{\pi}{\boxed{コ}} < x < \frac{\pi}{\boxed{ソ}}, \quad \frac{\boxed{ス}}{\boxed{セ}}\pi < x < \frac{\boxed{タ}}{\boxed{チ}}\pi$$

であることがわかる。

(数学Ⅱ・数学B第1問は次ページに続く。)

〔2〕

(1) $a > 0$，$a \neq 1$，$b > 0$ のとき，$\log_a b = x$ とおくと，［ツ］が成り立つ。

［ツ］の解答群

⓪ $x^a = b$	① $x^b = a$
② $a^x = b$	③ $b^x = a$
④ $a^b = x$	⑤ $b^a = x$

(2) 様々な対数の値が有理数か無理数かについて考えよう。

(i) $\log_5 25 =$ ［テ］，$\log_9 27 = \dfrac{［ト］}{［ナ］}$ であり，どちらも有理数である。

(ii) $\log_2 3$ が有理数と無理数のどちらであるかを考えよう。

$\log_2 3$ が有理数であると仮定すると，$\log_2 3 > 0$ であるので，二つの自然数 p，q を用いて $\log_2 3 = \dfrac{p}{q}$ と表すことができる。このとき，(1)により $\log_2 3 = \dfrac{p}{q}$ は［ニ］と変形できる。いま，2は偶数であり3は奇数であるので，［ニ］を満たす自然数 p，q は存在しない。

したがって，$\log_2 3$ は無理数であることがわかる。

(iii) a，b を2以上の自然数とするとき，(ii)と同様に考えると，「［ヌ］ならば $\log_a b$ はつねに無理数である」ことがわかる。

（数学Ⅱ・数学B第1問は次ページに続く。）

ニ の解答群

⓪ $p^2 = 3q^2$	① $q^2 = p^3$	② $2^q = 3^p$
③ $p^3 = 2q^3$	④ $p^2 = q^3$	⑤ $2^p = 3^q$

ヌ の解答群

⓪ aが偶数

① bが偶数

② aが奇数

③ bが奇数

④ aとbがともに偶数，またはaとbがともに奇数

⑤ aとbのいずれか一方が偶数で，もう一方が奇数

第2問 （必答問題）（配点　30）

〔1〕

(1) kを正の定数とし，次の3次関数を考える。

$$f(x) = x^2(k - x)$$

$y = f(x)$のグラフとx軸との共有点の座標は$(0,\ 0)$と$\left(\boxed{ア},\ 0\right)$である。

$f(x)$の導関数$f'(x)$は

$$f'(x) = \boxed{イウ}x^2 + \boxed{エ}kx$$

である。

$x = \boxed{オ}$のとき，$f(x)$は極小値$\boxed{カ}$をとる。

$x = \boxed{キ}$のとき，$f(x)$は極大値$\boxed{ク}$をとる。

また，$0 < x < k$の範囲において$x = \boxed{キ}$のとき$f(x)$は最大となることがわかる。

$\boxed{ア}$，$\boxed{オ}$～$\boxed{ク}$の解答群（同じものを繰り返し選んでもよい。）

⓪ 0	① $\dfrac{1}{3}k$	② $\dfrac{1}{2}k$	③ $\dfrac{2}{3}k$
④ k	⑤ $\dfrac{3}{2}k$	⑥ $-4k^2$	⑦ $\dfrac{1}{8}k^2$
⑧ $\dfrac{2}{27}k^3$	⑨ $\dfrac{4}{27}k^3$	ⓐ $\dfrac{4}{9}k^3$	ⓑ $4k^3$

（数学Ⅱ・数学B第2問は次ページに続く。）

(2) 後の図のように底面が半径 9 の円で高さが 15 の円錐(すい)に内接する円柱を考える。円柱の底面の半径と体積をそれぞれ x, V とする。V を x の式で表すと

$$V = \frac{\boxed{\text{ケ}}}{\boxed{\text{コ}}}\pi x^2\left(\boxed{\text{サ}} - x\right) \quad (0 < x < 9)$$

である。(1)の考察より，$x = \boxed{\text{シ}}$ のとき V は最大となることがわかる。V の最大値は $\boxed{\text{スセソ}}\ \pi$ である。

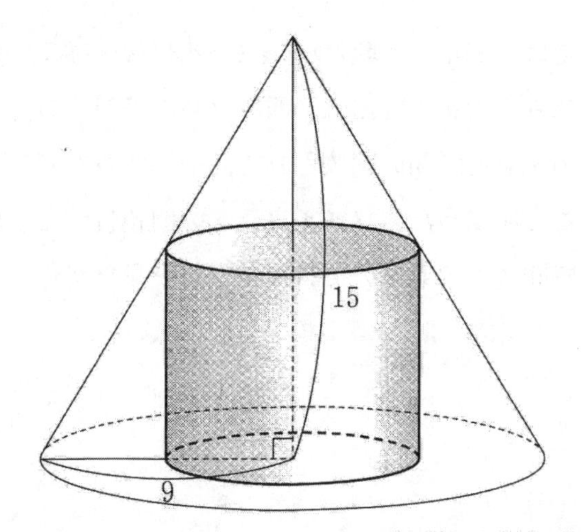

(数学Ⅱ・数学B第 2 問は次ページに続く。)

〔2〕

(1) 定積分 $\int_0^{30}\left(\frac{1}{5}x+3\right)dx$ の値は $\boxed{\text{タチツ}}$ である。

また，関数 $\frac{1}{100}x^2-\frac{1}{6}x+5$ の不定積分は

$$\int\left(\frac{1}{100}x^2-\frac{1}{6}x+5\right)dx=\frac{1}{\boxed{\text{テトナ}}}x^3-\frac{1}{\boxed{\text{ニヌ}}}x^2+\boxed{\text{ネ}}\,x+C$$

である。ただし，C は積分定数とする。

(2) ある地域では，毎年3月頃「ソメイヨシノ（桜の種類）の開花予想日」が話題になる。太郎さんと花子さんは，開花日時を予想する方法の一つに，2月に入ってからの気温を時間の関数とみて，その関数を積分した値をもとにする方法があることを知った。ソメイヨシノの開花日時を予想するために，二人は図1の6時間ごとの気温の折れ線グラフを見ながら，次のように考えることにした。

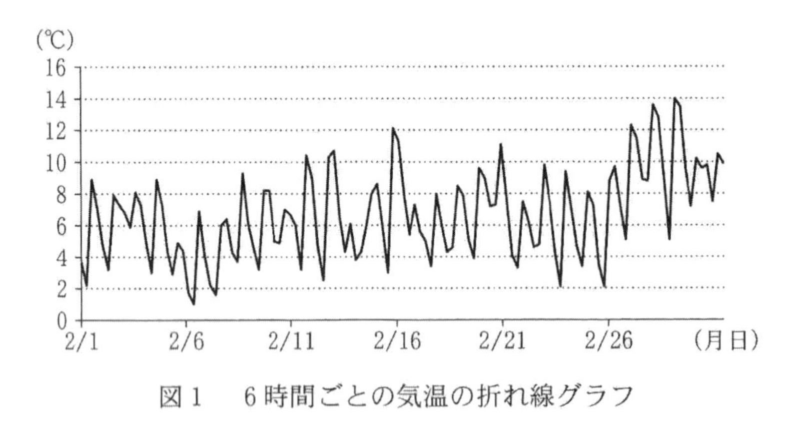

図1　6時間ごとの気温の折れ線グラフ

x の値の範囲を0以上の実数全体として，2月1日午前0時から $24x$ 時間経った時点を x 日後とする。（例えば，10.3日後は2月11日午前7時12分を表す。）また，x 日後の気温を y ℃とする。このとき，y は x の関数であり，これを $y=f(x)$ とおく。ただし，y は負にはならないものとする。

（数学Ⅱ・数学B第2問は次ページに続く。）

気温を表す関数$f(x)$を用いて二人はソメイヨシノの開花日時を次の**設定**で考えることにした。

設定

正の実数tに対して，$f(x)$を0からtまで積分した値を$S(t)$とする。すなわち，$S(t)=\int_0^t f(x)\,dx$とする。この$S(t)$が400に到達したとき，ソメイヨシノが開花する。

設定のもと，太郎さんは気温を表す関数$y=f(x)$のグラフを図2のように直線とみなしてソメイヨシノの開花日時を考えることにした。

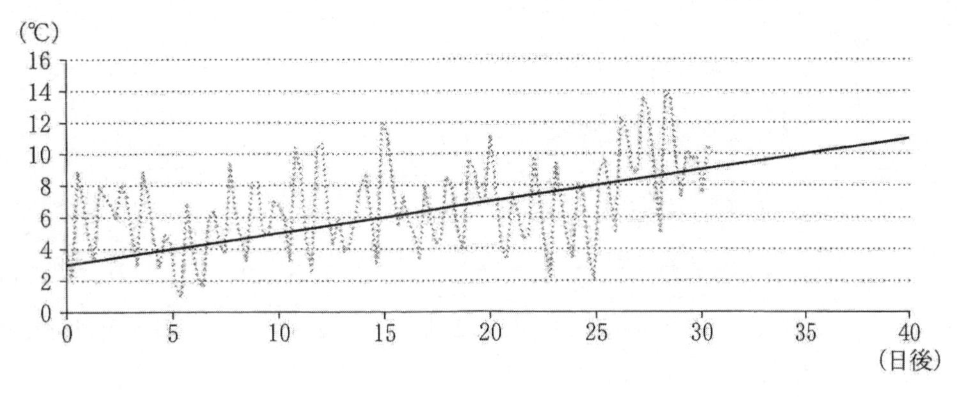

図2　図1のグラフと，太郎さんが直線とみなした$y=f(x)$のグラフ

(i)　太郎さんは

$$f(x)=\frac{1}{5}x+3 \quad (x \geqq 0)$$

として考えた。このとき，ソメイヨシノの開花日時は2月に入ってから［ノ］となる。

［ノ］の解答群

⓪ 30日後	① 35日後	② 40日後
③ 45日後	④ 50日後	⑤ 55日後
⑥ 60日後	⑦ 65日後	

(数学Ⅱ・数学B第2問は次ページに続く。)

(ii) 太郎さんと花子さんは，2月に入ってから30日後以降の気温について話をしている。

太郎：1次関数を用いてソメイヨシノの開花日時を求めてみたよ。
花子：気温の上がり方から考えて，2月に入ってから30日後以降の気温を表す関数が2次関数の場合も考えてみようか。

花子さんは気温を表す関数$f(x)$を，$0 \leqq x \leqq 30$のときは太郎さんと同じように

$$f(x) = \frac{1}{5}x + 3 \quad \cdots\cdots ①$$

とし，$x \geqq 30$のときは

$$f(x) = \frac{1}{100}x^2 - \frac{1}{6}x + 5 \quad \cdots\cdots ②$$

として考えた。なお，$x = 30$のとき①の右辺の値と②の右辺の値は一致する。花子さんの考えた式を用いて，ソメイヨシノの開花日時を考えよう。(1)より

$$\int_0^{30} \left(\frac{1}{5}x + 3\right)dx = \boxed{タチツ}$$

であり

$$\int_{30}^{40} \left(\frac{1}{100}x^2 - \frac{1}{6}x + 5\right)dx = 115$$

となることがわかる。

また，$x \geqq 30$の範囲において$f(x)$は増加する。よって

$$\int_{30}^{40} f(x)\,dx \quad \boxed{ハ} \quad \int_{40}^{50} f(x)\,dx$$

であることがわかる。以上より，ソメイヨシノの開花日時は2月に入ってから$\boxed{ヒ}$となる。

(数学Ⅱ・数学B第2問は次ページに続く。)

ハ の解答群

⓪ <　　① ＝　　② >

ヒ の解答群

⓪ 30 日後より前
① 30 日後
② 30 日後より後，かつ 40 日後より前
③ 40 日後
④ 40 日後より後，かつ 50 日後より前
⑤ 50 日後
⑥ 50 日後より後，かつ 60 日後より前
⑦ 60 日後
⑧ 60 日後より後

第3問～第5問は，いずれか2問を選択し，解答しなさい。

第3問 （選択問題）（配点　20）

以下の問題を解答するにあたっては，必要に応じて19ページの正規分布表を用いてもよい。

(1) ある生産地で生産されるピーマン全体を母集団とし，この母集団におけるピーマン1個の重さ(単位はg)を表す確率変数をXとする。mとσを正の実数とし，Xは正規分布$N(m,\ \sigma^2)$に従うとする。

(i) この母集団から1個のピーマンを無作為に抽出したとき，重さがm g以上である確率$P(X \geqq m)$は

$$P(X \geqq m) = P\left(\frac{X-m}{\sigma} \geqq \boxed{\text{ア}}\right) = \frac{\boxed{\text{イ}}}{\boxed{\text{ウ}}}$$

である。

(ii) 母集団から無作為に抽出された大きさnの標本X_1, X_2, $\cdots$, X_nの標本平均を$\overline{X}$とする。$\overline{X}$の平均(期待値)と標準偏差はそれぞれ

$$E(\overline{X}) = \boxed{\text{エ}},\quad \sigma(\overline{X}) = \boxed{\text{オ}}$$

となる。

$n=400$，標本平均が30.0 g，標本の標準偏差が3.6 gのとき，mの信頼度90 %の信頼区間を次の**方針**で求めよう。

方針

Zを標準正規分布$N(0,\ 1)$に従う確率変数として，$P(-z_0 \leqq Z \leqq z_0) = 0.901$となる$z_0$を正規分布表から求める。この$z_0$を用いると$m$の信頼度90.1 %の信頼区間が求められるが，これを信頼度90 %の信頼区間とみなして考える。

方針において，$z_0 = \boxed{\text{カ}}.\boxed{\text{キク}}$である。

（数学Ⅱ・数学B第3問は次ページに続く。）

一般に，標本の大きさnが大きいときには，母標準偏差の代わりに，標本の標準偏差を用いてよいことが知られている。$n = 400$は十分に大きいので，**方針**に基づくと，mの信頼度 90 % の信頼区間は［ケ］となる。

［エ］，［オ］の解答群(同じものを繰り返し選んでもよい。)

⓪ σ	① σ^2	② $\frac{\sigma}{\sqrt{n}}$	③ $\frac{\sigma^2}{n}$
④ m	⑤ $2m$	⑥ m^2	⑦ $\sqrt{m}$
⑧ $\frac{\sigma}{n}$	⑨ $n\sigma$	ⓐ nm	ⓑ $\frac{m}{n}$

［ケ］については，最も適当なものを，次の⓪～⑤のうちから一つ選べ。

⓪ $28.6 \leqq m \leqq 31.4$	① $28.7 \leqq m \leqq 31.3$	② $28.9 \leqq m \leqq 31.1$
③ $29.6 \leqq m \leqq 30.4$	④ $29.7 \leqq m \leqq 30.3$	⑤ $29.9 \leqq m \leqq 30.1$

(数学Ⅱ・数学B第3問は次ページに続く。)

(2) (1)の確率変数 X において，$m = 30.0$，$\sigma = 3.6$ とした母集団から無作為にピーマンを1個ずつ抽出し，ピーマン2個を1組にしたものを袋に入れていく。このようにしてピーマン2個を1組にしたものを25袋作る。その際，1袋ずつの重さの分散を小さくするために，次の**ピーマン分類法**を考える。

ピーマン分類法

無作為に抽出したいくつかのピーマンについて，重さが30.0g以下のときをSサイズ，30.0gを超えるときはLサイズと分類する。そして，分類されたピーマンからSサイズとLサイズのピーマンを一つずつ選び，ピーマン2個を1組とした袋を作る。

(i) ピーマンを無作為に50個抽出したとき，**ピーマン分類法**で25袋作ることができる確率 p_0 を考えよう。無作為に1個抽出したピーマンがSサイズである確率は $\dfrac{\boxed{コ}}{\boxed{サ}}$ である。ピーマンを無作為に50個抽出したときのSサイズのピーマンの個数を表す確率変数を U_0 とすると，U_0 は二項分布 $B\left(50,\ \dfrac{\boxed{コ}}{\boxed{サ}}\right)$ に従うので

$$p_0 = {}_{50}\mathrm{C}_{\boxed{シス}} \times \left(\frac{\boxed{コ}}{\boxed{サ}}\right)^{\boxed{シス}} \times \left(1 - \frac{\boxed{コ}}{\boxed{サ}}\right)^{50-\boxed{シス}}$$

となる。

p_0 を計算すると，$p_0 = 0.1122\cdots$ となることから，ピーマンを無作為に50個抽出したとき，25袋作ることができる確率は0.11程度とわかる。

(ii) **ピーマン分類法**で25袋作ることができる確率が0.95以上となるようなピーマンの個数を考えよう。

(数学Ⅱ・数学B第3問は次ページに続く。)

kを自然数とし，ピーマンを無作為に$(50+k)$個抽出したとき，Sサイズのピーマンの個数を表す確率変数をU_kとすると，U_kは二項分布$B\left(50+k,\ \dfrac{\boxed{\text{コ}}}{\boxed{\text{サ}}}\right)$に従う。

$(50+k)$は十分に大きいので，U_kは近似的に正規分布$N\left(\boxed{\text{セ}},\ \boxed{\text{ソ}}\right)$に従い，$Y=\dfrac{U_k-\boxed{\text{セ}}}{\sqrt{\boxed{\text{ソ}}}}$とすると，$Y$は近似的に標準正規分布$N(0,1)$に従う。

よって，**ピーマン分類法**で，25袋作ることができる確率をp_kとすると

$$p_k=P(25\leqq U_k\leqq 25+k)=P\left(-\frac{\boxed{\text{タ}}}{\sqrt{50+k}}\leqq Y\leqq\frac{\boxed{\text{タ}}}{\sqrt{50+k}}\right)$$

となる。

$\boxed{\text{タ}}=\alpha$，$\sqrt{50+k}=\beta$とおく。

$p_k\geqq 0.95$になるような$\dfrac{\alpha}{\beta}$について，正規分布表から$\dfrac{\alpha}{\beta}\geqq 1.96$を満たせばよいことがわかる。ここでは

$$\frac{\alpha}{\beta}\geqq 2 \qquad \cdots\cdots\cdots\cdots\cdots ①$$

を満たす自然数kを考えることとする。①の両辺は正であるから，$\alpha^2\geqq 4\beta^2$を満たす最小のkをk_0とすると，$k_0=\boxed{\text{チツ}}$であることがわかる。ただし，$\boxed{\text{チツ}}$の計算においては，$\sqrt{51}=7.14$を用いてもよい。

したがって，少なくとも$\left(50+\boxed{\text{チツ}}\right)$個のピーマンを抽出しておけば，**ピーマン分類法**で25袋作ることができる確率は0.95以上となる。

$\boxed{\text{セ}}$ ～ $\boxed{\text{タ}}$ の解答群（同じものを繰り返し選んでもよい。）

⓪ k	① $2k$	② $3k$	③ $\dfrac{50+k}{2}$
④ $\dfrac{25+k}{2}$	⑤ $25+k$	⑥ $\dfrac{\sqrt{50+k}}{2}$	⑦ $\dfrac{50+k}{4}$

（数学Ⅱ・数学B第3問は19ページに続く。）

（下 書 き 用 紙）

数学Ⅱ・数学Ｂの試験問題は次に続く。

正 規 分 布 表

次の表は，標準正規分布の分布曲線における右図の灰色部分の面積の値をまとめたものである。

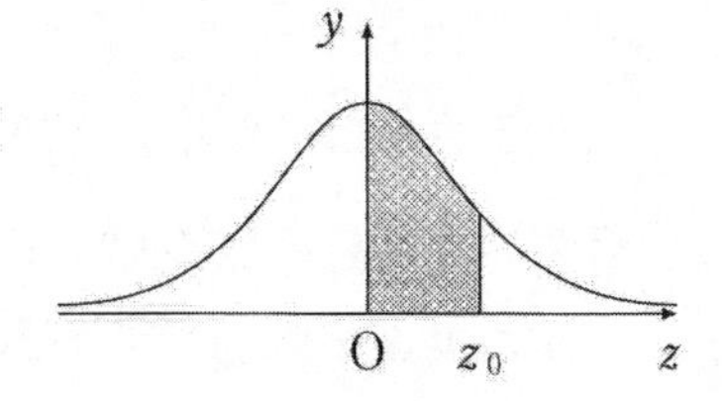

z_0	0.00	0.01	0.02	0.03	0.04	0.05	0.06	0.07	0.08	0.09
0.0	0.0000	0.0040	0.0080	0.0120	0.0160	0.0199	0.0239	0.0279	0.0319	0.0359
0.1	0.0398	0.0438	0.0478	0.0517	0.0557	0.0596	0.0636	0.0675	0.0714	0.0753
0.2	0.0793	0.0832	0.0871	0.0910	0.0948	0.0987	0.1026	0.1064	0.1103	0.1141
0.3	0.1179	0.1217	0.1255	0.1293	0.1331	0.1368	0.1406	0.1443	0.1480	0.1517
0.4	0.1554	0.1591	0.1628	0.1664	0.1700	0.1736	0.1772	0.1808	0.1844	0.1879
0.5	0.1915	0.1950	0.1985	0.2019	0.2054	0.2088	0.2123	0.2157	0.2190	0.2224
0.6	0.2257	0.2291	0.2324	0.2357	0.2389	0.2422	0.2454	0.2486	0.2517	0.2549
0.7	0.2580	0.2611	0.2642	0.2673	0.2704	0.2734	0.2764	0.2794	0.2823	0.2852
0.8	0.2881	0.2910	0.2939	0.2967	0.2995	0.3023	0.3051	0.3078	0.3106	0.3133
0.9	0.3159	0.3186	0.3212	0.3238	0.3264	0.3289	0.3315	0.3340	0.3365	0.3389
1.0	0.3413	0.3438	0.3461	0.3485	0.3508	0.3531	0.3554	0.3577	0.3599	0.3621
1.1	0.3643	0.3665	0.3686	0.3708	0.3729	0.3749	0.3770	0.3790	0.3810	0.3830
1.2	0.3849	0.3869	0.3888	0.3907	0.3925	0.3944	0.3962	0.3980	0.3997	0.4015
1.3	0.4032	0.4049	0.4066	0.4082	0.4099	0.4115	0.4131	0.4147	0.4162	0.4177
1.4	0.4192	0.4207	0.4222	0.4236	0.4251	0.4265	0.4279	0.4292	0.4306	0.4319
1.5	0.4332	0.4345	0.4357	0.4370	0.4382	0.4394	0.4406	0.4418	0.4429	0.4441
1.6	0.4452	0.4463	0.4474	0.4484	0.4495	0.4505	0.4515	0.4525	0.4535	0.4545
1.7	0.4554	0.4564	0.4573	0.4582	0.4591	0.4599	0.4608	0.4616	0.4625	0.4633
1.8	0.4641	0.4649	0.4656	0.4664	0.4671	0.4678	0.4686	0.4693	0.4699	0.4706
1.9	0.4713	0.4719	0.4726	0.4732	0.4738	0.4744	0.4750	0.4756	0.4761	0.4767
2.0	0.4772	0.4778	0.4783	0.4788	0.4793	0.4798	0.4803	0.4808	0.4812	0.4817
2.1	0.4821	0.4826	0.4830	0.4834	0.4838	0.4842	0.4846	0.4850	0.4854	0.4857
2.2	0.4861	0.4864	0.4868	0.4871	0.4875	0.4878	0.4881	0.4884	0.4887	0.4890
2.3	0.4893	0.4896	0.4898	0.4901	0.4904	0.4906	0.4909	0.4911	0.4913	0.4916
2.4	0.4918	0.4920	0.4922	0.4925	0.4927	0.4929	0.4931	0.4932	0.4934	0.4936
2.5	0.4938	0.4940	0.4941	0.4943	0.4945	0.4946	0.4948	0.4949	0.4951	0.4952
2.6	0.4953	0.4955	0.4956	0.4957	0.4959	0.4960	0.4961	0.4962	0.4963	0.4964
2.7	0.4965	0.4966	0.4967	0.4968	0.4969	0.4970	0.4971	0.4972	0.4973	0.4974
2.8	0.4974	0.4975	0.4976	0.4977	0.4977	0.4978	0.4979	0.4979	0.4980	0.4981
2.9	0.4981	0.4982	0.4982	0.4983	0.4984	0.4984	0.4985	0.4985	0.4986	0.4986
3.0	0.4987	0.4987	0.4987	0.4988	0.4988	0.4989	0.4989	0.4989	0.4990	0.4990

第3問～第5問は，いずれか2問を選択し，解答しなさい。

第4問 （選択問題）（配点　20）

花子さんは，毎年の初めに預金口座に一定額の入金をすることにした。この入金を始める前における花子さんの預金は10万円である。ここで，預金とは預金口座にあるお金の額のことである。預金には年利1％で利息がつき，ある年の初めの預金がx万円であれば，その年の終わりには預金は$1.01x$万円となる。次の年の初めには$1.01x$万円に入金額を加えたものが預金となる。

毎年の初めの入金額をp万円とし，n年目の初めの預金をa_n万円とおく。ただし，$p > 0$とし，nは自然数とする。

例えば，$a_1 = 10 + p$，$a_2 = 1.01(10 + p) + p$である。

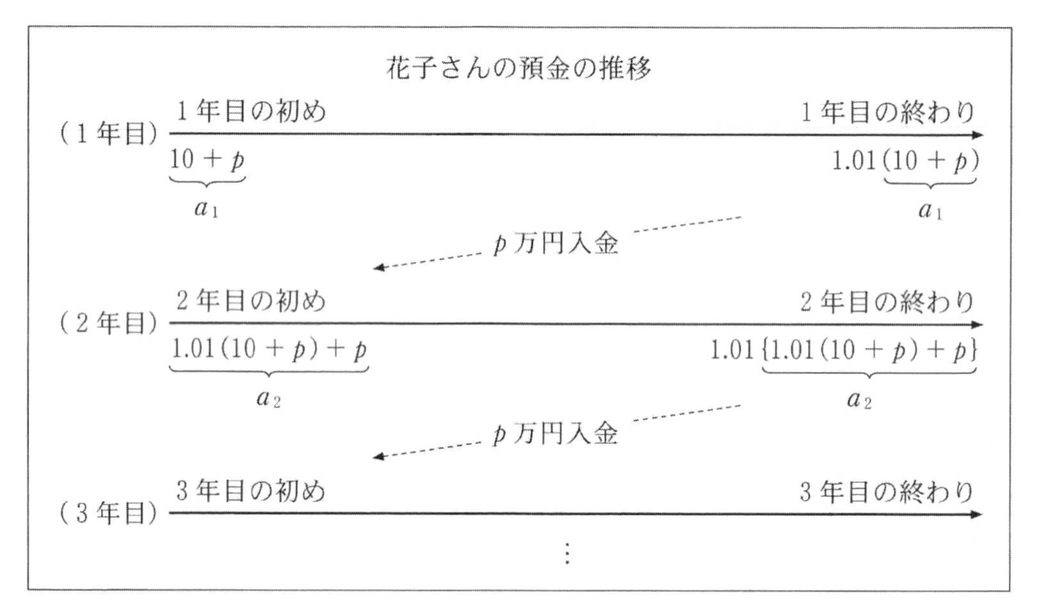

参考図

（数学Ⅱ・数学B第4問は次ページに続く。）

(1) a_n を求めるために二つの方針で考える。

方針1

n 年目の初めの預金と $(n+1)$ 年目の初めの預金との関係に着目して考える。

3年目の初めの預金 a_3 万円について，$a_3 =$ ［ア］ である。すべての自然数 n について

$$a_{n+1} = \boxed{イ}\,a_n + \boxed{ウ}$$

が成り立つ。これは

$$a_{n+1} + \boxed{エ} = \boxed{オ}\left(a_n + \boxed{エ}\right)$$

と変形でき，a_n を求めることができる。

［ア］ の解答群

⓪ $1.01\{1.01(10+p)+p\}$	① $1.01\{1.01(10+p)+1.01p\}$
② $1.01\{1.01(10+p)+p\}+p$	③ $1.01\{1.01(10+p)+p\}+1.01p$
④ $1.01(10+p)+1.01p$	⑤ $1.01(10+1.01p)+1.01p$

［イ］ ～ ［オ］ の解答群（同じものを繰り返し選んでもよい。）

⓪ 1.01	① 1.01^{n-1}	② 1.01^n
③ p	④ $100p$	⑤ np
⑥ $100np$	⑦ $1.01^{n-1}\times 100p$	⑧ $1.01^n \times 100p$

（数学Ⅱ・数学B第4問は次ページに続く。）

方針2

もともと預金口座にあった10万円と毎年の初めに入金したp万円について，n年目の初めにそれぞれがいくらになるかに着目して考える。

もともと預金口座にあった10万円は，2年目の初めには10×1.01万円になり，3年目の初めには10×1.01^2万円になる。同様に考えるとn年目の初めには$10 \times 1.01^{n-1}$万円になる。

- 1年目の初めに入金したp万円は，n年目の初めには$p \times 1.01^{\boxed{カ}}$万円になる。
- 2年目の初めに入金したp万円は，n年目の初めには$p \times 1.01^{\boxed{キ}}$万円になる。

⋮

- n年目の初めに入金したp万円は，n年目の初めにはp万円のままである。

これより

$$a_n = 10 \times 1.01^{n-1} + p \times 1.01^{\boxed{カ}} + p \times 1.01^{\boxed{キ}} + \cdots + p$$
$$= 10 \times 1.01^{n-1} + p \sum_{k=1}^{n} 1.01^{\boxed{ク}}$$

となることがわかる。ここで，$\sum_{k=1}^{n} 1.01^{\boxed{ク}} = \boxed{ケ}$となるので，$a_n$を求めることができる。

$\boxed{カ}$，$\boxed{キ}$の解答群(同じものを繰り返し選んでもよい。)

⓪ $n+1$	① n	② $n-1$	③ $n-2$

$\boxed{ク}$の解答群

⓪ $k+1$	① k	② $k-1$	③ $k-2$

$\boxed{ケ}$の解答群

⓪ 100×1.01^n	① $100(1.01^n - 1)$
② $100(1.01^{n-1} - 1)$	③ $n + 1.01^{n-1} - 1$
④ $0.01(101n - 1)$	⑤ $\frac{n \times 1.01^{n-1}}{2}$

(数学Ⅱ・数学B第4問は次ページに続く。)

(2) 花子さんは，10 年目の終わりの預金が 30 万円以上になるための入金額について考えた。

10 年目の終わりの預金が 30 万円以上であることを不等式を用いて表すと ［コ］ $\geqq 30$ となる。この不等式を p について解くと

$$p \geqq \frac{［サシ］ - ［スセ］ \times 1.01^{10}}{101\left(1.01^{10}-1\right)}$$

となる。したがって，毎年の初めの入金額が例えば 18000 円であれば，10 年目の終わりの預金が 30 万円以上になることがわかる。

［コ］ の解答群

⓪ a_{10}	① $a_{10}+p$	② $a_{10}-p$
③ $1.01a_{10}$	④ $1.01a_{10}+p$	⑤ $1.01a_{10}-p$

（数学Ⅱ・数学B第 4 問は次ページに続く。）

(3)　1年目の入金を始める前における花子さんの預金が10万円ではなく，13万円の場合を考える。すべての自然数 n に対して，この場合の n 年目の初めの預金は a_n 万円よりも [ソ] 万円多い。なお，年利は1％であり，毎年の初めの入金額は p 万円のままである。

[ソ] の解答群

⓪ 3	① 13	② $3(n-1)$
③ $3n$	④ $13(n-1)$	⑤ $13n$
⑥ 3^n	⑦ $3+1.01(n-1)$	⑧ $3\times1.01^{n-1}$
⑨ 3×1.01^n	ⓐ $13\times1.01^{n-1}$	ⓑ 13×1.01^n

（下 書 き 用 紙）

数学Ⅱ・数学Ｂの試験問題は次に続く。

第3問～第5問は，いずれか2問を選択し，解答しなさい。

第5問 （選択問題）（配点　20）

三角錐（すい）PABCにおいて，辺BCの中点をMとおく。また，$\angle PAB = \angle PAC$ とし，この角度を θ とおく。ただし，$0^\circ < \theta < 90^\circ$ とする。

(1) $\overrightarrow{AM}$ は

$$\overrightarrow{AM} = \frac{\boxed{ア}}{\boxed{イ}}\overrightarrow{AB} + \frac{\boxed{ウ}}{\boxed{エ}}\overrightarrow{AC}$$

と表せる。また

$$\frac{\overrightarrow{AP}\cdot\overrightarrow{AB}}{|\overrightarrow{AP}|\,|\overrightarrow{AB}|} = \frac{\overrightarrow{AP}\cdot\overrightarrow{AC}}{|\overrightarrow{AP}|\,|\overrightarrow{AC}|} = \boxed{オ} \quad \cdots\cdots\cdots\cdots ①$$

である。

$\boxed{オ}$ の解答群

⓪ $\sin\theta$	① $\cos\theta$	② $\tan\theta$
③ $\dfrac{1}{\sin\theta}$	④ $\dfrac{1}{\cos\theta}$	⑤ $\dfrac{1}{\tan\theta}$
⑥ $\sin\angle BPC$	⑦ $\cos\angle BPC$	⑧ $\tan\angle BPC$

(2) $\theta = 45^\circ$ とし，さらに

$$|\overrightarrow{AP}| = 3\sqrt{2}, \quad |\overrightarrow{AB}| = |\overrightarrow{PB}| = 3, \quad |\overrightarrow{AC}| = |\overrightarrow{PC}| = 3$$

が成り立つ場合を考える。このとき

$$\overrightarrow{AP}\cdot\overrightarrow{AB} = \overrightarrow{AP}\cdot\overrightarrow{AC} = \boxed{カ}$$

である。さらに，直線AM上の点Dが $\angle APD = 90^\circ$ を満たしているとする。このとき，$\overrightarrow{AD} = \boxed{キ}\,\overrightarrow{AM}$ である。

（数学Ⅱ・数学B第5問は次ページに続く。）

(3)

$$\overrightarrow{AQ} = \boxed{\text{キ}}\ \overrightarrow{AM}$$

で定まる点をQとおく。$\overrightarrow{PA}$ と $\overrightarrow{PQ}$ が垂直である三角錐PABCはどのようなものかについて考えよう。例えば(2)の場合では，点Qは点Dと一致し，$\overrightarrow{PA}$ と $\overrightarrow{PQ}$ は垂直である。

(i) $\overrightarrow{PA}$ と $\overrightarrow{PQ}$ が垂直であるとき，$\overrightarrow{PQ}$ を $\overrightarrow{AB}$，$\overrightarrow{AC}$，$\overrightarrow{AP}$ を用いて表して考えると，$\boxed{\text{ク}}$ が成り立つ。さらに①に注意すると，$\boxed{\text{ク}}$ から $\boxed{\text{ケ}}$ が成り立つことがわかる。

したがって，$\overrightarrow{PA}$ と $\overrightarrow{PQ}$ が垂直であれば，$\boxed{\text{ケ}}$ が成り立つ。逆に，$\boxed{\text{ケ}}$ が成り立てば，$\overrightarrow{PA}$ と $\overrightarrow{PQ}$ は垂直である。

$\boxed{\text{ク}}$ の解答群

⓪ $\overrightarrow{AP}\cdot\overrightarrow{AB} + \overrightarrow{AP}\cdot\overrightarrow{AC} = \overrightarrow{AP}\cdot\overrightarrow{AP}$

① $\overrightarrow{AP}\cdot\overrightarrow{AB} + \overrightarrow{AP}\cdot\overrightarrow{AC} = -\overrightarrow{AP}\cdot\overrightarrow{AP}$

② $\overrightarrow{AP}\cdot\overrightarrow{AB} + \overrightarrow{AP}\cdot\overrightarrow{AC} = \overrightarrow{AB}\cdot\overrightarrow{AC}$

③ $\overrightarrow{AP}\cdot\overrightarrow{AB} + \overrightarrow{AP}\cdot\overrightarrow{AC} = -\overrightarrow{AB}\cdot\overrightarrow{AC}$

④ $\overrightarrow{AP}\cdot\overrightarrow{AB} + \overrightarrow{AP}\cdot\overrightarrow{AC} = 0$

⑤ $\overrightarrow{AP}\cdot\overrightarrow{AB} - \overrightarrow{AP}\cdot\overrightarrow{AC} = 0$

$\boxed{\text{ケ}}$ の解答群

⓪ $|\overrightarrow{AB}| + |\overrightarrow{AC}| = \sqrt{2}\,|\overrightarrow{BC}|$

① $|\overrightarrow{AB}| + |\overrightarrow{AC}| = 2\,|\overrightarrow{BC}|$

② $|\overrightarrow{AB}|\sin\theta + |\overrightarrow{AC}|\sin\theta = |\overrightarrow{AP}|$

③ $|\overrightarrow{AB}|\cos\theta + |\overrightarrow{AC}|\cos\theta = |\overrightarrow{AP}|$

④ $|\overrightarrow{AB}|\sin\theta = |\overrightarrow{AC}|\sin\theta = 2\,|\overrightarrow{AP}|$

⑤ $|\overrightarrow{AB}|\cos\theta = |\overrightarrow{AC}|\cos\theta = 2\,|\overrightarrow{AP}|$

(ii) kを正の実数とし

$$k\overrightarrow{AP}\cdot\overrightarrow{AB}=\overrightarrow{AP}\cdot\overrightarrow{AC}$$

が成り立つとする。このとき，［コ］が成り立つ。

また，点Bから直線APに下ろした垂線と直線APとの交点をB′とし，同様に点Cから直線APに下ろした垂線と直線APとの交点をC′とする。

このとき，$\overrightarrow{PA}$と$\overrightarrow{PQ}$が垂直であることは，［サ］であることと同値である。特に$k=1$のとき，$\overrightarrow{PA}$と$\overrightarrow{PQ}$が垂直であることは，［シ］であることと同値である。

［コ］の解答群

⓪ $k|\overrightarrow{AB}|=|\overrightarrow{AC}|$
① $|\overrightarrow{AB}|=k|\overrightarrow{AC}|$
② $k|\overrightarrow{AP}|=\sqrt{2}|\overrightarrow{AB}|$
③ $k|\overrightarrow{AP}|=\sqrt{2}|\overrightarrow{AC}|$

［サ］の解答群

⓪ B′とC′がともに線分APの中点
① B′とC′が線分APをそれぞれ$(k+1):1$と$1:(k+1)$に内分する点
② B′とC′が線分APをそれぞれ$1:(k+1)$と$(k+1):1$に内分する点
③ B′とC′が線分APをそれぞれ$k:1$と$1:k$に内分する点
④ B′とC′が線分APをそれぞれ$1:k$と$k:1$に内分する点
⑤ B′とC′がともに線分APを$k:1$に内分する点
⑥ B′とC′がともに線分APを$1:k$に内分する点

(数学Ⅱ・数学B第5問は次ページに続く。)

シ の解答群

⓪ △PAB と △PAC がともに正三角形

① △PAB と △PAC がそれぞれ ∠PBA = 90°，∠PCA = 90° を満たす直角二等辺三角形

② △PAB と △PAC がそれぞれ BP = BA，CP = CA を満たす二等辺三角形

③ △PAB と △PAC が合同

④ AP = BC

2023 追試

（100点 60分）

〔数学Ⅱ・B〕

注　意　事　項

1　**数学解答用紙（2023　追試）をキリトリ線より切り離し，試験開始の準備をしなさい。**

2　**時間を計り，上記の解答時間内で解答しなさい。**
ただし，納得のいくまで時間をかけて解答するという利用法でもかまいません。

3　第1問，第2問は必答。第3問〜第5問から2問選択。計4問を解答しなさい。

4　「2023 追試」の問題は，このページを含め，30ページあります。

5　**解答用紙には解答欄以外に受験番号欄，氏名欄，試験場コード欄，解答科目欄があります。解答科目欄は解答する科目**を一つ選び，科目名の下の◯に**マーク**しなさい。**その他の欄**は自分自身で本番を想定し，**正しく記入し，マークしなさい。**

6　**解答は解答用紙の解答欄にマークしなさい。**

7　選択問題については，解答する問題を決めたあと，その問題番号の解答欄に解答しなさい。ただし，**指定された問題数をこえて解答してはいけません。**

8　問題の余白は適宜利用してよいが，どのページも切り離してはいけません。

第1問 （必答問題）（配点　30）

〔1〕 $P(x)$を係数が実数であるxの整式とする。方程式$P(x)=0$は虚数$1+\sqrt{2}\,i$を解にもつとする。

(1) 虚数$1-\sqrt{2}\,i$も$P(x)=0$の解であることを示そう。

$1\pm\sqrt{2}\,i$を解とするxの2次方程式でx^2の係数が1であるものは

x^2- ア $x+$ イ $=0$

である。$S(x)=x^2-$ ア $x+$ イ とし，$P(x)$を$S(x)$で割ったときの商を$Q(x)$，余りを$R(x)$とすると，次が成り立つ。

$P(x)=$ ウ

また，$S(x)$は2次式であるから，m，nを実数として，$R(x)$は

$R(x)=mx+n$

と表せる。ここで，$1+\sqrt{2}\,i$が二つの方程式$P(x)=0$と$S(x)=0$の解であることを用いれば$R(1+\sqrt{2}\,i)=$ エ となるので，$x=1+\sqrt{2}\,i$を$R(x)=mx+n$に代入することにより，$m=$ オ ，$n=$ カ であることがわかる。したがって， キ であることがわかるので，$1-\sqrt{2}\,i$も$P(x)=0$の解である。

（数学Ⅱ・数学B第1問は次ページに続く。）

ウ の解答群

⓪ $S(x)Q(x)R(x)$	① $S(x)R(x)+Q(x)$
② $R(x)Q(x)+S(x)$	③ $S(x)Q(x)+R(x)$

キ の解答群

⓪ $P(x)=S(x)R(x)$	① $P(x)=Q(x)R(x)$
② $Q(x)=0$	③ $R(x)=0$
④ $S(x)=Q(x)R(x)$	⑤ $Q(x)=S(x)R(x)$

（数学Ⅱ・数学B第1問は次ページに続く。）

(2) k, ℓ を実数として

$$P(x) = 3x^4 + 2x^3 + kx + \ell$$

の場合を考える。このとき，$P(x)$ を (1) の $S(x)$ で割ったときの商を $Q(x)$，余りを $R(x)$ とすると

$$Q(x) = \boxed{\text{ク}}x^2 + \boxed{\text{ケ}}x + \boxed{\text{コ}}$$

$$R(x) = \left(k - \boxed{\text{サシ}}\right)x + \ell - \boxed{\text{スセ}}$$

となる。$P(x) = 0$ は $1 + \sqrt{2}\,i$ を解にもつので，(1) の考察を用いると

$$k = \boxed{\text{ソタ}}, \quad \ell = \boxed{\text{チツ}}$$

である。また，$P(x) = 0$ の $1 + \sqrt{2}\,i$ 以外の解は

$$x = \boxed{\text{テ}} - \sqrt{\boxed{\text{ト}}}\,i, \quad \frac{-\boxed{\text{ナ}} \pm \sqrt{\boxed{\text{ニ}}}\,i}{\boxed{\text{ヌ}}}$$

であることがわかる。

(数学Ⅱ・数学B第1問は6ページに続く。)

（下 書 き 用 紙）

数学Ⅱ・数学Ｂの試験問題は次に続く。

〔2〕 以下の問題を解答するにあたっては，必要に応じて10，11 ページの常用対数表を用いてもよい。

花子さんは，あるスポーツドリンク(以下，商品S)の売り上げ本数が気温にどう影響されるかを知りたいと考えた。そこで，地区Aについて調べたところ，最高気温が22 ℃，25 ℃，28 ℃であった日の商品Sの売り上げ本数をそれぞれN_1，N_2，N_3とするとき

$$N_1 = 285, \quad N_2 = 368, \quad N_3 = 475$$

であった。このとき

$$\frac{N_2 - N_1}{25 - 22} < \frac{N_3 - N_2}{28 - 25}$$

であり，座標平面上の3点$(22,\ N_1)$，$(25,\ N_2)$，$(28,\ N_3)$は一つの直線上にはないので，花子さんはN_1，N_2，N_3の対数を考えてみることにした。

(1) 常用対数表によると，$\log_{10} 2.85 = 0.4548$であるので

$$\log_{10} N_1 = \log_{10} 285 = 0.4548 + \boxed{ネ} = \boxed{ネ}.4548$$

である。この値の小数第4位を四捨五入したものをp_1とすると

$$p_1 = \boxed{ネ}.455$$

である。同じように，$\log_{10} N_2$の値の小数第4位を四捨五入したものをp_2とすると

$$p_2 = \boxed{ノ}.\boxed{ハヒフ}$$

である。

(数学Ⅱ・数学B第1問は次ページに続く。)

さらに，$\log_{10} N_3$ の値の小数第4位を四捨五入したものを p_3 とすると

$$\frac{p_2 - p_1}{25 - 22} = \frac{p_3 - p_2}{28 - 25}$$

が成り立つことが確かめられる。したがって

$$\frac{p_2 - p_1}{25 - 22} = \frac{p_3 - p_2}{28 - 25} = k$$

とおくとき，座標平面上の3点 $(22,\ p_1)$，$(25,\ p_2)$，$(28,\ p_3)$ は次の方程式が表す直線上にある。

$$y = k(x - 22) + p_1 \qquad \cdots\cdots\cdots\cdots\cdots ①$$

いま，N を正の実数とし，座標平面上の点 $(x,\ \log_{10} N)$ が ① の直線上にあるとする。このとき，x と N の関係式として，次の⓪～③のうち，正しいものは［ ヘ ］である。

［ ヘ ］の解答群

⓪ $N = 10\,k(x - 22) + p_1$

① $N = 10\{k(x - 22) + p_1\}$

② $N = 10^{k(x-22)+p_1}$

③ $N = p_1 \cdot 10^{k(x-22)}$

（数学Ⅱ・数学B第1問は次ページに続く。）

(2) 花子さんは，地区Aで最高気温が32℃になる日の商品Sの売り上げ本数を予想することにした。$x = 32$ のときに関係式 [ヘ] を満たす N の値は [ホ] の範囲にある。そこで，花子さんは売り上げ本数が [ホ] の範囲に入るだろうと考えた。

[ホ] の解答群

⓪ 440 以上 450 未満	① 450 以上 460 未満
② 460 以上 470 未満	③ 470 以上 480 未満
④ 650 以上 660 未満	⑤ 660 以上 670 未満
⑥ 670 以上 680 未満	⑦ 680 以上 690 未満
⑧ 890 以上 900 未満	⑨ 900 以上 910 未満
ⓐ 910 以上 920 未満	ⓑ 920 以上 930 未満

(数学Ⅱ・数学B第1問は10ページに続く。)

（下 書 き 用 紙）

数学Ⅱ・数学Ｂの試験問題は次に続く。

常用対数表

数	0	1	2	3	4	5	6	7	8	9
1.0	0.0000	0.0043	0.0086	0.0128	0.0170	0.0212	0.0253	0.0294	0.0334	0.0374
1.1	0.0414	0.0453	0.0492	0.0531	0.0569	0.0607	0.0645	0.0682	0.0719	0.0755
1.2	0.0792	0.0828	0.0864	0.0899	0.0934	0.0969	0.1004	0.1038	0.1072	0.1106
1.3	0.1139	0.1173	0.1206	0.1239	0.1271	0.1303	0.1335	0.1367	0.1399	0.1430
1.4	0.1461	0.1492	0.1523	0.1553	0.1584	0.1614	0.1644	0.1673	0.1703	0.1732
1.5	0.1761	0.1790	0.1818	0.1847	0.1875	0.1903	0.1931	0.1959	0.1987	0.2014
1.6	0.2041	0.2068	0.2095	0.2122	0.2148	0.2175	0.2201	0.2227	0.2253	0.2279
1.7	0.2304	0.2330	0.2355	0.2380	0.2405	0.2430	0.2455	0.2480	0.2504	0.2529
1.8	0.2553	0.2577	0.2601	0.2625	0.2648	0.2672	0.2695	0.2718	0.2742	0.2765
1.9	0.2788	0.2810	0.2833	0.2856	0.2878	0.2900	0.2923	0.2945	0.2967	0.2989
2.0	0.3010	0.3032	0.3054	0.3075	0.3096	0.3118	0.3139	0.3160	0.3181	0.3201
2.1	0.3222	0.3243	0.3263	0.3284	0.3304	0.3324	0.3345	0.3365	0.3385	0.3404
2.2	0.3424	0.3444	0.3464	0.3483	0.3502	0.3522	0.3541	0.3560	0.3579	0.3598
2.3	0.3617	0.3636	0.3655	0.3674	0.3692	0.3711	0.3729	0.3747	0.3766	0.3784
2.4	0.3802	0.3820	0.3838	0.3856	0.3874	0.3892	0.3909	0.3927	0.3945	0.3962
2.5	0.3979	0.3997	0.4014	0.4031	0.4048	0.4065	0.4082	0.4099	0.4116	0.4133
2.6	0.4150	0.4166	0.4183	0.4200	0.4216	0.4232	0.4249	0.4265	0.4281	0.4298
2.7	0.4314	0.4330	0.4346	0.4362	0.4378	0.4393	0.4409	0.4425	0.4440	0.4456
2.8	0.4472	0.4487	0.4502	0.4518	0.4533	0.4548	0.4564	0.4579	0.4594	0.4609
2.9	0.4624	0.4639	0.4654	0.4669	0.4683	0.4698	0.4713	0.4728	0.4742	0.4757
3.0	0.4771	0.4786	0.4800	0.4814	0.4829	0.4843	0.4857	0.4871	0.4886	0.4900
3.1	0.4914	0.4928	0.4942	0.4955	0.4969	0.4983	0.4997	0.5011	0.5024	0.5038
3.2	0.5051	0.5065	0.5079	0.5092	0.5105	0.5119	0.5132	0.5145	0.5159	0.5172
3.3	0.5185	0.5198	0.5211	0.5224	0.5237	0.5250	0.5263	0.5276	0.5289	0.5302
3.4	0.5315	0.5328	0.5340	0.5353	0.5366	0.5378	0.5391	0.5403	0.5416	0.5428
3.5	0.5441	0.5453	0.5465	0.5478	0.5490	0.5502	0.5514	0.5527	0.5539	0.5551
3.6	0.5563	0.5575	0.5587	0.5599	0.5611	0.5623	0.5635	0.5647	0.5658	0.5670
3.7	0.5682	0.5694	0.5705	0.5717	0.5729	0.5740	0.5752	0.5763	0.5775	0.5786
3.8	0.5798	0.5809	0.5821	0.5832	0.5843	0.5855	0.5866	0.5877	0.5888	0.5899
3.9	0.5911	0.5922	0.5933	0.5944	0.5955	0.5966	0.5977	0.5988	0.5999	0.6010
4.0	0.6021	0.6031	0.6042	0.6053	0.6064	0.6075	0.6085	0.6096	0.6107	0.6117
4.1	0.6128	0.6138	0.6149	0.6160	0.6170	0.6180	0.6191	0.6201	0.6212	0.6222
4.2	0.6232	0.6243	0.6253	0.6263	0.6274	0.6284	0.6294	0.6304	0.6314	0.6325
4.3	0.6335	0.6345	0.6355	0.6365	0.6375	0.6385	0.6395	0.6405	0.6415	0.6425
4.4	0.6435	0.6444	0.6454	0.6464	0.6474	0.6484	0.6493	0.6503	0.6513	0.6522
4.5	0.6532	0.6542	0.6551	0.6561	0.6571	0.6580	0.6590	0.6599	0.6609	0.6618
4.6	0.6628	0.6637	0.6646	0.6656	0.6665	0.6675	0.6684	0.6693	0.6702	0.6712
4.7	0.6721	0.6730	0.6739	0.6749	0.6758	0.6767	0.6776	0.6785	0.6794	0.6803
4.8	0.6812	0.6821	0.6830	0.6839	0.6848	0.6857	0.6866	0.6875	0.6884	0.6893
4.9	0.6902	0.6911	0.6920	0.6928	0.6937	0.6946	0.6955	0.6964	0.6972	0.6981
5.0	0.6990	0.6998	0.7007	0.7016	0.7024	0.7033	0.7042	0.7050	0.7059	0.7067
5.1	0.7076	0.7084	0.7093	0.7101	0.7110	0.7118	0.7126	0.7135	0.7143	0.7152
5.2	0.7160	0.7168	0.7177	0.7185	0.7193	0.7202	0.7210	0.7218	0.7226	0.7235
5.3	0.7243	0.7251	0.7259	0.7267	0.7275	0.7284	0.7292	0.7300	0.7308	0.7316
5.4	0.7324	0.7332	0.7340	0.7348	0.7356	0.7364	0.7372	0.7380	0.7388	0.7396

（数学Ⅱ・数学B第１問は次ページに続く。）

数	0	1	2	3	4	5	6	7	8	9
5.5	0.7404	0.7412	0.7419	0.7427	0.7435	0.7443	0.7451	0.7459	0.7466	0.7474
5.6	0.7482	0.7490	0.7497	0.7505	0.7513	0.7520	0.7528	0.7536	0.7543	0.7551
5.7	0.7559	0.7566	0.7574	0.7582	0.7589	0.7597	0.7604	0.7612	0.7619	0.7627
5.8	0.7634	0.7642	0.7649	0.7657	0.7664	0.7672	0.7679	0.7686	0.7694	0.7701
5.9	0.7709	0.7716	0.7723	0.7731	0.7738	0.7745	0.7752	0.7760	0.7767	0.7774
6.0	0.7782	0.7789	0.7796	0.7803	0.7810	0.7818	0.7825	0.7832	0.7839	0.7846
6.1	0.7853	0.7860	0.7868	0.7875	0.7882	0.7889	0.7896	0.7903	0.7910	0.7917
6.2	0.7924	0.7931	0.7938	0.7945	0.7952	0.7959	0.7966	0.7973	0.7980	0.7987
6.3	0.7993	0.8000	0.8007	0.8014	0.8021	0.8028	0.8035	0.8041	0.8048	0.8055
6.4	0.8062	0.8069	0.8075	0.8082	0.8089	0.8096	0.8102	0.8109	0.8116	0.8122
6.5	0.8129	0.8136	0.8142	0.8149	0.8156	0.8162	0.8169	0.8176	0.8182	0.8189
6.6	0.8195	0.8202	0.8209	0.8215	0.8222	0.8228	0.8235	0.8241	0.8248	0.8254
6.7	0.8261	0.8267	0.8274	0.8280	0.8287	0.8293	0.8299	0.8306	0.8312	0.8319
6.8	0.8325	0.8331	0.8338	0.8344	0.8351	0.8357	0.8363	0.8370	0.8376	0.8382
6.9	0.8388	0.8395	0.8401	0.8407	0.8414	0.8420	0.8426	0.8432	0.8439	0.8445
7.0	0.8451	0.8457	0.8463	0.8470	0.8476	0.8482	0.8488	0.8494	0.8500	0.8506
7.1	0.8513	0.8519	0.8525	0.8531	0.8537	0.8543	0.8549	0.8555	0.8561	0.8567
7.2	0.8573	0.8579	0.8585	0.8591	0.8597	0.8603	0.8609	0.8615	0.8621	0.8627
7.3	0.8633	0.8639	0.8645	0.8651	0.8657	0.8663	0.8669	0.8675	0.8681	0.8686
7.4	0.8692	0.8698	0.8704	0.8710	0.8716	0.8722	0.8727	0.8733	0.8739	0.8745
7.5	0.8751	0.8756	0.8762	0.8768	0.8774	0.8779	0.8785	0.8791	0.8797	0.8802
7.6	0.8808	0.8814	0.8820	0.8825	0.8831	0.8837	0.8842	0.8848	0.8854	0.8859
7.7	0.8865	0.8871	0.8876	0.8882	0.8887	0.8893	0.8899	0.8904	0.8910	0.8915
7.8	0.8921	0.8927	0.8932	0.8938	0.8943	0.8949	0.8954	0.8960	0.8965	0.8971
7.9	0.8976	0.8982	0.8987	0.8993	0.8998	0.9004	0.9009	0.9015	0.9020	0.9025
8.0	0.9031	0.9036	0.9042	0.9047	0.9053	0.9058	0.9063	0.9069	0.9074	0.9079
8.1	0.9085	0.9090	0.9096	0.9101	0.9106	0.9112	0.9117	0.9122	0.9128	0.9133
8.2	0.9138	0.9143	0.9149	0.9154	0.9159	0.9165	0.9170	0.9175	0.9180	0.9186
8.3	0.9191	0.9196	0.9201	0.9206	0.9212	0.9217	0.9222	0.9227	0.9232	0.9238
8.4	0.9243	0.9248	0.9253	0.9258	0.9263	0.9269	0.9274	0.9279	0.9284	0.9289
8.5	0.9294	0.9299	0.9304	0.9309	0.9315	0.9320	0.9325	0.9330	0.9335	0.9340
8.6	0.9345	0.9350	0.9355	0.9360	0.9365	0.9370	0.9375	0.9380	0.9385	0.9390
8.7	0.9395	0.9400	0.9405	0.9410	0.9415	0.9420	0.9425	0.9430	0.9435	0.9440
8.8	0.9445	0.9450	0.9455	0.9460	0.9465	0.9469	0.9474	0.9479	0.9484	0.9489
8.9	0.9494	0.9499	0.9504	0.9509	0.9513	0.9518	0.9523	0.9528	0.9533	0.9538
9.0	0.9542	0.9547	0.9552	0.9557	0.9562	0.9566	0.9571	0.9576	0.9581	0.9586
9.1	0.9590	0.9595	0.9600	0.9605	0.9609	0.9614	0.9619	0.9624	0.9628	0.9633
9.2	0.9638	0.9643	0.9647	0.9652	0.9657	0.9661	0.9666	0.9671	0.9675	0.9680
9.3	0.9685	0.9689	0.9694	0.9699	0.9703	0.9708	0.9713	0.9717	0.9722	0.9727
9.4	0.9731	0.9736	0.9741	0.9745	0.9750	0.9754	0.9759	0.9763	0.9768	0.9773
9.5	0.9777	0.9782	0.9786	0.9791	0.9795	0.9800	0.9805	0.9809	0.9814	0.9818
9.6	0.9823	0.9827	0.9832	0.9836	0.9841	0.9845	0.9850	0.9854	0.9859	0.9863
9.7	0.9868	0.9872	0.9877	0.9881	0.9886	0.9890	0.9894	0.9899	0.9903	0.9908
9.8	0.9912	0.9917	0.9921	0.9926	0.9930	0.9934	0.9939	0.9943	0.9948	0.9952
9.9	0.9956	0.9961	0.9965	0.9969	0.9974	0.9978	0.9983	0.9987	0.9991	0.9996

第２問　（必答問題）（配点　30）

〔１〕　縦の長さが 9 cm，横の長さが 24 cm の長方形の厚紙がある。この厚紙から容積が最大となる箱を作る。このとき，箱にふたがない場合とふたがある場合で容積の最大値がどう変わるかを調べたい。ただし，厚紙の厚さは考えず，作る箱の形を直方体とみなす。

(1)　厚紙の四隅（すみ）から図１のように四つの合同な正方形の斜線部分を切り取り，破線にそって折り曲げて，ふたのない箱を作る。この箱の容積を V cm^3 とする。

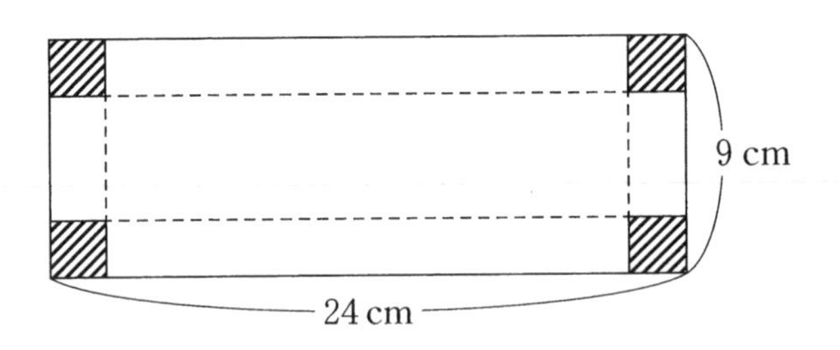

図１　ふたのない箱を作る場合

次の**構想**に基づいて箱の容積の最大値を考える。

構想

図１のように切り取る斜線部分の正方形の一辺の長さを x cm とする。V を x の関数として表し，箱が作れる x の値の範囲に注意して V の最大値を考える。

（数学Ⅱ・数学Ｂ第２問は次ページに続く。）

箱が作れるための x のとり得る値の範囲は $0 < x < \dfrac{\boxed{ア}}{\boxed{イ}}$ である。V を x の式で表すと

$$V = \boxed{ウ}\,x^3 - \boxed{エオ}\,x^2 + \boxed{カキク}\,x$$

であり，V は $x = \boxed{ケ}$ で最大値 $\boxed{コサシ}$ をとる。

（数学Ⅱ・数学B第２問は次ページに続く。）

(2) 厚紙の四隅から図2のように四つの斜線部分を切り取り，破線にそって折り曲げて，ふたでぴったりと閉じることのできる箱を作る。この箱の容積を W cm^3 とする。

図2の四つの斜線部分のうち，左側二つの斜線部分をそれぞれ一辺の長さが x cm の正方形とすると，右側二つの斜線部分は，それぞれ縦の長さが x cm，横の長さが **ス** cm の長方形となる。

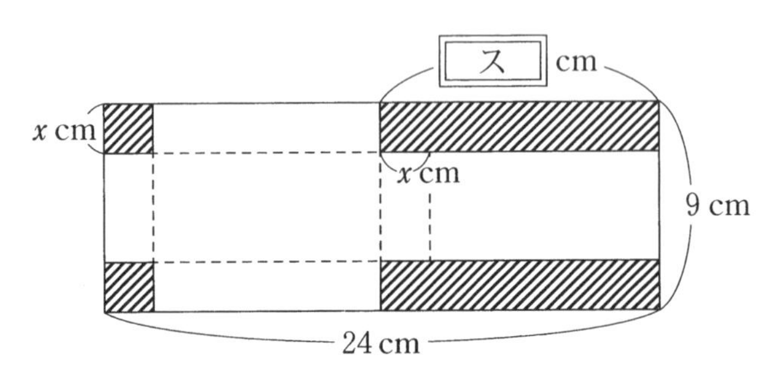

図2　ふたのある箱を作る場合

ス の解答群

⓪ 6	① $(6-x)$	② $(6+x)$
③ 12	④ $(12-x)$	⑤ $(12+x)$
⑥ 18	⑦ $(18-x)$	⑧ $(18+x)$

（数学Ⅱ・数学B第2問は次ページに続く。）

太郎さんと花子さんは，W を x の式で表した後，(1) の結果を見ながら W の最大値の求め方について話している。

太郎：W の式がわかったから，W の最大値は (1) と同じように求められるね。

花子：ちょっと待って。W を表す式と (1) の V を表す式は似ているね。W を表す式と V を表す式の関係を利用できないかな。

(1) の V が最大値をとるときの x の値を x_0 とする。W の最大値は (1) で求めた V の最大値 セ 。また，W が最大値をとる x は ソ 。

セ の解答群

⓪ の $\frac{1}{4}$ 倍である	① の 4 倍である
② の $\frac{1}{3}$ 倍である	③ の 3 倍である
④ の $\frac{1}{2}$ 倍である	⑤ の 2 倍である
⑥ と等しくなる	

ソ の解答群

⓪ ただ一つあり，その値は x_0 より小さい

① ただ一つあり，その値は x_0 より大きい

② ただ一つあり，その値は x_0 と等しい

③ 二つ以上ある

（数学Ⅱ・数学B第 2 問は次ページに続く。）

(3) 縦の長さが 9 cm，横の長さが 24 cm の長方形に限らず，いろいろな長方形の厚紙から (1)，(2) と同じようにふたのない箱とふたのある箱を作る。このとき

ふたのある箱の容積の最大値が，ふたのない箱の容積の最大値 [セ]

ということが成り立つための長方形についての記述として，次の⓪～④のうち，正しいものは [タ] である。

[タ] の解答群

⓪ 縦の長さが 9 cm，横の長さが 24 cm の長方形のときのみ成り立つ。
① 縦の長さが 9 cm，横の長さが 24 cm の長方形のときと，縦の長さが 24 cm，横の長さが 9 cm の長方形のときのみ成り立つ。
② 縦と横の長さの比が 3 ： 8 の長方形のときのみ成り立つ。
③ 縦と横の長さの比が 3 ： 8 の長方形のときと，縦と横の長さの比が 8 ： 3 の長方形のときのみ成り立つ。
④ 縦と横の長さに関係なくどのような長方形のときでも成り立つ。

（数学Ⅱ・数学B第 2 問は次ページに続く。）

〔2〕 $1^2+2^2+\cdots+10^2$ をある関数の定積分で表すことを考えよう。

(1) すべての実数 t に対して，$\displaystyle\int_t^{t+1} f(x)\,dx = t^2$ となる2次関数 $f(x)$ を求めよう。

$$\int_t^{t+1} 1\,dx = \boxed{\text{チ}}$$

$$\int_t^{t+1} x\,dx = t + \frac{\boxed{\text{ツ}}}{\boxed{\text{テ}}}$$

$$\int_t^{t+1} x^2 dx = t^2 + t + \frac{\boxed{\text{ト}}}{\boxed{\text{ナ}}}$$

である。また，ℓ，m，n を定数とし，$f(x) = \ell x^2 + mx + n$ とおくと

$$\int_t^{t+1} f(x)\,dx = \ell t^2 + (\ell + m)t + \frac{\boxed{\text{ト}}}{\boxed{\text{ナ}}}\ell + \frac{\boxed{\text{ツ}}}{\boxed{\text{テ}}}m + n$$

を得る。このことから，t についての恒等式

$$t^2 = \ell t^2 + (\ell + m)t + \frac{\boxed{\text{ト}}}{\boxed{\text{ナ}}}\ell + \frac{\boxed{\text{ツ}}}{\boxed{\text{テ}}}m + n$$

を得る。よって，$\ell = \boxed{\text{ニ}}$，$m = \boxed{\text{ヌネ}}$，$n = \dfrac{\boxed{\text{ノ}}}{\boxed{\text{ハ}}}$ とわかる。

(2) (1)で求めた $f(x)$ を用いれば，次が成り立つ。

$$1^2 + 2^2 + \cdots + 10^2 = \int_1^{\boxed{\text{ヒフ}}} f(x)\,dx$$

第3問～第5問は，いずれか2問を選択し，解答しなさい。

第3問 (選択問題)(配点 20)

以下の問題を解答するにあたっては，必要に応じて23ページの正規分布表を用いてもよい。

1，2，3，4の数字がそれぞれ一つずつ書かれた4枚の白のカードが箱Aに，1，2，3，4の数字がそれぞれ一つずつ書かれた4枚の赤のカードが箱Bに入っている。箱A，Bからそれぞれ1枚ずつのカードを無作為に取り出し，取り出したカードの数字を確認してからもとに戻す試行について，次のように確率変数X，Yを定める。

「確率変数X」

取り出した白のカードに書かれた数と赤のカードに書かれた数の**小さい方**の数(書かれた数が等しい場合はその数)をXの値とする。

「確率変数Y」

取り出した白のカードに書かれた数と赤のカードに書かれた数の**大きい方**の数(書かれた数が等しい場合はその数)をYの値とする。

太郎さんは，この試行を2回繰り返したときに記録された2個の数の平均値$t_2 = 2.50$と，100回繰り返したときに記録された100個の数の平均値$t_{100} = 2.95$が書いてあるメモを見つけた。メモに関する**太郎さんの記憶**は次のとおりである。

太郎さんの記憶

メモに書かれていたt_2とt_{100}は「確率変数X」の平均値である。

太郎さんは，このメモに書かれていたt_2とt_{100}が「確率変数X」か「確率変数Y」のうちどちらか一方の平均値であったことは覚えていたが，**太郎さんの記憶**における「確率変数X」の部分が確かでなく，もしかしたら「確率変数Y」だったかもしれないと感じている。このことについて，太郎さんが花子さんに相談したところ，花子さんは，太郎さんが見つけたメモに書かれていた二つの平均値をもとにして**太郎さんの記憶**が正しいかどうかがわかるのではないかと考えた。

(数学Ⅱ・数学B第3問は次ページに続く。)

(1) $X=1$ となるのは，白のカード，赤のカードともに1か，白のカードが1で赤のカードが2以上か，赤のカードが1で白のカードが2以上の場合であり，全部で［ア］通りある。$X=2$，3，4についても同様に考えることにより，X の確率分布は

X	1	2	3	4	計
P	$\frac{ア}{16}$	$\frac{イ}{16}$	$\frac{ウ}{16}$	$\frac{エ}{16}$	1

となることがわかる。また，Y の確率分布は

Y	1	2	3	4	計
P	$\frac{1}{16}$	$\frac{オ}{16}$	$\frac{カ}{16}$	$\frac{キ}{16}$	1

となる。

確率変数 Z を $Z=$［ク］$-X$ とすると，Z の確率分布と Y の確率分布は同じであることがわかる。

(2) 確率変数 X の平均(期待値)と標準偏差はそれぞれ

$$E(X)=\frac{ケコ}{8},\quad \sigma(X)=\frac{\sqrt{55}}{8}$$

となる。このことと，(1)の確率変数 Z に関する考察から，確率変数 Y の平均は

$$E(Y)=\frac{サシ}{8}$$

となり，標準偏差は $\sigma(Y)=$［ス］となる。

［ス］の解答群

⓪ $\{\sigma(X)\}^2$	① $5-\sigma(X)$	② $5\sigma(X)$	③ $\sigma(X)$

(数学Ⅱ・数学B第3問は次ページに続く。)

(3)　確率変数 X, Y の分布から**太郎さんの記憶**が正しいかどうかを推測しよう。

X の確率分布をもつ母集団を考え，この母集団から無作為に抽出した大きさ n の標本を確率変数 X_1, X_2, …, X_n とし，標本平均を $\overline{X}$ とする。Y の確率分布をもつ母集団を考え，この母集団から無作為に抽出した大きさ n の標本を確率変数 Y_1, Y_2, …, Y_n とし，標本平均を $\overline{Y}$ とする。

(i)　メモに書かれていた，$t_2 = 2.50$ について考えよう。

花子さんは，$\overline{X} = 2.50$ となる確率 $P(\overline{X} = 2.50)$ と $\overline{Y} = 2.50$ となる確率 $P(\overline{Y} = 2.50)$ を比較することで，**太郎さんの記憶**が正しいかどうかがわかるのではないかと考えた。

$\overline{X} = 2.50$ となる確率は，$X_1 + X_2 = 5$ となる確率であり，(1)の X の確率分布より

$$P(\overline{X} = 2.50) = \frac{\boxed{\text{セソ}}}{64}$$

となり，(1)の Y の確率分布から，$P(\overline{Y} = 2.50)$ $\boxed{\text{タ}}$ $P(\overline{X} = 2.50)$ が成り立つことがわかる。

このことから，花子さんは，$t_2 = 2.50$ からでは**太郎さんの記憶**が正しいかどうかはわからないと考えた。

$\boxed{\text{タ}}$ の解答群

⓪ <	① =	② >

(数学Ⅱ・数学B第3問は次ページに続く。)

(ii) メモに書かれていた，$t_{100} = 2.95$ について考えよう。

n が大きいとき，$\overline{X}$ は近似的に正規分布 $N(E(\overline{X}),\ \{\sigma(\overline{X})\}^2)$ に従い，$\sigma(\overline{X}) =$ [チ] である。$n = 100$ は大きいので，$\overline{X} = 2.95$ であったとすると，推定される母平均を m_X として，m_X の信頼度 95 % の信頼区間は

[ツ] $\leqq m_X \leqq$ [テ] ……………………………… ①

となる。一方，$\overline{Y} = 2.95$ であったとすると，推定される母平均を m_Y として，m_Y の信頼度 95 % の信頼区間は

[ト] $\leqq m_Y \leqq$ [ナ] ……………………………… ②

となることもわかる。ただし，[ツ] ～ [ナ] の計算においては，$\sqrt{55} = 7.4$ とする。

[チ] の解答群

⓪ $\{\sigma(X)\}^2$	① $\dfrac{\sigma(X)}{n}$	② $\dfrac{\sigma(X)}{\sqrt{n}}$	③ $\dfrac{\{\sigma(X)\}^2}{n}$

[ツ] ～ [ナ] については，最も適当なものを，次の⓪～⑧のうちから一つずつ選べ。ただし，同じものを繰り返し選んでもよい。

⓪ 1.693	① 1.875	② 2.057
③ 2.740	④ 2.769	⑤ 2.798
⑥ 3.102	⑦ 3.131	⑧ 3.160

（数学Ⅱ・数学B第３問は次ページに続く。）

花子さんは，次の**基準**により**太郎さんの記憶**が正しいかどうかを判断することにした。ただし，**基準**が適用できない場合には，判断しないものとする。

基準

①の信頼区間に$E(X)$が含まれていて，②の信頼区間に$E(Y)$が含まれていないならば，**太郎さんの記憶**は正しいものとする。①の信頼区間に$E(X)$が含まれず，②の信頼区間に$E(Y)$が含まれているならば，**太郎さんの記憶**は正しくないものとする。

$E(X)$は①の信頼区間に［ニ］。$E(Y)$は②の信頼区間に［ヌ］。

以上より，**太郎さんの記憶**については，［ネ］。

［ニ］，［ヌ］の解答群（同じものを繰り返し選んでもよい。）

⓪ 含まれている　　① 含まれていない

［ネ］については，最も適当なものを，次の⓪～②のうちから一つ選べ。

⓪ 正しいと判断され，メモに書かれていたt_2とt_{100}は「確率変数X」の平均値である

① 正しくないと判断され，メモに書かれていたt_2とt_{100}は「確率変数Y」の平均値である

② **基準**が適用できないので，判断しない

（数学Ⅱ・数学B第3問は次ページに続く。）

正 規 分 布 表

次の表は，標準正規分布の分布曲線における右図の灰色部分の面積の値をまとめたものである。

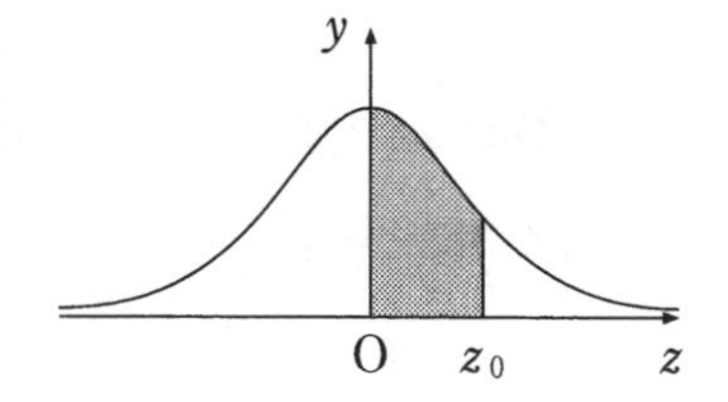

z_0	0.00	0.01	0.02	0.03	0.04	0.05	0.06	0.07	0.08	0.09
0.0	0.0000	0.0040	0.0080	0.0120	0.0160	0.0199	0.0239	0.0279	0.0319	0.0359
0.1	0.0398	0.0438	0.0478	0.0517	0.0557	0.0596	0.0636	0.0675	0.0714	0.0753
0.2	0.0793	0.0832	0.0871	0.0910	0.0948	0.0987	0.1026	0.1064	0.1103	0.1141
0.3	0.1179	0.1217	0.1255	0.1293	0.1331	0.1368	0.1406	0.1443	0.1480	0.1517
0.4	0.1554	0.1591	0.1628	0.1664	0.1700	0.1736	0.1772	0.1808	0.1844	0.1879
0.5	0.1915	0.1950	0.1985	0.2019	0.2054	0.2088	0.2123	0.2157	0.2190	0.2224
0.6	0.2257	0.2291	0.2324	0.2357	0.2389	0.2422	0.2454	0.2486	0.2517	0.2549
0.7	0.2580	0.2611	0.2642	0.2673	0.2704	0.2734	0.2764	0.2794	0.2823	0.2852
0.8	0.2881	0.2910	0.2939	0.2967	0.2995	0.3023	0.3051	0.3078	0.3106	0.3133
0.9	0.3159	0.3186	0.3212	0.3238	0.3264	0.3289	0.3315	0.3340	0.3365	0.3389
1.0	0.3413	0.3438	0.3461	0.3485	0.3508	0.3531	0.3554	0.3577	0.3599	0.3621
1.1	0.3643	0.3665	0.3686	0.3708	0.3729	0.3749	0.3770	0.3790	0.3810	0.3830
1.2	0.3849	0.3869	0.3888	0.3907	0.3925	0.3944	0.3962	0.3980	0.3997	0.4015
1.3	0.4032	0.4049	0.4066	0.4082	0.4099	0.4115	0.4131	0.4147	0.4162	0.4177
1.4	0.4192	0.4207	0.4222	0.4236	0.4251	0.4265	0.4279	0.4292	0.4306	0.4319
1.5	0.4332	0.4345	0.4357	0.4370	0.4382	0.4394	0.4406	0.4418	0.4429	0.4441
1.6	0.4452	0.4463	0.4474	0.4484	0.4495	0.4505	0.4515	0.4525	0.4535	0.4545
1.7	0.4554	0.4564	0.4573	0.4582	0.4591	0.4599	0.4608	0.4616	0.4625	0.4633
1.8	0.4641	0.4649	0.4656	0.4664	0.4671	0.4678	0.4686	0.4693	0.4699	0.4706
1.9	0.4713	0.4719	0.4726	0.4732	0.4738	0.4744	0.4750	0.4756	0.4761	0.4767
2.0	0.4772	0.4778	0.4783	0.4788	0.4793	0.4798	0.4803	0.4808	0.4812	0.4817
2.1	0.4821	0.4826	0.4830	0.4834	0.4838	0.4842	0.4846	0.4850	0.4854	0.4857
2.2	0.4861	0.4864	0.4868	0.4871	0.4875	0.4878	0.4881	0.4884	0.4887	0.4890
2.3	0.4893	0.4896	0.4898	0.4901	0.4904	0.4906	0.4909	0.4911	0.4913	0.4916
2.4	0.4918	0.4920	0.4922	0.4925	0.4927	0.4929	0.4931	0.4932	0.4934	0.4936
2.5	0.4938	0.4940	0.4941	0.4943	0.4945	0.4946	0.4948	0.4949	0.4951	0.4952
2.6	0.4953	0.4955	0.4956	0.4957	0.4959	0.4960	0.4961	0.4962	0.4963	0.4964
2.7	0.4965	0.4966	0.4967	0.4968	0.4969	0.4970	0.4971	0.4972	0.4973	0.4974
2.8	0.4974	0.4975	0.4976	0.4977	0.4977	0.4978	0.4979	0.4979	0.4980	0.4981
2.9	0.4981	0.4982	0.4982	0.4983	0.4984	0.4984	0.4985	0.4985	0.4986	0.4986
3.0	0.4987	0.4987	0.4987	0.4988	0.4988	0.4989	0.4989	0.4989	0.4990	0.4990

第3問～第5問は，いずれか2問を選択し，解答しなさい。

第4問 （選択問題）（配点　20）

数列の増減について考える。与えられた数列$\{p_n\}$の増減について次のように定める。

- すべての自然数nについて$p_n < p_{n+1}$となるとき，数列$\{p_n\}$はつねに増加するという。
- すべての自然数nについて$p_n > p_{n+1}$となるとき，数列$\{p_n\}$はつねに減少するという。
- $p_k < p_{k+1}$となる自然数kがあり，さらに$p_\ell > p_{\ell+1}$となる自然数ℓもあるとき，数列$\{p_n\}$は増加することも減少することもあるという。

(1)　数列$\{a_n\}$は

$$a_1 = 23, \quad a_{n+1} = a_n - 3 \quad (n = 1, 2, 3, \cdots)$$

を満たすとする。このとき

$$a_n = \boxed{\text{アイ}}\,n + \boxed{\text{ウエ}} \quad (n = 1, 2, 3, \cdots)$$

となり，$a_n < 0$を満たす最小の自然数nは$\boxed{\text{オ}}$である。

数列$\{a_n\}$は$\boxed{\text{カ}}$。また，自然数nに対して，$S_n = \sum_{k=1}^{n} a_k$とおくと，数列$\{S_n\}$は$\boxed{\text{キ}}$。

$n \geqq \boxed{\text{オ}}$のとき，$\boxed{\text{ク}}$。また，$b_n = \dfrac{1}{a_n}$とおくと，$n \geqq \boxed{\text{オ}}$のとき，$\boxed{\text{ケ}}$。

（数学Ⅱ・数学B第4問は次ページに続く。）

カ , キ の解答群(同じものを繰り返し選んでもよい。)

⓪ つねに増加する
① つねに減少する
② 増加することも減少することもある

ク の解答群

⓪ $a_n < 0$ である
① $a_n > 0$ である
② $a_n < 0$ となることも $a_n > 0$ となることもある

ケ の解答群

⓪ $b_n < b_{n+1}$ である
① $b_n > b_{n+1}$ である
② $b_n < b_{n+1}$ となることも $b_n > b_{n+1}$ となることもある

(数学Ⅱ・数学B第4問は次ページに続く。)

(2) 数列$\{c_n\}$は

$$c_1 = 30, \quad c_{n+1} = \frac{50c_n - 800}{c_n - 10} \quad (n = 1, 2, 3, \cdots)$$

を満たすとする。

以下では，すべての自然数nに対して$c_n \neq 20$となることを用いてよい。

$d_n = \dfrac{1}{c_n - 20}$　$(n = 1, 2, 3, \cdots)$とおくと，$d_1 = \dfrac{1}{\boxed{\text{コサ}}}$であり，また

$$c_n = \frac{1}{d_n} + \boxed{\text{シス}} \quad (n = 1, 2, 3, \cdots) \cdots\cdots\cdots ①$$

が成り立つ。したがって

$$\frac{1}{d_{n+1}} = \frac{50\left(\dfrac{1}{d_n} + \boxed{\text{シス}}\right) - 800}{\left(\dfrac{1}{d_n} + \boxed{\text{シス}}\right) - 10} - \boxed{\text{シス}} \quad (n = 1, 2, 3, \cdots)$$

により

$$d_{n+1} = \frac{d_n}{\boxed{\text{セ}}} + \frac{1}{\boxed{\text{ソタ}}} \quad (n = 1, 2, 3, \cdots)$$

が成り立つ。

数列$\{d_n\}$の一般項は

$$d_n = \frac{1}{\boxed{\text{チツ}}}\left(\frac{1}{\boxed{\text{テ}}}\right)^{n-1} + \frac{1}{\boxed{\text{トナ}}}$$

である。

したがって，$d_n \boxed{\text{ニ}} \dfrac{1}{\boxed{\text{トナ}}}$　$(n = 1, 2, 3, \cdots)$であり，数列$\{d_n\}$は

$\boxed{\text{ヌ}}$。

よって①により，Oを原点とする座標平面上に$n = 1$から$n = 10$まで点(n, c_n)を図示すると$\boxed{\text{ネ}}$となる。

(数学Ⅱ・数学B第4問は次ページに続く。)

ニ の解答群

⓪ <	① ＝	② >

ヌ の解答群

⓪ つねに増加する
① つねに減少する
② 増加することも減少することもある

ネ については，最も適当なものを，次の⓪～⑤のうちから一つ選べ。

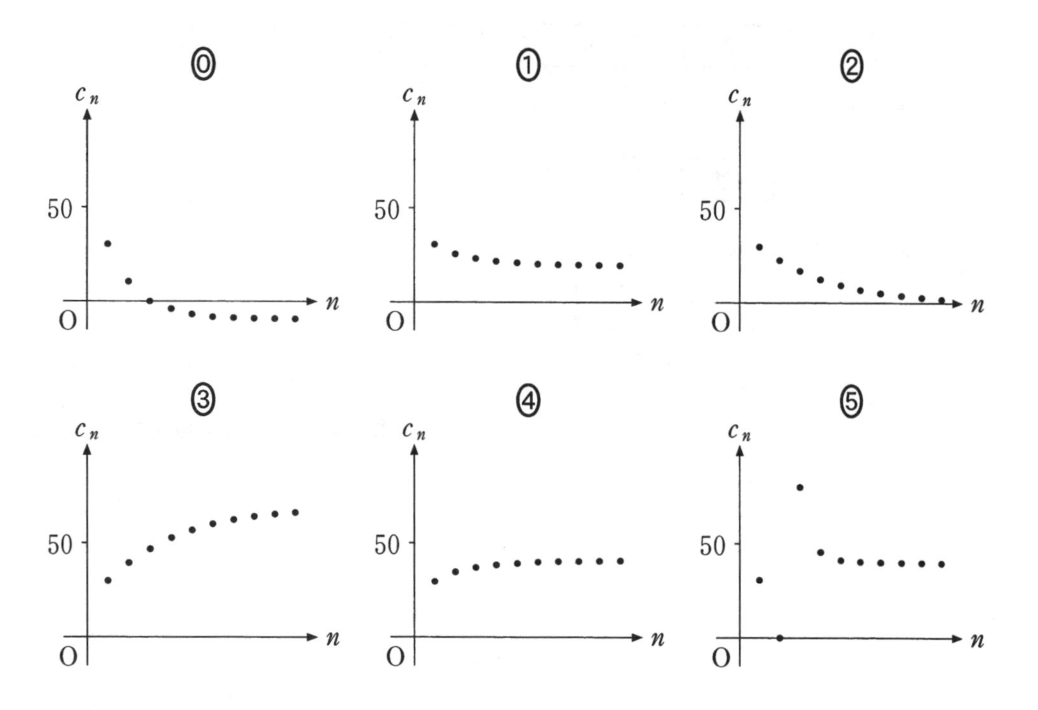

第3問～第5問は，いずれか2問を選択し，解答しなさい。

第5問 (選択問題) (配点 20)

点Oを原点とする座標空間において2点A，Bの座標を

$$A(0,\ -3,\ 5),\quad B(2,\ 0,\ 4)$$

とし，直線ABと xy 平面との交点をCとする。また，点Dの座標を

$$D(7,\ 4,\ 5)$$

とする。

直線AB上の点Pについて，$\overrightarrow{OP}$ を実数 t を用いて

$$\overrightarrow{OP}=\overrightarrow{OA}+t\overrightarrow{AB}$$

と表すことにする。

(1) 点Pの座標は

$$P\left(\boxed{ア}\,t,\ \boxed{イ}\,t-\boxed{ウ},\ -t+\boxed{エ}\right)$$

と表すことができる。点Cの座標は

$$C\left(\boxed{オカ},\ \boxed{キク},\ 0\right)$$

である。点Cは線分ABを

$$\boxed{ケ}:\boxed{コ}$$

に外分する。ただし，$\boxed{ケ}:\boxed{コ}$ は最も簡単な整数の比で答えよ。

(数学Ⅱ・数学B第5問は次ページに続く。)

(2) $\angle \mathrm{CPD} = 120^\circ$ となるときの点 P の座標について考えよう。

$\angle \mathrm{CPD} = 120^\circ$ のとき

$$\overrightarrow{\mathrm{PC}} \cdot \overrightarrow{\mathrm{PD}} = \frac{\boxed{\text{サシ}}}{\boxed{\text{ス}}} |\overrightarrow{\mathrm{PC}}| |\overrightarrow{\mathrm{PD}}| \quad \cdots\cdots ①$$

が成り立つ。ここで，$\overrightarrow{\mathrm{PC}}$ と $\overrightarrow{\mathrm{AB}}$ が平行であることから，0 でない実数 k を用いて $\overrightarrow{\mathrm{PC}} = k\overrightarrow{\mathrm{AB}}$ と表すことができるので，① は

$$k\overrightarrow{\mathrm{AB}} \cdot \overrightarrow{\mathrm{PD}} = \frac{\boxed{\text{サシ}}}{\boxed{\text{ス}}} |k\overrightarrow{\mathrm{AB}}| |\overrightarrow{\mathrm{PD}}| \quad \cdots\cdots ②$$

と表すことができる。

$\overrightarrow{\mathrm{AB}} \cdot \overrightarrow{\mathrm{PD}}$ と $|\overrightarrow{\mathrm{PD}}|^2$ は，それぞれ

$$\overrightarrow{\mathrm{AB}} \cdot \overrightarrow{\mathrm{PD}} = -7\left(\boxed{\text{セ}}\,t - \boxed{\text{ソ}}\right)$$

$$|\overrightarrow{\mathrm{PD}}|^2 = 14\left(t^2 - \boxed{\text{タ}}\,t + \boxed{\text{チ}}\right)$$

と表される。したがって，② の両辺の 2 乗が等しくなるのは

$$t = \boxed{\text{ツ}},\ \boxed{\text{テ}}$$

のときである。ただし，$\boxed{\text{ツ}} < \boxed{\text{テ}}$ とする。

$t = \boxed{\text{ツ}},\ \boxed{\text{テ}}$ のときの $\angle \mathrm{CPD}$ をそれぞれ調べることで，$\angle \mathrm{CPD} = 120^\circ$ となる点 P の座標は

$$\mathrm{P}\left(\boxed{\text{ト}},\ \boxed{\text{ナ}},\ \boxed{\text{ニ}}\right)$$

であることがわかる。

（数学Ⅱ・数学B第 5 問は次ページに続く。）

(3) 直線ABから点Aを除いた部分を点Pが動くとき，直線DPは xy 平面と交わる。この交点をQとするとき，点Qが描く図形について考えよう。

点Qが直線DP上にあることから，$\overrightarrow{\mathrm{OQ}}$ は実数 s を用いて

$$\overrightarrow{\mathrm{OQ}} = \overrightarrow{\mathrm{OD}} + s\overrightarrow{\mathrm{DP}}$$

と表すことができる。さらに，点Qが xy 平面上にあることから，s は t を用いて表すことができる。よって，$\overrightarrow{\mathrm{OQ}}$ は t を用いて

$$\overrightarrow{\mathrm{OQ}} = \left(\boxed{\text{ヌネ}},\ \boxed{\text{ノハ}},\ 0\right) - \frac{\boxed{\text{ヒフ}}}{t}(1,\ 1,\ 0)$$

と表すことができる。

したがって，点Qはある直線上を動くことがわかる。さらに，t が0以外の実数値を変化するとき $\frac{1}{t}$ は0以外のすべての実数値をとることに注意すると，点Qが描く図形は直線から1点を除いたものであることがわかる。この除かれた点をRとするとき，$\overrightarrow{\mathrm{DR}}$ は $\boxed{\text{へ}}$ と平行である。

$\boxed{\text{へ}}$ の解答群

⓪ $\overrightarrow{\mathrm{OA}}$	① $\overrightarrow{\mathrm{OB}}$	② $\overrightarrow{\mathrm{OC}}$	③ $\overrightarrow{\mathrm{OD}}$
④ $\overrightarrow{\mathrm{AB}}$	⑤ $\overrightarrow{\mathrm{AD}}$	⑥ $\overrightarrow{\mathrm{BD}}$	⑦ $\overrightarrow{\mathrm{CD}}$

2024年用　共通テスト実戦模試

④数学Ⅱ・B

初版第1刷発行…2023年7月1日
初版第2刷発行…2023年10月10日

編者…………Z会編集部
発行人………藤井孝昭
発行…………Z会
〒411-0033　静岡県三島市文教町1-9-11
【販売部門：書籍の乱丁・落丁・返品・交換・注文】
TEL 055-976-9095
【書籍の内容に関するお問い合わせ】
https://www.zkai.co.jp/books/contact/
【ホームページ】
https://www.zkai.co.jp/books/

装丁…………犬飼奈央
印刷・製本…日経印刷株式会社

ISBN978-4-86531-553-0 C7341

数学② 模試 第1回 解答用紙 第1面

注意事項1　問題番号 4 5 の解答欄は，この用紙の第 2 面にあります。

マーク例

良い例	悪い例
●	⊙ ⊗ ◓ O

322

解答科目欄

数学Ⅱ	数学Ⅱ・数学B	簿記・会計	情報関係基礎
◯	◯	◯	◯

受験番号欄

千位	百位	十位	一位	英字
−	0	0	0	A
1	1	1	1	B
2	2	2	2	C
3	3	3	3	H
4	4	4	4	K
5	5	5	5	M
6	6	6	6	R
7	7	7	7	U
8	8	8	8	X
9	9	9	9	Y
−	−	−	−	Z

フリガナ	
氏名	

試験場コード	十万位	万位	千位	百位	十位	一位

1 解答欄

	−	0	1	2	3	4	5	6	7	8	9	a	b	c	d
ア	−	0	1	2	3	4	5	6	7	8	9	a	b	c	d
イ	−	0	1	2	3	4	5	6	7	8	9	a	b	c	d
ウ	−	0	1	2	3	4	5	6	7	8	9	a	b	c	d
エ	−	0	1	2	3	4	5	6	7	8	9	a	b	c	d
オ	−	0	1	2	3	4	5	6	7	8	9	a	b	c	d
カ	−	0	1	2	3	4	5	6	7	8	9	a	b	c	d
キ	−	0	1	2	3	4	5	6	7	8	9	a	b	c	d
ク	−	0	1	2	3	4	5	6	7	8	9	a	b	c	d
ケ	−	0	1	2	3	4	5	6	7	8	9	a	b	c	d
コ	−	0	1	2	3	4	5	6	7	8	9	a	b	c	d
サ	−	0	1	2	3	4	5	6	7	8	9	a	b	c	d
シ	−	0	1	2	3	4	5	6	7	8	9	a	b	c	d
ス	−	0	1	2	3	4	5	6	7	8	9	a	b	c	d
セ	−	0	1	2	3	4	5	6	7	8	9	a	b	c	d
ソ	−	0	1	2	3	4	5	6	7	8	9	a	b	c	d
タ	−	0	1	2	3	4	5	6	7	8	9	a	b	c	d
チ	−	0	1	2	3	4	5	6	7	8	9	a	b	c	d
ツ	−	0	1	2	3	4	5	6	7	8	9	a	b	c	d
テ	−	0	1	2	3	4	5	6	7	8	9	a	b	c	d
ト	−	0	1	2	3	4	5	6	7	8	9	a	b	c	d
ナ	−	0	1	2	3	4	5	6	7	8	9	a	b	c	d
ニ	−	0	1	2	3	4	5	6	7	8	9	a	b	c	d
ヌ	−	0	1	2	3	4	5	6	7	8	9	a	b	c	d
ネ	−	0	1	2	3	4	5	6	7	8	9	a	b	c	d
ノ	−	0	1	2	3	4	5	6	7	8	9	a	b	c	d
ハ	−	0	1	2	3	4	5	6	7	8	9	a	b	c	d
ヒ	−	0	1	2	3	4	5	6	7	8	9	a	b	c	d
フ	−	0	1	2	3	4	5	6	7	8	9	a	b	c	d
ヘ	−	0	1	2	3	4	5	6	7	8	9	a	b	c	d
ホ	−	0	1	2	3	4	5	6	7	8	9	a	b	c	d

2 解答欄

	−	0	1	2	3	4	5	6	7	8	9	a	b	c	d
ア	−	0	1	2	3	4	5	6	7	8	9	a	b	c	d
イ	−	0	1	2	3	4	5	6	7	8	9	a	b	c	d
ウ	−	0	1	2	3	4	5	6	7	8	9	a	b	c	d
エ	−	0	1	2	3	4	5	6	7	8	9	a	b	c	d
オ	−	0	1	2	3	4	5	6	7	8	9	a	b	c	d
カ	−	0	1	2	3	4	5	6	7	8	9	a	b	c	d
キ	−	0	1	2	3	4	5	6	7	8	9	a	b	c	d
ク	−	0	1	2	3	4	5	6	7	8	9	a	b	c	d
ケ	−	0	1	2	3	4	5	6	7	8	9	a	b	c	d
コ	−	0	1	2	3	4	5	6	7	8	9	a	b	c	d
サ	−	0	1	2	3	4	5	6	7	8	9	a	b	c	d
シ	−	0	1	2	3	4	5	6	7	8	9	a	b	c	d
ス	−	0	1	2	3	4	5	6	7	8	9	a	b	c	d
セ	−	0	1	2	3	4	5	6	7	8	9	a	b	c	d
ソ	−	0	1	2	3	4	5	6	7	8	9	a	b	c	d
タ	−	0	1	2	3	4	5	6	7	8	9	a	b	c	d
チ	−	0	1	2	3	4	5	6	7	8	9	a	b	c	d
ツ	−	0	1	2	3	4	5	6	7	8	9	a	b	c	d
テ	−	0	1	2	3	4	5	6	7	8	9	a	b	c	d
ト	−	0	1	2	3	4	5	6	7	8	9	a	b	c	d
ナ	−	0	1	2	3	4	5	6	7	8	9	a	b	c	d
ニ	−	0	1	2	3	4	5	6	7	8	9	a	b	c	d
ヌ	−	0	1	2	3	4	5	6	7	8	9	a	b	c	d
ネ	−	0	1	2	3	4	5	6	7	8	9	a	b	c	d
ノ	−	0	1	2	3	4	5	6	7	8	9	a	b	c	d
ハ	−	0	1	2	3	4	5	6	7	8	9	a	b	c	d
ヒ	−	0	1	2	3	4	5	6	7	8	9	a	b	c	d
フ	−	0	1	2	3	4	5	6	7	8	9	a	b	c	d
ヘ	−	0	1	2	3	4	5	6	7	8	9	a	b	c	d
ホ	−	0	1	2	3	4	5	6	7	8	9	a	b	c	d

3 解答欄

	−	0	1	2	3	4	5	6	7	8	9	a	b	c	d
ア	−	0	1	2	3	4	5	6	7	8	9	a	b	c	d
イ	−	0	1	2	3	4	5	6	7	8	9	a	b	c	d
ウ	−	0	1	2	3	4	5	6	7	8	9	a	b	c	d
エ	−	0	1	2	3	4	5	6	7	8	9	a	b	c	d
オ	−	0	1	2	3	4	5	6	7	8	9	a	b	c	d
カ	−	0	1	2	3	4	5	6	7	8	9	a	b	c	d
キ	−	0	1	2	3	4	5	6	7	8	9	a	b	c	d
ク	−	0	1	2	3	4	5	6	7	8	9	a	b	c	d
ケ	−	0	1	2	3	4	5	6	7	8	9	a	b	c	d
コ	−	0	1	2	3	4	5	6	7	8	9	a	b	c	d
サ	−	0	1	2	3	4	5	6	7	8	9	a	b	c	d
シ	−	0	1	2	3	4	5	6	7	8	9	a	b	c	d
ス	−	0	1	2	3	4	5	6	7	8	9	a	b	c	d
セ	−	0	1	2	3	4	5	6	7	8	9	a	b	c	d
ソ	−	0	1	2	3	4	5	6	7	8	9	a	b	c	d
タ	−	0	1	2	3	4	5	6	7	8	9	a	b	c	d
チ	−	0	1	2	3	4	5	6	7	8	9	a	b	c	d
ツ	−	0	1	2	3	4	5	6	7	8	9	a	b	c	d
テ	−	0	1	2	3	4	5	6	7	8	9	a	b	c	d
ト	−	0	1	2	3	4	5	6	7	8	9	a	b	c	d
ナ	−	0	1	2	3	4	5	6	7	8	9	a	b	c	d
ニ	−	0	1	2	3	4	5	6	7	8	9	a	b	c	d
ヌ	−	0	1	2	3	4	5	6	7	8	9	a	b	c	d
ネ	−	0	1	2	3	4	5	6	7	8	9	a	b	c	d
ノ	−	0	1	2	3	4	5	6	7	8	9	a	b	c	d
ハ	−	0	1	2	3	4	5	6	7	8	9	a	b	c	d
ヒ	−	0	1	2	3	4	5	6	7	8	9	a	b	c	d
フ	−	0	1	2	3	4	5	6	7	8	9	a	b	c	d
ヘ	−	0	1	2	3	4	5	6	7	8	9	a	b	c	d
ホ	−	0	1	2	3	4	5	6	7	8	9	a	b	c	d

キリトリ線

数学② 模試 第1回 解答用紙 第2面

注意事項1　問題番号 1 2 3 の解答欄は，この用紙の第 1 面にあります。

323

4

	解答欄														
	−	0	1	2	3	4	5	6	7	8	9	a	b	c	d
ア	−	0	1	2	3	4	5	6	7	8	9	a	b	c	d
イ	−	0	1	2	3	4	5	6	7	8	9	a	b	c	d
ウ	−	0	1	2	3	4	5	6	7	8	9	a	b	c	d
エ	−	0	1	2	3	4	5	6	7	8	9	a	b	c	d
オ	−	0	1	2	3	4	5	6	7	8	9	a	b	c	d
カ	−	0	1	2	3	4	5	6	7	8	9	a	b	c	d
キ	−	0	1	2	3	4	5	6	7	8	9	a	b	c	d
ク	−	0	1	2	3	4	5	6	7	8	9	a	b	c	d
ケ	−	0	1	2	3	4	5	6	7	8	9	a	b	c	d
コ	−	0	1	2	3	4	5	6	7	8	9	a	b	c	d
サ	−	0	1	2	3	4	5	6	7	8	9	a	b	c	d
シ	−	0	1	2	3	4	5	6	7	8	9	a	b	c	d
ス	−	0	1	2	3	4	5	6	7	8	9	a	b	c	d
セ	−	0	1	2	3	4	5	6	7	8	9	a	b	c	d
ソ	−	0	1	2	3	4	5	6	7	8	9	a	b	c	d
タ	−	0	1	2	3	4	5	6	7	8	9	a	b	c	d
チ	−	0	1	2	3	4	5	6	7	8	9	a	b	c	d
ツ	−	0	1	2	3	4	5	6	7	8	9	a	b	c	d
テ	−	0	1	2	3	4	5	6	7	8	9	a	b	c	d
ト	−	0	1	2	3	4	5	6	7	8	9	a	b	c	d
ナ	−	0	1	2	3	4	5	6	7	8	9	a	b	c	d
ニ	−	0	1	2	3	4	5	6	7	8	9	a	b	c	d
ヌ	−	0	1	2	3	4	5	6	7	8	9	a	b	c	d
ネ	−	0	1	2	3	4	5	6	7	8	9	a	b	c	d
ノ	−	0	1	2	3	4	5	6	7	8	9	a	b	c	d
ハ	−	0	1	2	3	4	5	6	7	8	9	a	b	c	d
ヒ	−	0	1	2	3	4	5	6	7	8	9	a	b	c	d
フ	−	0	1	2	3	4	5	6	7	8	9	a	b	c	d
ヘ	−	0	1	2	3	4	5	6	7	8	9	a	b	c	d
ホ	−	0	1	2	3	4	5	6	7	8	9	a	b	c	d

5

	解答欄														
	−	0	1	2	3	4	5	6	7	8	9	a	b	c	d
ア	−	0	1	2	3	4	5	6	7	8	9	a	b	c	d
イ	−	0	1	2	3	4	5	6	7	8	9	a	b	c	d
ウ	−	0	1	2	3	4	5	6	7	8	9	a	b	c	d
エ	−	0	1	2	3	4	5	6	7	8	9	a	b	c	d
オ	−	0	1	2	3	4	5	6	7	8	9	a	b	c	d
カ	−	0	1	2	3	4	5	6	7	8	9	a	b	c	d
キ	−	0	1	2	3	4	5	6	7	8	9	a	b	c	d
ク	−	0	1	2	3	4	5	6	7	8	9	a	b	c	d
ケ	−	0	1	2	3	4	5	6	7	8	9	a	b	c	d
コ	−	0	1	2	3	4	5	6	7	8	9	a	b	c	d
サ	−	0	1	2	3	4	5	6	7	8	9	a	b	c	d
シ	−	0	1	2	3	4	5	6	7	8	9	a	b	c	d
ス	−	0	1	2	3	4	5	6	7	8	9	a	b	c	d
セ	−	0	1	2	3	4	5	6	7	8	9	a	b	c	d
ソ	−	0	1	2	3	4	5	6	7	8	9	a	b	c	d
タ	−	0	1	2	3	4	5	6	7	8	9	a	b	c	d
チ	−	0	1	2	3	4	5	6	7	8	9	a	b	c	d
ツ	−	0	1	2	3	4	5	6	7	8	9	a	b	c	d
テ	−	0	1	2	3	4	5	6	7	8	9	a	b	c	d
ト	−	0	1	2	3	4	5	6	7	8	9	a	b	c	d
ナ	−	0	1	2	3	4	5	6	7	8	9	a	b	c	d
ニ	−	0	1	2	3	4	5	6	7	8	9	a	b	c	d
ヌ	−	0	1	2	3	4	5	6	7	8	9	a	b	c	d
ネ	−	0	1	2	3	4	5	6	7	8	9	a	b	c	d
ノ	−	0	1	2	3	4	5	6	7	8	9	a	b	c	d
ハ	−	0	1	2	3	4	5	6	7	8	9	a	b	c	d
ヒ	−	0	1	2	3	4	5	6	7	8	9	a	b	c	d
フ	−	0	1	2	3	4	5	6	7	8	9	a	b	c	d
ヘ	−	0	1	2	3	4	5	6	7	8	9	a	b	c	d
ホ	−	0	1	2	3	4	5	6	7	8	9	a	b	c	d

キリトリ線

数学② 模試 第2回 解答用紙 第1面

注意事項1 問題番号 4 5 の解答欄は，この用紙の第 2 面にあります。

マーク例

良い例	悪い例
●	⊙ ⊗ ◓ 0

324

解答科目欄

数学Ⅱ	数学Ⅱ・数学B	簿記・会計	情報関係基礎
○	○	○	○

受験番号欄

千位	百位	十位	一位	英字	
−	0	0	0	A	A
1	1	1	1	B	B
2	2	2	2	C	C
3	3	3	3	H	H
4	4	4	4	K	K
5	5	5	5	M	M
6	6	6	6	R	R
7	7	7	7	U	U
8	8	8	8	X	X
9	9	9	9	Y	Y
−	−	−	−	Z	Z

フリガナ	
氏名	

試験場コード	十万位	万位	千位	百位	十位	一位

1

	解答欄														
	−	0	1	2	3	4	5	6	7	8	9	a	b	c	d
ア	−	0	1	2	3	4	5	6	7	8	9	a	b	c	d
イ	−	0	1	2	3	4	5	6	7	8	9	a	b	c	d
ウ	−	0	1	2	3	4	5	6	7	8	9	a	b	c	d
エ	−	0	1	2	3	4	5	6	7	8	9	a	b	c	d
オ	−	0	1	2	3	4	5	6	7	8	9	a	b	c	d
カ	−	0	1	2	3	4	5	6	7	8	9	a	b	c	d
キ	−	0	1	2	3	4	5	6	7	8	9	a	b	c	d
ク	−	0	1	2	3	4	5	6	7	8	9	a	b	c	d
ケ	−	0	1	2	3	4	5	6	7	8	9	a	b	c	d
コ	−	0	1	2	3	4	5	6	7	8	9	a	b	c	d
サ	−	0	1	2	3	4	5	6	7	8	9	a	b	c	d
シ	−	0	1	2	3	4	5	6	7	8	9	a	b	c	d
ス	−	0	1	2	3	4	5	6	7	8	9	a	b	c	d
セ	−	0	1	2	3	4	5	6	7	8	9	a	b	c	d
ソ	−	0	1	2	3	4	5	6	7	8	9	a	b	c	d
タ	−	0	1	2	3	4	5	6	7	8	9	a	b	c	d
チ	−	0	1	2	3	4	5	6	7	8	9	a	b	c	d
ツ	−	0	1	2	3	4	5	6	7	8	9	a	b	c	d
テ	−	0	1	2	3	4	5	6	7	8	9	a	b	c	d
ト	−	0	1	2	3	4	5	6	7	8	9	a	b	c	d
ナ	−	0	1	2	3	4	5	6	7	8	9	a	b	c	d
ニ	−	0	1	2	3	4	5	6	7	8	9	a	b	c	d
ヌ	−	0	1	2	3	4	5	6	7	8	9	a	b	c	d
ネ	−	0	1	2	3	4	5	6	7	8	9	a	b	c	d
ノ	−	0	1	2	3	4	5	6	7	8	9	a	b	c	d
ハ	−	0	1	2	3	4	5	6	7	8	9	a	b	c	d
ヒ	−	0	1	2	3	4	5	6	7	8	9	a	b	c	d
フ	−	0	1	2	3	4	5	6	7	8	9	a	b	c	d
ヘ	−	0	1	2	3	4	5	6	7	8	9	a	b	c	d
ホ	−	0	1	2	3	4	5	6	7	8	9	a	b	c	d

2

	解答欄														
	−	0	1	2	3	4	5	6	7	8	9	a	b	c	d
ア	−	0	1	2	3	4	5	6	7	8	9	a	b	c	d
イ	−	0	1	2	3	4	5	6	7	8	9	a	b	c	d
ウ	−	0	1	2	3	4	5	6	7	8	9	a	b	c	d
エ	−	0	1	2	3	4	5	6	7	8	9	a	b	c	d
オ	−	0	1	2	3	4	5	6	7	8	9	a	b	c	d
カ	−	0	1	2	3	4	5	6	7	8	9	a	b	c	d
キ	−	0	1	2	3	4	5	6	7	8	9	a	b	c	d
ク	−	0	1	2	3	4	5	6	7	8	9	a	b	c	d
ケ	−	0	1	2	3	4	5	6	7	8	9	a	b	c	d
コ	−	0	1	2	3	4	5	6	7	8	9	a	b	c	d
サ	−	0	1	2	3	4	5	6	7	8	9	a	b	c	d
シ	−	0	1	2	3	4	5	6	7	8	9	a	b	c	d
ス	−	0	1	2	3	4	5	6	7	8	9	a	b	c	d
セ	−	0	1	2	3	4	5	6	7	8	9	a	b	c	d
ソ	−	0	1	2	3	4	5	6	7	8	9	a	b	c	d
タ	−	0	1	2	3	4	5	6	7	8	9	a	b	c	d
チ	−	0	1	2	3	4	5	6	7	8	9	a	b	c	d
ツ	−	0	1	2	3	4	5	6	7	8	9	a	b	c	d
テ	−	0	1	2	3	4	5	6	7	8	9	a	b	c	d
ト	−	0	1	2	3	4	5	6	7	8	9	a	b	c	d
ナ	−	0	1	2	3	4	5	6	7	8	9	a	b	c	d
ニ	−	0	1	2	3	4	5	6	7	8	9	a	b	c	d
ヌ	−	0	1	2	3	4	5	6	7	8	9	a	b	c	d
ネ	−	0	1	2	3	4	5	6	7	8	9	a	b	c	d
ノ	−	0	1	2	3	4	5	6	7	8	9	a	b	c	d
ハ	−	0	1	2	3	4	5	6	7	8	9	a	b	c	d
ヒ	−	0	1	2	3	4	5	6	7	8	9	a	b	c	d
フ	−	0	1	2	3	4	5	6	7	8	9	a	b	c	d
ヘ	−	0	1	2	3	4	5	6	7	8	9	a	b	c	d
ホ	−	0	1	2	3	4	5	6	7	8	9	a	b	c	d

3

	解答欄														
	−	0	1	2	3	4	5	6	7	8	9	a	b	c	d
ア	−	0	1	2	3	4	5	6	7	8	9	a	b	c	d
イ	−	0	1	2	3	4	5	6	7	8	9	a	b	c	d
ウ	−	0	1	2	3	4	5	6	7	8	9	a	b	c	d
エ	−	0	1	2	3	4	5	6	7	8	9	a	b	c	d
オ	−	0	1	2	3	4	5	6	7	8	9	a	b	c	d
カ	−	0	1	2	3	4	5	6	7	8	9	a	b	c	d
キ	−	0	1	2	3	4	5	6	7	8	9	a	b	c	d
ク	−	0	1	2	3	4	5	6	7	8	9	a	b	c	d
ケ	−	0	1	2	3	4	5	6	7	8	9	a	b	c	d
コ	−	0	1	2	3	4	5	6	7	8	9	a	b	c	d
サ	−	0	1	2	3	4	5	6	7	8	9	a	b	c	d
シ	−	0	1	2	3	4	5	6	7	8	9	a	b	c	d
ス	−	0	1	2	3	4	5	6	7	8	9	a	b	c	d
セ	−	0	1	2	3	4	5	6	7	8	9	a	b	c	d
ソ	−	0	1	2	3	4	5	6	7	8	9	a	b	c	d
タ	−	0	1	2	3	4	5	6	7	8	9	a	b	c	d
チ	−	0	1	2	3	4	5	6	7	8	9	a	b	c	d
ツ	−	0	1	2	3	4	5	6	7	8	9	a	b	c	d
テ	−	0	1	2	3	4	5	6	7	8	9	a	b	c	d
ト	−	0	1	2	3	4	5	6	7	8	9	a	b	c	d
ナ	−	0	1	2	3	4	5	6	7	8	9	a	b	c	d
ニ	−	0	1	2	3	4	5	6	7	8	9	a	b	c	d
ヌ	−	0	1	2	3	4	5	6	7	8	9	a	b	c	d
ネ	−	0	1	2	3	4	5	6	7	8	9	a	b	c	d
ノ	−	0	1	2	3	4	5	6	7	8	9	a	b	c	d
ハ	−	0	1	2	3	4	5	6	7	8	9	a	b	c	d
ヒ	−	0	1	2	3	4	5	6	7	8	9	a	b	c	d
フ	−	0	1	2	3	4	5	6	7	8	9	a	b	c	d
ヘ	−	0	1	2	3	4	5	6	7	8	9	a	b	c	d
ホ	−	0	1	2	3	4	5	6	7	8	9	a	b	c	d

キ リ ト リ 線

数学② 模試 第2回 解答用紙 第2面

注意事項1　問題番号 1 2 3 の解答欄は，この用紙の第 1 面にあります。

4

	解答欄														
	－	0	1	2	3	4	5	6	7	8	9	a	b	c	d
ア	－	0	1	2	3	4	5	6	7	8	9	a	b	c	d
イ	－	0	1	2	3	4	5	6	7	8	9	a	b	c	d
ウ	－	0	1	2	3	4	5	6	7	8	9	a	b	c	d
エ	－	0	1	2	3	4	5	6	7	8	9	a	b	c	d
オ	－	0	1	2	3	4	5	6	7	8	9	a	b	c	d
カ	－	0	1	2	3	4	5	6	7	8	9	a	b	c	d
キ	－	0	1	2	3	4	5	6	7	8	9	a	b	c	d
ク	－	0	1	2	3	4	5	6	7	8	9	a	b	c	d
ケ	－	0	1	2	3	4	5	6	7	8	9	a	b	c	d
コ	－	0	1	2	3	4	5	6	7	8	9	a	b	c	d
サ	－	0	1	2	3	4	5	6	7	8	9	a	b	c	d
シ	－	0	1	2	3	4	5	6	7	8	9	a	b	c	d
ス	－	0	1	2	3	4	5	6	7	8	9	a	b	c	d
セ	－	0	1	2	3	4	5	6	7	8	9	a	b	c	d
ソ	－	0	1	2	3	4	5	6	7	8	9	a	b	c	d
タ	－	0	1	2	3	4	5	6	7	8	9	a	b	c	d
チ	－	0	1	2	3	4	5	6	7	8	9	a	b	c	d
ツ	－	0	1	2	3	4	5	6	7	8	9	a	b	c	d
テ	－	0	1	2	3	4	5	6	7	8	9	a	b	c	d
ト	－	0	1	2	3	4	5	6	7	8	9	a	b	c	d
ナ	－	0	1	2	3	4	5	6	7	8	9	a	b	c	d
ニ	－	0	1	2	3	4	5	6	7	8	9	a	b	c	d
ヌ	－	0	1	2	3	4	5	6	7	8	9	a	b	c	d
ネ	－	0	1	2	3	4	5	6	7	8	9	a	b	c	d
ノ	－	0	1	2	3	4	5	6	7	8	9	a	b	c	d
ハ	－	0	1	2	3	4	5	6	7	8	9	a	b	c	d
ヒ	－	0	1	2	3	4	5	6	7	8	9	a	b	c	d
フ	－	0	1	2	3	4	5	6	7	8	9	a	b	c	d
ヘ	－	0	1	2	3	4	5	6	7	8	9	a	b	c	d
ホ	－	0	1	2	3	4	5	6	7	8	9	a	b	c	d

5

	解答欄														
	－	0	1	2	3	4	5	6	7	8	9	a	b	c	d
ア	－	0	1	2	3	4	5	6	7	8	9	a	b	c	d
イ	－	0	1	2	3	4	5	6	7	8	9	a	b	c	d
ウ	－	0	1	2	3	4	5	6	7	8	9	a	b	c	d
エ	－	0	1	2	3	4	5	6	7	8	9	a	b	c	d
オ	－	0	1	2	3	4	5	6	7	8	9	a	b	c	d
カ	－	0	1	2	3	4	5	6	7	8	9	a	b	c	d
キ	－	0	1	2	3	4	5	6	7	8	9	a	b	c	d
ク	－	0	1	2	3	4	5	6	7	8	9	a	b	c	d
ケ	－	0	1	2	3	4	5	6	7	8	9	a	b	c	d
コ	－	0	1	2	3	4	5	6	7	8	9	a	b	c	d
サ	－	0	1	2	3	4	5	6	7	8	9	a	b	c	d
シ	－	0	1	2	3	4	5	6	7	8	9	a	b	c	d
ス	－	0	1	2	3	4	5	6	7	8	9	a	b	c	d
セ	－	0	1	2	3	4	5	6	7	8	9	a	b	c	d
ソ	－	0	1	2	3	4	5	6	7	8	9	a	b	c	d
タ	－	0	1	2	3	4	5	6	7	8	9	a	b	c	d
チ	－	0	1	2	3	4	5	6	7	8	9	a	b	c	d
ツ	－	0	1	2	3	4	5	6	7	8	9	a	b	c	d
テ	－	0	1	2	3	4	5	6	7	8	9	a	b	c	d
ト	－	0	1	2	3	4	5	6	7	8	9	a	b	c	d
ナ	－	0	1	2	3	4	5	6	7	8	9	a	b	c	d
ニ	－	0	1	2	3	4	5	6	7	8	9	a	b	c	d
ヌ	－	0	1	2	3	4	5	6	7	8	9	a	b	c	d
ネ	－	0	1	2	3	4	5	6	7	8	9	a	b	c	d
ノ	－	0	1	2	3	4	5	6	7	8	9	a	b	c	d
ハ	－	0	1	2	3	4	5	6	7	8	9	a	b	c	d
ヒ	－	0	1	2	3	4	5	6	7	8	9	a	b	c	d
フ	－	0	1	2	3	4	5	6	7	8	9	a	b	c	d
ヘ	－	0	1	2	3	4	5	6	7	8	9	a	b	c	d
ホ	－	0	1	2	3	4	5	6	7	8	9	a	b	c	d

キリトリ線

数学② 模試 第3回 解答用紙 第1面

注意事項1 問題番号 4 5 の解答欄は，この用紙の第 2 面にあります。

マーク例

良い例	悪い例
●	⊙ ⊗ ◐ 0

326

解答科目欄

数学Ⅱ	数学Ⅱ・数学B	簿記・会計	情報関係基礎
○	○	○	○

受験番号欄

千位	百位	十位	一位	英字
ー	0	0	0	A
1	1	1	1	B
2	2	2	2	C
3	3	3	3	H
4	4	4	4	K
5	5	5	5	M
6	6	6	6	R
7	7	7	7	U
8	8	8	8	X
9	9	9	9	Y
ー	ー	ー	ー	Z

フリガナ	
氏 名	

試験場コード	十万位	万位	千位	百位	十位	一位

1 解答欄

	ー	0	1	2	3	4	5	6	7	8	9	a	b	c	d
ア	ー	0	1	2	3	4	5	6	7	8	9	a	b	c	d
イ	ー	0	1	2	3	4	5	6	7	8	9	a	b	c	d
ウ	ー	0	1	2	3	4	5	6	7	8	9	a	b	c	d
エ	ー	0	1	2	3	4	5	6	7	8	9	a	b	c	d
オ	ー	0	1	2	3	4	5	6	7	8	9	a	b	c	d
カ	ー	0	1	2	3	4	5	6	7	8	9	a	b	c	d
キ	ー	0	1	2	3	4	5	6	7	8	9	a	b	c	d
ク	ー	0	1	2	3	4	5	6	7	8	9	a	b	c	d
ケ	ー	0	1	2	3	4	5	6	7	8	9	a	b	c	d
コ	ー	0	1	2	3	4	5	6	7	8	9	a	b	c	d
サ	ー	0	1	2	3	4	5	6	7	8	9	a	b	c	d
シ	ー	0	1	2	3	4	5	6	7	8	9	a	b	c	d
ス	ー	0	1	2	3	4	5	6	7	8	9	a	b	c	d
セ	ー	0	1	2	3	4	5	6	7	8	9	a	b	c	d
ソ	ー	0	1	2	3	4	5	6	7	8	9	a	b	c	d
タ	ー	0	1	2	3	4	5	6	7	8	9	a	b	c	d
チ	ー	0	1	2	3	4	5	6	7	8	9	a	b	c	d
ツ	ー	0	1	2	3	4	5	6	7	8	9	a	b	c	d
テ	ー	0	1	2	3	4	5	6	7	8	9	a	b	c	d
ト	ー	0	1	2	3	4	5	6	7	8	9	a	b	c	d
ナ	ー	0	1	2	3	4	5	6	7	8	9	a	b	c	d
ニ	ー	0	1	2	3	4	5	6	7	8	9	a	b	c	d
ヌ	ー	0	1	2	3	4	5	6	7	8	9	a	b	c	d
ネ	ー	0	1	2	3	4	5	6	7	8	9	a	b	c	d
ノ	ー	0	1	2	3	4	5	6	7	8	9	a	b	c	d
ハ	ー	0	1	2	3	4	5	6	7	8	9	a	b	c	d
ヒ	ー	0	1	2	3	4	5	6	7	8	9	a	b	c	d
フ	ー	0	1	2	3	4	5	6	7	8	9	a	b	c	d
ヘ	ー	0	1	2	3	4	5	6	7	8	9	a	b	c	d
ホ	ー	0	1	2	3	4	5	6	7	8	9	a	b	c	d

2 解答欄

	ー	0	1	2	3	4	5	6	7	8	9	a	b	c	d
ア	ー	0	1	2	3	4	5	6	7	8	9	a	b	c	d
イ	ー	0	1	2	3	4	5	6	7	8	9	a	b	c	d
ウ	ー	0	1	2	3	4	5	6	7	8	9	a	b	c	d
エ	ー	0	1	2	3	4	5	6	7	8	9	a	b	c	d
オ	ー	0	1	2	3	4	5	6	7	8	9	a	b	c	d
カ	ー	0	1	2	3	4	5	6	7	8	9	a	b	c	d
キ	ー	0	1	2	3	4	5	6	7	8	9	a	b	c	d
ク	ー	0	1	2	3	4	5	6	7	8	9	a	b	c	d
ケ	ー	0	1	2	3	4	5	6	7	8	9	a	b	c	d
コ	ー	0	1	2	3	4	5	6	7	8	9	a	b	c	d
サ	ー	0	1	2	3	4	5	6	7	8	9	a	b	c	d
シ	ー	0	1	2	3	4	5	6	7	8	9	a	b	c	d
ス	ー	0	1	2	3	4	5	6	7	8	9	a	b	c	d
セ	ー	0	1	2	3	4	5	6	7	8	9	a	b	c	d
ソ	ー	0	1	2	3	4	5	6	7	8	9	a	b	c	d
タ	ー	0	1	2	3	4	5	6	7	8	9	a	b	c	d
チ	ー	0	1	2	3	4	5	6	7	8	9	a	b	c	d
ツ	ー	0	1	2	3	4	5	6	7	8	9	a	b	c	d
テ	ー	0	1	2	3	4	5	6	7	8	9	a	b	c	d
ト	ー	0	1	2	3	4	5	6	7	8	9	a	b	c	d
ナ	ー	0	1	2	3	4	5	6	7	8	9	a	b	c	d
ニ	ー	0	1	2	3	4	5	6	7	8	9	a	b	c	d
ヌ	ー	0	1	2	3	4	5	6	7	8	9	a	b	c	d
ネ	ー	0	1	2	3	4	5	6	7	8	9	a	b	c	d
ノ	ー	0	1	2	3	4	5	6	7	8	9	a	b	c	d
ハ	ー	0	1	2	3	4	5	6	7	8	9	a	b	c	d
ヒ	ー	0	1	2	3	4	5	6	7	8	9	a	b	c	d
フ	ー	0	1	2	3	4	5	6	7	8	9	a	b	c	d
ヘ	ー	0	1	2	3	4	5	6	7	8	9	a	b	c	d
ホ	ー	0	1	2	3	4	5	6	7	8	9	a	b	c	d

3 解答欄

	ー	0	1	2	3	4	5	6	7	8	9	a	b	c	d
ア	ー	0	1	2	3	4	5	6	7	8	9	a	b	c	d
イ	ー	0	1	2	3	4	5	6	7	8	9	a	b	c	d
ウ	ー	0	1	2	3	4	5	6	7	8	9	a	b	c	d
エ	ー	0	1	2	3	4	5	6	7	8	9	a	b	c	d
オ	ー	0	1	2	3	4	5	6	7	8	9	a	b	c	d
カ	ー	0	1	2	3	4	5	6	7	8	9	a	b	c	d
キ	ー	0	1	2	3	4	5	6	7	8	9	a	b	c	d
ク	ー	0	1	2	3	4	5	6	7	8	9	a	b	c	d
ケ	ー	0	1	2	3	4	5	6	7	8	9	a	b	c	d
コ	ー	0	1	2	3	4	5	6	7	8	9	a	b	c	d
サ	ー	0	1	2	3	4	5	6	7	8	9	a	b	c	d
シ	ー	0	1	2	3	4	5	6	7	8	9	a	b	c	d
ス	ー	0	1	2	3	4	5	6	7	8	9	a	b	c	d
セ	ー	0	1	2	3	4	5	6	7	8	9	a	b	c	d
ソ	ー	0	1	2	3	4	5	6	7	8	9	a	b	c	d
タ	ー	0	1	2	3	4	5	6	7	8	9	a	b	c	d
チ	ー	0	1	2	3	4	5	6	7	8	9	a	b	c	d
ツ	ー	0	1	2	3	4	5	6	7	8	9	a	b	c	d
テ	ー	0	1	2	3	4	5	6	7	8	9	a	b	c	d
ト	ー	0	1	2	3	4	5	6	7	8	9	a	b	c	d
ナ	ー	0	1	2	3	4	5	6	7	8	9	a	b	c	d
ニ	ー	0	1	2	3	4	5	6	7	8	9	a	b	c	d
ヌ	ー	0	1	2	3	4	5	6	7	8	9	a	b	c	d
ネ	ー	0	1	2	3	4	5	6	7	8	9	a	b	c	d
ノ	ー	0	1	2	3	4	5	6	7	8	9	a	b	c	d
ハ	ー	0	1	2	3	4	5	6	7	8	9	a	b	c	d
ヒ	ー	0	1	2	3	4	5	6	7	8	9	a	b	c	d
フ	ー	0	1	2	3	4	5	6	7	8	9	a	b	c	d
ヘ	ー	0	1	2	3	4	5	6	7	8	9	a	b	c	d
ホ	ー	0	1	2	3	4	5	6	7	8	9	a	b	c	d

キリトリ線

数学② 模試 第3回 解答用紙 第2面

注意事項1 問題番号 1 2 3 の解答欄は，この用紙の第1面にあります。

327

4

	解	答	欄												
	−	0	1	2	3	4	5	6	7	8	9	a	b	c	d
ア	−	0	1	2	3	4	5	6	7	8	9	a	b	c	d
イ	−	0	1	2	3	4	5	6	7	8	9	a	b	c	d
ウ	−	0	1	2	3	4	5	6	7	8	9	a	b	c	d
エ	−	0	1	2	3	4	5	6	7	8	9	a	b	c	d
オ	−	0	1	2	3	4	5	6	7	8	9	a	b	c	d
カ	−	0	1	2	3	4	5	6	7	8	9	a	b	c	d
キ	−	0	1	2	3	4	5	6	7	8	9	a	b	c	d
ク	−	0	1	2	3	4	5	6	7	8	9	a	b	c	d
ケ	−	0	1	2	3	4	5	6	7	8	9	a	b	c	d
コ	−	0	1	2	3	4	5	6	7	8	9	a	b	c	d
サ	−	0	1	2	3	4	5	6	7	8	9	a	b	c	d
シ	−	0	1	2	3	4	5	6	7	8	9	a	b	c	d
ス	−	0	1	2	3	4	5	6	7	8	9	a	b	c	d
セ	−	0	1	2	3	4	5	6	7	8	9	a	b	c	d
ソ	−	0	1	2	3	4	5	6	7	8	9	a	b	c	d
タ	−	0	1	2	3	4	5	6	7	8	9	a	b	c	d
チ	−	0	1	2	3	4	5	6	7	8	9	a	b	c	d
ツ	−	0	1	2	3	4	5	6	7	8	9	a	b	c	d
テ	−	0	1	2	3	4	5	6	7	8	9	a	b	c	d
ト	−	0	1	2	3	4	5	6	7	8	9	a	b	c	d
ナ	−	0	1	2	3	4	5	6	7	8	9	a	b	c	d
ニ	−	0	1	2	3	4	5	6	7	8	9	a	b	c	d
ヌ	−	0	1	2	3	4	5	6	7	8	9	a	b	c	d
ネ	−	0	1	2	3	4	5	6	7	8	9	a	b	c	d
ノ	−	0	1	2	3	4	5	6	7	8	9	a	b	c	d
ハ	−	0	1	2	3	4	5	6	7	8	9	a	b	c	d
ヒ	−	0	1	2	3	4	5	6	7	8	9	a	b	c	d
フ	−	0	1	2	3	4	5	6	7	8	9	a	b	c	d
ヘ	−	0	1	2	3	4	5	6	7	8	9	a	b	c	d
ホ	−	0	1	2	3	4	5	6	7	8	9	a	b	c	d

5

	解	答	欄												
	−	0	1	2	3	4	5	6	7	8	9	a	b	c	d
ア	−	0	1	2	3	4	5	6	7	8	9	a	b	c	d
イ	−	0	1	2	3	4	5	6	7	8	9	a	b	c	d
ウ	−	0	1	2	3	4	5	6	7	8	9	a	b	c	d
エ	−	0	1	2	3	4	5	6	7	8	9	a	b	c	d
オ	−	0	1	2	3	4	5	6	7	8	9	a	b	c	d
カ	−	0	1	2	3	4	5	6	7	8	9	a	b	c	d
キ	−	0	1	2	3	4	5	6	7	8	9	a	b	c	d
ク	−	0	1	2	3	4	5	6	7	8	9	a	b	c	d
ケ	−	0	1	2	3	4	5	6	7	8	9	a	b	c	d
コ	−	0	1	2	3	4	5	6	7	8	9	a	b	c	d
サ	−	0	1	2	3	4	5	6	7	8	9	a	b	c	d
シ	−	0	1	2	3	4	5	6	7	8	9	a	b	c	d
ス	−	0	1	2	3	4	5	6	7	8	9	a	b	c	d
セ	−	0	1	2	3	4	5	6	7	8	9	a	b	c	d
ソ	−	0	1	2	3	4	5	6	7	8	9	a	b	c	d
タ	−	0	1	2	3	4	5	6	7	8	9	a	b	c	d
チ	−	0	1	2	3	4	5	6	7	8	9	a	b	c	d
ツ	−	0	1	2	3	4	5	6	7	8	9	a	b	c	d
テ	−	0	1	2	3	4	5	6	7	8	9	a	b	c	d
ト	−	0	1	2	3	4	5	6	7	8	9	a	b	c	d
ナ	−	0	1	2	3	4	5	6	7	8	9	a	b	c	d
ニ	−	0	1	2	3	4	5	6	7	8	9	a	b	c	d
ヌ	−	0	1	2	3	4	5	6	7	8	9	a	b	c	d
ネ	−	0	1	2	3	4	5	6	7	8	9	a	b	c	d
ノ	−	0	1	2	3	4	5	6	7	8	9	a	b	c	d
ハ	−	0	1	2	3	4	5	6	7	8	9	a	b	c	d
ヒ	−	0	1	2	3	4	5	6	7	8	9	a	b	c	d
フ	−	0	1	2	3	4	5	6	7	8	9	a	b	c	d
ヘ	−	0	1	2	3	4	5	6	7	8	9	a	b	c	d
ホ	−	0	1	2	3	4	5	6	7	8	9	a	b	c	d

キリトリ線

数学② 模試 第4回 解答用紙 第1面

注意事項1　問題番号 4 5 の解答欄は，この用紙の第 2 面にあります。

マーク例

良い例	悪い例
●	⊙ ⊗ ◐ O

328

解答科目欄			
数学Ⅱ	数学Ⅱ・数学B	簿記・会計	情報関係基礎
○	○	○	○

受験番号欄				
千位	百位	十位	一位	英字
−	0	0	0	A
1	1	1	1	B
2	2	2	2	C
3	3	3	3	H
4	4	4	4	K
5	5	5	5	M
6	6	6	6	R
7	7	7	7	U
8	8	8	8	X
9	9	9	9	Y
−	−	−	−	Z

A B C H K M R U X Y Z

フリガナ	
氏名	

試験場コード	十万位	万位	千位	百位	十位	一位

1

	解答欄														
	−	0	1	2	3	4	5	6	7	8	9	a	b	c	d
ア	−	0	1	2	3	4	5	6	7	8	9	a	b	c	d
イ	−	0	1	2	3	4	5	6	7	8	9	a	b	c	d
ウ	−	0	1	2	3	4	5	6	7	8	9	a	b	c	d
エ	−	0	1	2	3	4	5	6	7	8	9	a	b	c	d
オ	−	0	1	2	3	4	5	6	7	8	9	a	b	c	d
カ	−	0	1	2	3	4	5	6	7	8	9	a	b	c	d
キ	−	0	1	2	3	4	5	6	7	8	9	a	b	c	d
ク	−	0	1	2	3	4	5	6	7	8	9	a	b	c	d
ケ	−	0	1	2	3	4	5	6	7	8	9	a	b	c	d
コ	−	0	1	2	3	4	5	6	7	8	9	a	b	c	d
サ	−	0	1	2	3	4	5	6	7	8	9	a	b	c	d
シ	−	0	1	2	3	4	5	6	7	8	9	a	b	c	d
ス	−	0	1	2	3	4	5	6	7	8	9	a	b	c	d
セ	−	0	1	2	3	4	5	6	7	8	9	a	b	c	d
ソ	−	0	1	2	3	4	5	6	7	8	9	a	b	c	d
タ	−	0	1	2	3	4	5	6	7	8	9	a	b	c	d
チ	−	0	1	2	3	4	5	6	7	8	9	a	b	c	d
ツ	−	0	1	2	3	4	5	6	7	8	9	a	b	c	d
テ	−	0	1	2	3	4	5	6	7	8	9	a	b	c	d
ト	−	0	1	2	3	4	5	6	7	8	9	a	b	c	d
ナ	−	0	1	2	3	4	5	6	7	8	9	a	b	c	d
ニ	−	0	1	2	3	4	5	6	7	8	9	a	b	c	d
ヌ	−	0	1	2	3	4	5	6	7	8	9	a	b	c	d
ネ	−	0	1	2	3	4	5	6	7	8	9	a	b	c	d
ノ	−	0	1	2	3	4	5	6	7	8	9	a	b	c	d
ハ	−	0	1	2	3	4	5	6	7	8	9	a	b	c	d
ヒ	−	0	1	2	3	4	5	6	7	8	9	a	b	c	d
フ	−	0	1	2	3	4	5	6	7	8	9	a	b	c	d
ヘ	−	0	1	2	3	4	5	6	7	8	9	a	b	c	d
ホ	−	0	1	2	3	4	5	6	7	8	9	a	b	c	d

2

	解答欄														
	−	0	1	2	3	4	5	6	7	8	9	a	b	c	d
ア	−	0	1	2	3	4	5	6	7	8	9	a	b	c	d
イ	−	0	1	2	3	4	5	6	7	8	9	a	b	c	d
ウ	−	0	1	2	3	4	5	6	7	8	9	a	b	c	d
エ	−	0	1	2	3	4	5	6	7	8	9	a	b	c	d
オ	−	0	1	2	3	4	5	6	7	8	9	a	b	c	d
カ	−	0	1	2	3	4	5	6	7	8	9	a	b	c	d
キ	−	0	1	2	3	4	5	6	7	8	9	a	b	c	d
ク	−	0	1	2	3	4	5	6	7	8	9	a	b	c	d
ケ	−	0	1	2	3	4	5	6	7	8	9	a	b	c	d
コ	−	0	1	2	3	4	5	6	7	8	9	a	b	c	d
サ	−	0	1	2	3	4	5	6	7	8	9	a	b	c	d
シ	−	0	1	2	3	4	5	6	7	8	9	a	b	c	d
ス	−	0	1	2	3	4	5	6	7	8	9	a	b	c	d
セ	−	0	1	2	3	4	5	6	7	8	9	a	b	c	d
ソ	−	0	1	2	3	4	5	6	7	8	9	a	b	c	d
タ	−	0	1	2	3	4	5	6	7	8	9	a	b	c	d
チ	−	0	1	2	3	4	5	6	7	8	9	a	b	c	d
ツ	−	0	1	2	3	4	5	6	7	8	9	a	b	c	d
テ	−	0	1	2	3	4	5	6	7	8	9	a	b	c	d
ト	−	0	1	2	3	4	5	6	7	8	9	a	b	c	d
ナ	−	0	1	2	3	4	5	6	7	8	9	a	b	c	d
ニ	−	0	1	2	3	4	5	6	7	8	9	a	b	c	d
ヌ	−	0	1	2	3	4	5	6	7	8	9	a	b	c	d
ネ	−	0	1	2	3	4	5	6	7	8	9	a	b	c	d
ノ	−	0	1	2	3	4	5	6	7	8	9	a	b	c	d
ハ	−	0	1	2	3	4	5	6	7	8	9	a	b	c	d
ヒ	−	0	1	2	3	4	5	6	7	8	9	a	b	c	d
フ	−	0	1	2	3	4	5	6	7	8	9	a	b	c	d
ヘ	−	0	1	2	3	4	5	6	7	8	9	a	b	c	d
ホ	−	0	1	2	3	4	5	6	7	8	9	a	b	c	d

3

	解答欄														
	−	0	1	2	3	4	5	6	7	8	9	a	b	c	d
ア	−	0	1	2	3	4	5	6	7	8	9	a	b	c	d
イ	−	0	1	2	3	4	5	6	7	8	9	a	b	c	d
ウ	−	0	1	2	3	4	5	6	7	8	9	a	b	c	d
エ	−	0	1	2	3	4	5	6	7	8	9	a	b	c	d
オ	−	0	1	2	3	4	5	6	7	8	9	a	b	c	d
カ	−	0	1	2	3	4	5	6	7	8	9	a	b	c	d
キ	−	0	1	2	3	4	5	6	7	8	9	a	b	c	d
ク	−	0	1	2	3	4	5	6	7	8	9	a	b	c	d
ケ	−	0	1	2	3	4	5	6	7	8	9	a	b	c	d
コ	−	0	1	2	3	4	5	6	7	8	9	a	b	c	d
サ	−	0	1	2	3	4	5	6	7	8	9	a	b	c	d
シ	−	0	1	2	3	4	5	6	7	8	9	a	b	c	d
ス	−	0	1	2	3	4	5	6	7	8	9	a	b	c	d
セ	−	0	1	2	3	4	5	6	7	8	9	a	b	c	d
ソ	−	0	1	2	3	4	5	6	7	8	9	a	b	c	d
タ	−	0	1	2	3	4	5	6	7	8	9	a	b	c	d
チ	−	0	1	2	3	4	5	6	7	8	9	a	b	c	d
ツ	−	0	1	2	3	4	5	6	7	8	9	a	b	c	d
テ	−	0	1	2	3	4	5	6	7	8	9	a	b	c	d
ト	−	0	1	2	3	4	5	6	7	8	9	a	b	c	d
ナ	−	0	1	2	3	4	5	6	7	8	9	a	b	c	d
ニ	−	0	1	2	3	4	5	6	7	8	9	a	b	c	d
ヌ	−	0	1	2	3	4	5	6	7	8	9	a	b	c	d
ネ	−	0	1	2	3	4	5	6	7	8	9	a	b	c	d
ノ	−	0	1	2	3	4	5	6	7	8	9	a	b	c	d
ハ	−	0	1	2	3	4	5	6	7	8	9	a	b	c	d
ヒ	−	0	1	2	3	4	5	6	7	8	9	a	b	c	d
フ	−	0	1	2	3	4	5	6	7	8	9	a	b	c	d
ヘ	−	0	1	2	3	4	5	6	7	8	9	a	b	c	d
ホ	−	0	1	2	3	4	5	6	7	8	9	a	b	c	d

キリトリ線

数学② 模試 第4回 解答用紙 第2面

注意事項1　問題番号 1 2 3 の解答欄は，この用紙の第1面にあります。

4

	解						答						欄		
	−	0	1	2	3	4	5	6	7	8	9	a	b	c	d
ア	−	0	1	2	3	4	5	6	7	8	9	a	b	c	d
イ	−	0	1	2	3	4	5	6	7	8	9	a	b	c	d
ウ	−	0	1	2	3	4	5	6	7	8	9	a	b	c	d
エ	−	0	1	2	3	4	5	6	7	8	9	a	b	c	d
オ	−	0	1	2	3	4	5	6	7	8	9	a	b	c	d
カ	−	0	1	2	3	4	5	6	7	8	9	a	b	c	d
キ	−	0	1	2	3	4	5	6	7	8	9	a	b	c	d
ク	−	0	1	2	3	4	5	6	7	8	9	a	b	c	d
ケ	−	0	1	2	3	4	5	6	7	8	9	a	b	c	d
コ	−	0	1	2	3	4	5	6	7	8	9	a	b	c	d
サ	−	0	1	2	3	4	5	6	7	8	9	a	b	c	d
シ	−	0	1	2	3	4	5	6	7	8	9	a	b	c	d
ス	−	0	1	2	3	4	5	6	7	8	9	a	b	c	d
セ	−	0	1	2	3	4	5	6	7	8	9	a	b	c	d
ソ	−	0	1	2	3	4	5	6	7	8	9	a	b	c	d
タ	−	0	1	2	3	4	5	6	7	8	9	a	b	c	d
チ	−	0	1	2	3	4	5	6	7	8	9	a	b	c	d
ツ	−	0	1	2	3	4	5	6	7	8	9	a	b	c	d
テ	−	0	1	2	3	4	5	6	7	8	9	a	b	c	d
ト	−	0	1	2	3	4	5	6	7	8	9	a	b	c	d
ナ	−	0	1	2	3	4	5	6	7	8	9	a	b	c	d
ニ	−	0	1	2	3	4	5	6	7	8	9	a	b	c	d
ヌ	−	0	1	2	3	4	5	6	7	8	9	a	b	c	d
ネ	−	0	1	2	3	4	5	6	7	8	9	a	b	c	d
ノ	−	0	1	2	3	4	5	6	7	8	9	a	b	c	d
ハ	−	0	1	2	3	4	5	6	7	8	9	a	b	c	d
ヒ	−	0	1	2	3	4	5	6	7	8	9	a	b	c	d
フ	−	0	1	2	3	4	5	6	7	8	9	a	b	c	d
ヘ	−	0	1	2	3	4	5	6	7	8	9	a	b	c	d
ホ	−	0	1	2	3	4	5	6	7	8	9	a	b	c	d

5

	解						答						欄		
	−	0	1	2	3	4	5	6	7	8	9	a	b	c	d
ア	−	0	1	2	3	4	5	6	7	8	9	a	b	c	d
イ	−	0	1	2	3	4	5	6	7	8	9	a	b	c	d
ウ	−	0	1	2	3	4	5	6	7	8	9	a	b	c	d
エ	−	0	1	2	3	4	5	6	7	8	9	a	b	c	d
オ	−	0	1	2	3	4	5	6	7	8	9	a	b	c	d
カ	−	0	1	2	3	4	5	6	7	8	9	a	b	c	d
キ	−	0	1	2	3	4	5	6	7	8	9	a	b	c	d
ク	−	0	1	2	3	4	5	6	7	8	9	a	b	c	d
ケ	−	0	1	2	3	4	5	6	7	8	9	a	b	c	d
コ	−	0	1	2	3	4	5	6	7	8	9	a	b	c	d
サ	−	0	1	2	3	4	5	6	7	8	9	a	b	c	d
シ	−	0	1	2	3	4	5	6	7	8	9	a	b	c	d
ス	−	0	1	2	3	4	5	6	7	8	9	a	b	c	d
セ	−	0	1	2	3	4	5	6	7	8	9	a	b	c	d
ソ	−	0	1	2	3	4	5	6	7	8	9	a	b	c	d
タ	−	0	1	2	3	4	5	6	7	8	9	a	b	c	d
チ	−	0	1	2	3	4	5	6	7	8	9	a	b	c	d
ツ	−	0	1	2	3	4	5	6	7	8	9	a	b	c	d
テ	−	0	1	2	3	4	5	6	7	8	9	a	b	c	d
ト	−	0	1	2	3	4	5	6	7	8	9	a	b	c	d
ナ	−	0	1	2	3	4	5	6	7	8	9	a	b	c	d
ニ	−	0	1	2	3	4	5	6	7	8	9	a	b	c	d
ヌ	−	0	1	2	3	4	5	6	7	8	9	a	b	c	d
ネ	−	0	1	2	3	4	5	6	7	8	9	a	b	c	d
ノ	−	0	1	2	3	4	5	6	7	8	9	a	b	c	d
ハ	−	0	1	2	3	4	5	6	7	8	9	a	b	c	d
ヒ	−	0	1	2	3	4	5	6	7	8	9	a	b	c	d
フ	−	0	1	2	3	4	5	6	7	8	9	a	b	c	d
ヘ	−	0	1	2	3	4	5	6	7	8	9	a	b	c	d
ホ	−	0	1	2	3	4	5	6	7	8	9	a	b	c	d

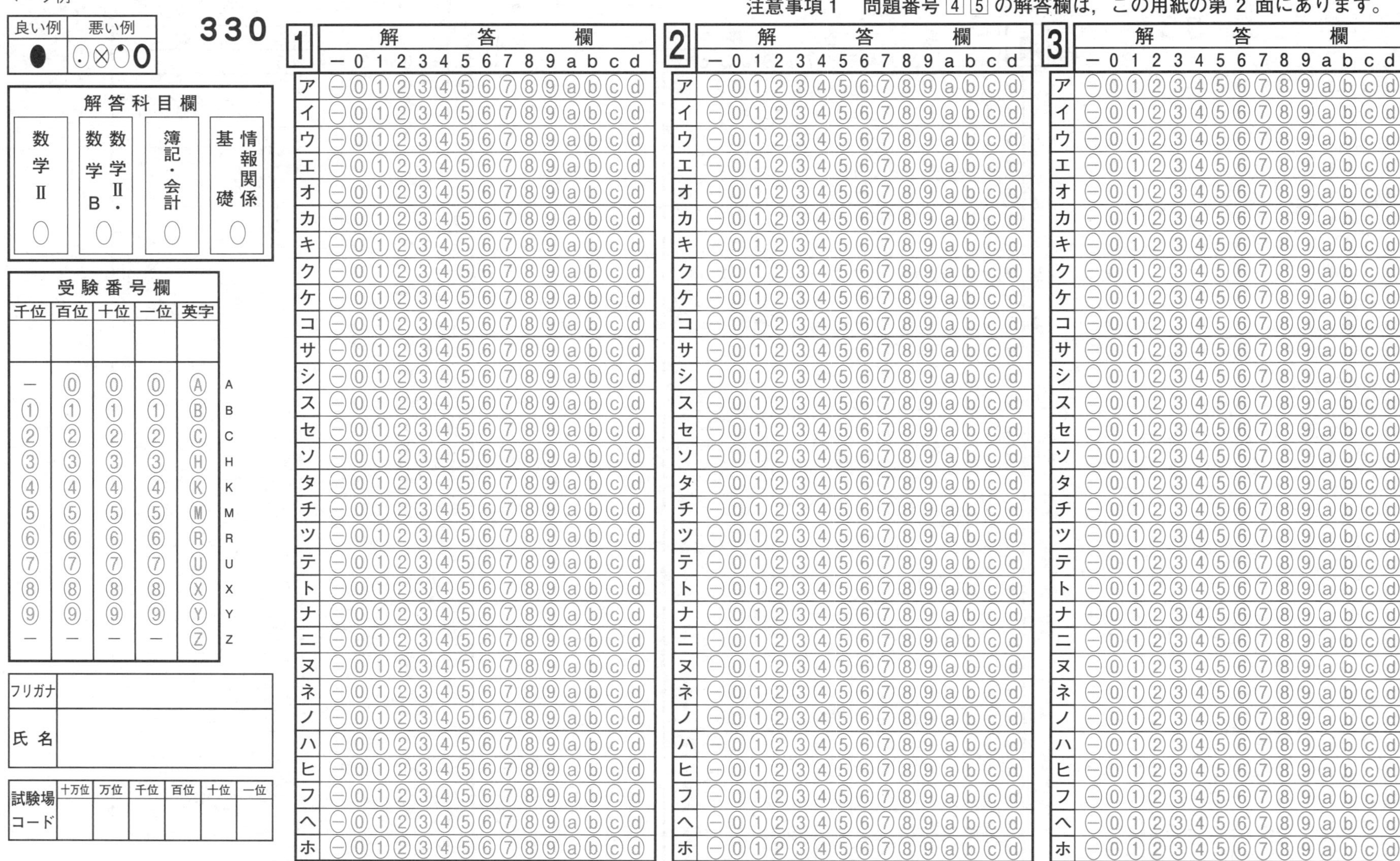

キ リ ト リ 線

数学② 模試 第5回 解答用紙 第1面

注意事項1　問題番号 4 5 の解答欄は，この用紙の第２面にあります。

マーク例

良い例	悪い例
●	⊙ ⊗ ◔ O

330

解答科目欄			
数学Ⅱ	数学Ⅱ・数学B	簿記・会計	情報関係基礎
○	○	○	○

受験番号欄				
千位	百位	十位	一位	英字
−	0	0	0	A
1	1	1	1	B
2	2	2	2	C
3	3	3	3	H
4	4	4	4	K
5	5	5	5	M
6	6	6	6	R
7	7	7	7	U
8	8	8	8	X
9	9	9	9	Y
−	−	−	−	Z

フリガナ	
氏 名	

試験場コード	十万位	万位	千位	百位	十位	一位

1

	解答欄														
	−	0	1	2	3	4	5	6	7	8	9	a	b	c	d
ア	−	0	1	2	3	4	5	6	7	8	9	a	b	c	d
イ	−	0	1	2	3	4	5	6	7	8	9	a	b	c	d
ウ	−	0	1	2	3	4	5	6	7	8	9	a	b	c	d
エ	−	0	1	2	3	4	5	6	7	8	9	a	b	c	d
オ	−	0	1	2	3	4	5	6	7	8	9	a	b	c	d
カ	−	0	1	2	3	4	5	6	7	8	9	a	b	c	d
キ	−	0	1	2	3	4	5	6	7	8	9	a	b	c	d
ク	−	0	1	2	3	4	5	6	7	8	9	a	b	c	d
ケ	−	0	1	2	3	4	5	6	7	8	9	a	b	c	d
コ	−	0	1	2	3	4	5	6	7	8	9	a	b	c	d
サ	−	0	1	2	3	4	5	6	7	8	9	a	b	c	d
シ	−	0	1	2	3	4	5	6	7	8	9	a	b	c	d
ス	−	0	1	2	3	4	5	6	7	8	9	a	b	c	d
セ	−	0	1	2	3	4	5	6	7	8	9	a	b	c	d
ソ	−	0	1	2	3	4	5	6	7	8	9	a	b	c	d
タ	−	0	1	2	3	4	5	6	7	8	9	a	b	c	d
チ	−	0	1	2	3	4	5	6	7	8	9	a	b	c	d
ツ	−	0	1	2	3	4	5	6	7	8	9	a	b	c	d
テ	−	0	1	2	3	4	5	6	7	8	9	a	b	c	d
ト	−	0	1	2	3	4	5	6	7	8	9	a	b	c	d
ナ	−	0	1	2	3	4	5	6	7	8	9	a	b	c	d
ニ	−	0	1	2	3	4	5	6	7	8	9	a	b	c	d
ヌ	−	0	1	2	3	4	5	6	7	8	9	a	b	c	d
ネ	−	0	1	2	3	4	5	6	7	8	9	a	b	c	d
ノ	−	0	1	2	3	4	5	6	7	8	9	a	b	c	d
ハ	−	0	1	2	3	4	5	6	7	8	9	a	b	c	d
ヒ	−	0	1	2	3	4	5	6	7	8	9	a	b	c	d
フ	−	0	1	2	3	4	5	6	7	8	9	a	b	c	d
ヘ	−	0	1	2	3	4	5	6	7	8	9	a	b	c	d
ホ	−	0	1	2	3	4	5	6	7	8	9	a	b	c	d

2

	解答欄														
	−	0	1	2	3	4	5	6	7	8	9	a	b	c	d
ア	−	0	1	2	3	4	5	6	7	8	9	a	b	c	d
イ	−	0	1	2	3	4	5	6	7	8	9	a	b	c	d
ウ	−	0	1	2	3	4	5	6	7	8	9	a	b	c	d
エ	−	0	1	2	3	4	5	6	7	8	9	a	b	c	d
オ	−	0	1	2	3	4	5	6	7	8	9	a	b	c	d
カ	−	0	1	2	3	4	5	6	7	8	9	a	b	c	d
キ	−	0	1	2	3	4	5	6	7	8	9	a	b	c	d
ク	−	0	1	2	3	4	5	6	7	8	9	a	b	c	d
ケ	−	0	1	2	3	4	5	6	7	8	9	a	b	c	d
コ	−	0	1	2	3	4	5	6	7	8	9	a	b	c	d
サ	−	0	1	2	3	4	5	6	7	8	9	a	b	c	d
シ	−	0	1	2	3	4	5	6	7	8	9	a	b	c	d
ス	−	0	1	2	3	4	5	6	7	8	9	a	b	c	d
セ	−	0	1	2	3	4	5	6	7	8	9	a	b	c	d
ソ	−	0	1	2	3	4	5	6	7	8	9	a	b	c	d
タ	−	0	1	2	3	4	5	6	7	8	9	a	b	c	d
チ	−	0	1	2	3	4	5	6	7	8	9	a	b	c	d
ツ	−	0	1	2	3	4	5	6	7	8	9	a	b	c	d
テ	−	0	1	2	3	4	5	6	7	8	9	a	b	c	d
ト	−	0	1	2	3	4	5	6	7	8	9	a	b	c	d
ナ	−	0	1	2	3	4	5	6	7	8	9	a	b	c	d
ニ	−	0	1	2	3	4	5	6	7	8	9	a	b	c	d
ヌ	−	0	1	2	3	4	5	6	7	8	9	a	b	c	d
ネ	−	0	1	2	3	4	5	6	7	8	9	a	b	c	d
ノ	−	0	1	2	3	4	5	6	7	8	9	a	b	c	d
ハ	−	0	1	2	3	4	5	6	7	8	9	a	b	c	d
ヒ	−	0	1	2	3	4	5	6	7	8	9	a	b	c	d
フ	−	0	1	2	3	4	5	6	7	8	9	a	b	c	d
ヘ	−	0	1	2	3	4	5	6	7	8	9	a	b	c	d
ホ	−	0	1	2	3	4	5	6	7	8	9	a	b	c	d

3

	解答欄														
	−	0	1	2	3	4	5	6	7	8	9	a	b	c	d
ア	−	0	1	2	3	4	5	6	7	8	9	a	b	c	d
イ	−	0	1	2	3	4	5	6	7	8	9	a	b	c	d
ウ	−	0	1	2	3	4	5	6	7	8	9	a	b	c	d
エ	−	0	1	2	3	4	5	6	7	8	9	a	b	c	d
オ	−	0	1	2	3	4	5	6	7	8	9	a	b	c	d
カ	−	0	1	2	3	4	5	6	7	8	9	a	b	c	d
キ	−	0	1	2	3	4	5	6	7	8	9	a	b	c	d
ク	−	0	1	2	3	4	5	6	7	8	9	a	b	c	d
ケ	−	0	1	2	3	4	5	6	7	8	9	a	b	c	d
コ	−	0	1	2	3	4	5	6	7	8	9	a	b	c	d
サ	−	0	1	2	3	4	5	6	7	8	9	a	b	c	d
シ	−	0	1	2	3	4	5	6	7	8	9	a	b	c	d
ス	−	0	1	2	3	4	5	6	7	8	9	a	b	c	d
セ	−	0	1	2	3	4	5	6	7	8	9	a	b	c	d
ソ	−	0	1	2	3	4	5	6	7	8	9	a	b	c	d
タ	−	0	1	2	3	4	5	6	7	8	9	a	b	c	d
チ	−	0	1	2	3	4	5	6	7	8	9	a	b	c	d
ツ	−	0	1	2	3	4	5	6	7	8	9	a	b	c	d
テ	−	0	1	2	3	4	5	6	7	8	9	a	b	c	d
ト	−	0	1	2	3	4	5	6	7	8	9	a	b	c	d
ナ	−	0	1	2	3	4	5	6	7	8	9	a	b	c	d
ニ	−	0	1	2	3	4	5	6	7	8	9	a	b	c	d
ヌ	−	0	1	2	3	4	5	6	7	8	9	a	b	c	d
ネ	−	0	1	2	3	4	5	6	7	8	9	a	b	c	d
ノ	−	0	1	2	3	4	5	6	7	8	9	a	b	c	d
ハ	−	0	1	2	3	4	5	6	7	8	9	a	b	c	d
ヒ	−	0	1	2	3	4	5	6	7	8	9	a	b	c	d
フ	−	0	1	2	3	4	5	6	7	8	9	a	b	c	d
ヘ	−	0	1	2	3	4	5	6	7	8	9	a	b	c	d
ホ	−	0	1	2	3	4	5	6	7	8	9	a	b	c	d

キリトリ線

数学② 模試 第5回 解答用紙 第2面

注意事項1 問題番号 1 2 3 の解答欄は，この用紙の第1面にあります。

331

4

	解答欄														
	−	0	1	2	3	4	5	6	7	8	9	a	b	c	d
ア	−	0	1	2	3	4	5	6	7	8	9	a	b	c	d
イ	−	0	1	2	3	4	5	6	7	8	9	a	b	c	d
ウ	−	0	1	2	3	4	5	6	7	8	9	a	b	c	d
エ	−	0	1	2	3	4	5	6	7	8	9	a	b	c	d
オ	−	0	1	2	3	4	5	6	7	8	9	a	b	c	d
カ	−	0	1	2	3	4	5	6	7	8	9	a	b	c	d
キ	−	0	1	2	3	4	5	6	7	8	9	a	b	c	d
ク	−	0	1	2	3	4	5	6	7	8	9	a	b	c	d
ケ	−	0	1	2	3	4	5	6	7	8	9	a	b	c	d
コ	−	0	1	2	3	4	5	6	7	8	9	a	b	c	d
サ	−	0	1	2	3	4	5	6	7	8	9	a	b	c	d
シ	−	0	1	2	3	4	5	6	7	8	9	a	b	c	d
ス	−	0	1	2	3	4	5	6	7	8	9	a	b	c	d
セ	−	0	1	2	3	4	5	6	7	8	9	a	b	c	d
ソ	−	0	1	2	3	4	5	6	7	8	9	a	b	c	d
タ	−	0	1	2	3	4	5	6	7	8	9	a	b	c	d
チ	−	0	1	2	3	4	5	6	7	8	9	a	b	c	d
ツ	−	0	1	2	3	4	5	6	7	8	9	a	b	c	d
テ	−	0	1	2	3	4	5	6	7	8	9	a	b	c	d
ト	−	0	1	2	3	4	5	6	7	8	9	a	b	c	d
ナ	−	0	1	2	3	4	5	6	7	8	9	a	b	c	d
ニ	−	0	1	2	3	4	5	6	7	8	9	a	b	c	d
ヌ	−	0	1	2	3	4	5	6	7	8	9	a	b	c	d
ネ	−	0	1	2	3	4	5	6	7	8	9	a	b	c	d
ノ	−	0	1	2	3	4	5	6	7	8	9	a	b	c	d
ハ	−	0	1	2	3	4	5	6	7	8	9	a	b	c	d
ヒ	−	0	1	2	3	4	5	6	7	8	9	a	b	c	d
フ	−	0	1	2	3	4	5	6	7	8	9	a	b	c	d
ヘ	−	0	1	2	3	4	5	6	7	8	9	a	b	c	d
ホ	−	0	1	2	3	4	5	6	7	8	9	a	b	c	d

5

	解答欄														
	−	0	1	2	3	4	5	6	7	8	9	a	b	c	d
ア	−	0	1	2	3	4	5	6	7	8	9	a	b	c	d
イ	−	0	1	2	3	4	5	6	7	8	9	a	b	c	d
ウ	−	0	1	2	3	4	5	6	7	8	9	a	b	c	d
エ	−	0	1	2	3	4	5	6	7	8	9	a	b	c	d
オ	−	0	1	2	3	4	5	6	7	8	9	a	b	c	d
カ	−	0	1	2	3	4	5	6	7	8	9	a	b	c	d
キ	−	0	1	2	3	4	5	6	7	8	9	a	b	c	d
ク	−	0	1	2	3	4	5	6	7	8	9	a	b	c	d
ケ	−	0	1	2	3	4	5	6	7	8	9	a	b	c	d
コ	−	0	1	2	3	4	5	6	7	8	9	a	b	c	d
サ	−	0	1	2	3	4	5	6	7	8	9	a	b	c	d
シ	−	0	1	2	3	4	5	6	7	8	9	a	b	c	d
ス	−	0	1	2	3	4	5	6	7	8	9	a	b	c	d
セ	−	0	1	2	3	4	5	6	7	8	9	a	b	c	d
ソ	−	0	1	2	3	4	5	6	7	8	9	a	b	c	d
タ	−	0	1	2	3	4	5	6	7	8	9	a	b	c	d
チ	−	0	1	2	3	4	5	6	7	8	9	a	b	c	d
ツ	−	0	1	2	3	4	5	6	7	8	9	a	b	c	d
テ	−	0	1	2	3	4	5	6	7	8	9	a	b	c	d
ト	−	0	1	2	3	4	5	6	7	8	9	a	b	c	d
ナ	−	0	1	2	3	4	5	6	7	8	9	a	b	c	d
ニ	−	0	1	2	3	4	5	6	7	8	9	a	b	c	d
ヌ	−	0	1	2	3	4	5	6	7	8	9	a	b	c	d
ネ	−	0	1	2	3	4	5	6	7	8	9	a	b	c	d
ノ	−	0	1	2	3	4	5	6	7	8	9	a	b	c	d
ハ	−	0	1	2	3	4	5	6	7	8	9	a	b	c	d
ヒ	−	0	1	2	3	4	5	6	7	8	9	a	b	c	d
フ	−	0	1	2	3	4	5	6	7	8	9	a	b	c	d
ヘ	−	0	1	2	3	4	5	6	7	8	9	a	b	c	d
ホ	−	0	1	2	3	4	5	6	7	8	9	a	b	c	d

キ リ ト リ 線

※過去問は自動採点に対応していません。

数学② 2023 本試 解答用紙 第1面

注意事項1 問題番号 4 5 の解答欄は，この用紙の第 2 面にあります。

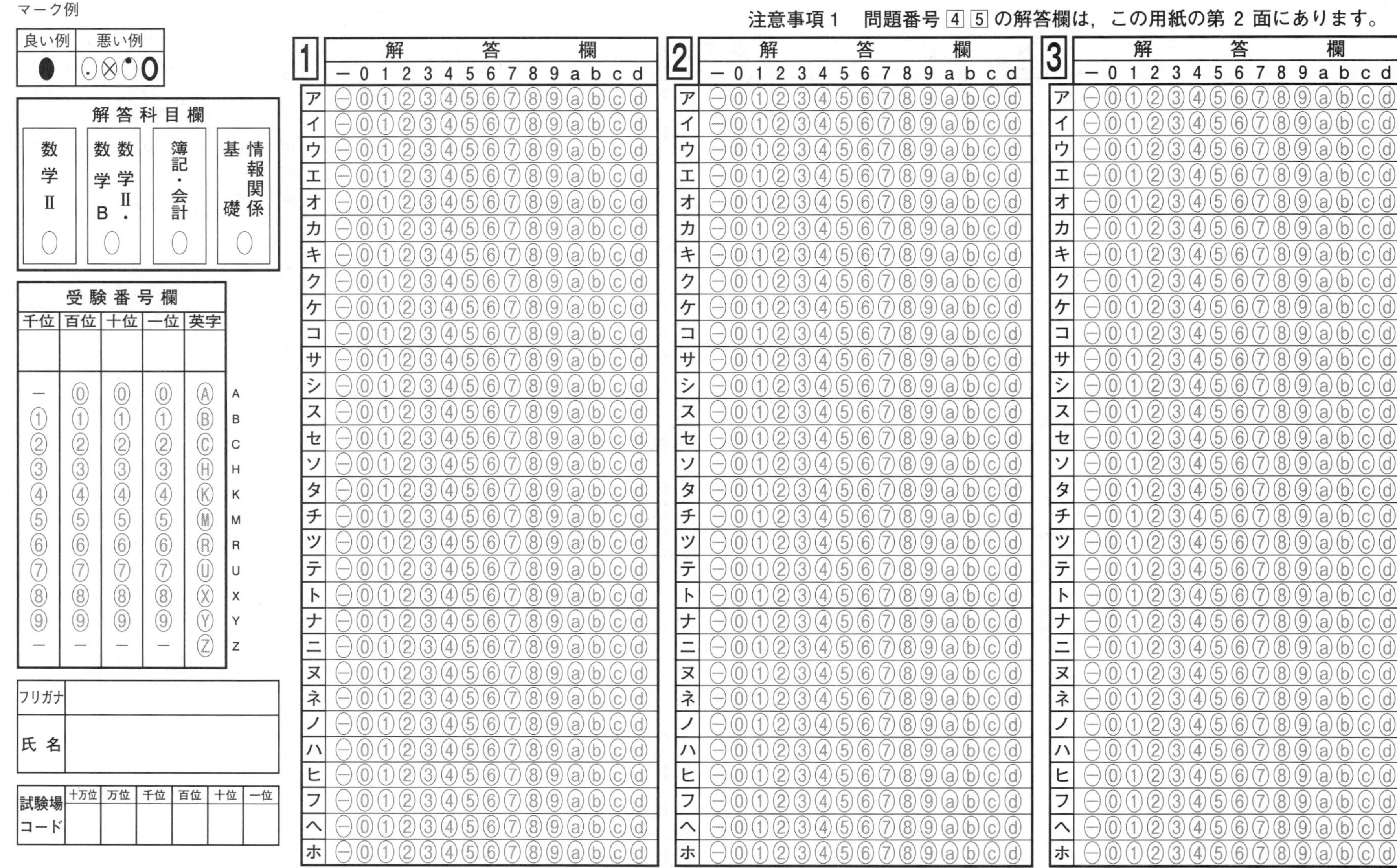

マーク例

良い例	悪い例
●	⊙ ⊗ ◐ O

解答科目欄

数学Ⅱ	数学Ⅱ・数学B	簿記・会計	情報関係基礎
○	○	○	○

受験番号欄

千位	百位	十位	一位	英字
— ① ② ③ ④ ⑤ ⑥ ⑦ ⑧ ⑨ —	⓪ ① ② ③ ④ ⑤ ⑥ ⑦ ⑧ ⑨ —	⓪ ① ② ③ ④ ⑤ ⑥ ⑦ ⑧ ⑨ —	⓪ ① ② ③ ④ ⑤ ⑥ ⑦ ⑧ ⑨ —	Ⓐ Ⓑ Ⓒ Ⓗ Ⓚ Ⓜ Ⓡ Ⓤ Ⓧ Ⓨ Ⓩ

フリガナ

氏 名

試験場コード	十万位	万位	千位	百位	十位	一位

1 解答欄 / 2 解答欄 / 3 解答欄

	—	0	1	2	3	4	5	6	7	8	9	a	b	c	d
ア	㊀	⓪	①	②	③	④	⑤	⑥	⑦	⑧	⑨	ⓐ	ⓑ	ⓒ	ⓓ

(各欄とも ア イ ウ エ オ カ キ ク ケ コ サ シ ス セ ソ タ チ ツ テ ト ナ ニ ヌ ネ ノ ハ ヒ フ ヘ ホ の各行に同じマーク欄)

キ リ ト リ 線

※過去問は自動採点に対応していません。

数学 ② 2023 本試 解答用紙 第 2 面

注意事項 1 問題番号 1 2 3 の解答欄は，この用紙の第 1 面にあります。

4

	解答欄														
	−	0	1	2	3	4	5	6	7	8	9	a	b	c	d
ア	−	0	1	2	3	4	5	6	7	8	9	a	b	c	d
イ	−	0	1	2	3	4	5	6	7	8	9	a	b	c	d
ウ	−	0	1	2	3	4	5	6	7	8	9	a	b	c	d
エ	−	0	1	2	3	4	5	6	7	8	9	a	b	c	d
オ	−	0	1	2	3	4	5	6	7	8	9	a	b	c	d
カ	−	0	1	2	3	4	5	6	7	8	9	a	b	c	d
キ	−	0	1	2	3	4	5	6	7	8	9	a	b	c	d
ク	−	0	1	2	3	4	5	6	7	8	9	a	b	c	d
ケ	−	0	1	2	3	4	5	6	7	8	9	a	b	c	d
コ	−	0	1	2	3	4	5	6	7	8	9	a	b	c	d
サ	−	0	1	2	3	4	5	6	7	8	9	a	b	c	d
シ	−	0	1	2	3	4	5	6	7	8	9	a	b	c	d
ス	−	0	1	2	3	4	5	6	7	8	9	a	b	c	d
セ	−	0	1	2	3	4	5	6	7	8	9	a	b	c	d
ソ	−	0	1	2	3	4	5	6	7	8	9	a	b	c	d
タ	−	0	1	2	3	4	5	6	7	8	9	a	b	c	d
チ	−	0	1	2	3	4	5	6	7	8	9	a	b	c	d
ツ	−	0	1	2	3	4	5	6	7	8	9	a	b	c	d
テ	−	0	1	2	3	4	5	6	7	8	9	a	b	c	d
ト	−	0	1	2	3	4	5	6	7	8	9	a	b	c	d
ナ	−	0	1	2	3	4	5	6	7	8	9	a	b	c	d
ニ	−	0	1	2	3	4	5	6	7	8	9	a	b	c	d
ヌ	−	0	1	2	3	4	5	6	7	8	9	a	b	c	d
ネ	−	0	1	2	3	4	5	6	7	8	9	a	b	c	d
ノ	−	0	1	2	3	4	5	6	7	8	9	a	b	c	d
ハ	−	0	1	2	3	4	5	6	7	8	9	a	b	c	d
ヒ	−	0	1	2	3	4	5	6	7	8	9	a	b	c	d
フ	−	0	1	2	3	4	5	6	7	8	9	a	b	c	d
ヘ	−	0	1	2	3	4	5	6	7	8	9	a	b	c	d
ホ	−	0	1	2	3	4	5	6	7	8	9	a	b	c	d

5

	解答欄														
	−	0	1	2	3	4	5	6	7	8	9	a	b	c	d
ア	−	0	1	2	3	4	5	6	7	8	9	a	b	c	d
イ	−	0	1	2	3	4	5	6	7	8	9	a	b	c	d
ウ	−	0	1	2	3	4	5	6	7	8	9	a	b	c	d
エ	−	0	1	2	3	4	5	6	7	8	9	a	b	c	d
オ	−	0	1	2	3	4	5	6	7	8	9	a	b	c	d
カ	−	0	1	2	3	4	5	6	7	8	9	a	b	c	d
キ	−	0	1	2	3	4	5	6	7	8	9	a	b	c	d
ク	−	0	1	2	3	4	5	6	7	8	9	a	b	c	d
ケ	−	0	1	2	3	4	5	6	7	8	9	a	b	c	d
コ	−	0	1	2	3	4	5	6	7	8	9	a	b	c	d
サ	−	0	1	2	3	4	5	6	7	8	9	a	b	c	d
シ	−	0	1	2	3	4	5	6	7	8	9	a	b	c	d
ス	−	0	1	2	3	4	5	6	7	8	9	a	b	c	d
セ	−	0	1	2	3	4	5	6	7	8	9	a	b	c	d
ソ	−	0	1	2	3	4	5	6	7	8	9	a	b	c	d
タ	−	0	1	2	3	4	5	6	7	8	9	a	b	c	d
チ	−	0	1	2	3	4	5	6	7	8	9	a	b	c	d
ツ	−	0	1	2	3	4	5	6	7	8	9	a	b	c	d
テ	−	0	1	2	3	4	5	6	7	8	9	a	b	c	d
ト	−	0	1	2	3	4	5	6	7	8	9	a	b	c	d
ナ	−	0	1	2	3	4	5	6	7	8	9	a	b	c	d
ニ	−	0	1	2	3	4	5	6	7	8	9	a	b	c	d
ヌ	−	0	1	2	3	4	5	6	7	8	9	a	b	c	d
ネ	−	0	1	2	3	4	5	6	7	8	9	a	b	c	d
ノ	−	0	1	2	3	4	5	6	7	8	9	a	b	c	d
ハ	−	0	1	2	3	4	5	6	7	8	9	a	b	c	d
ヒ	−	0	1	2	3	4	5	6	7	8	9	a	b	c	d
フ	−	0	1	2	3	4	5	6	7	8	9	a	b	c	d
ヘ	−	0	1	2	3	4	5	6	7	8	9	a	b	c	d
ホ	−	0	1	2	3	4	5	6	7	8	9	a	b	c	d

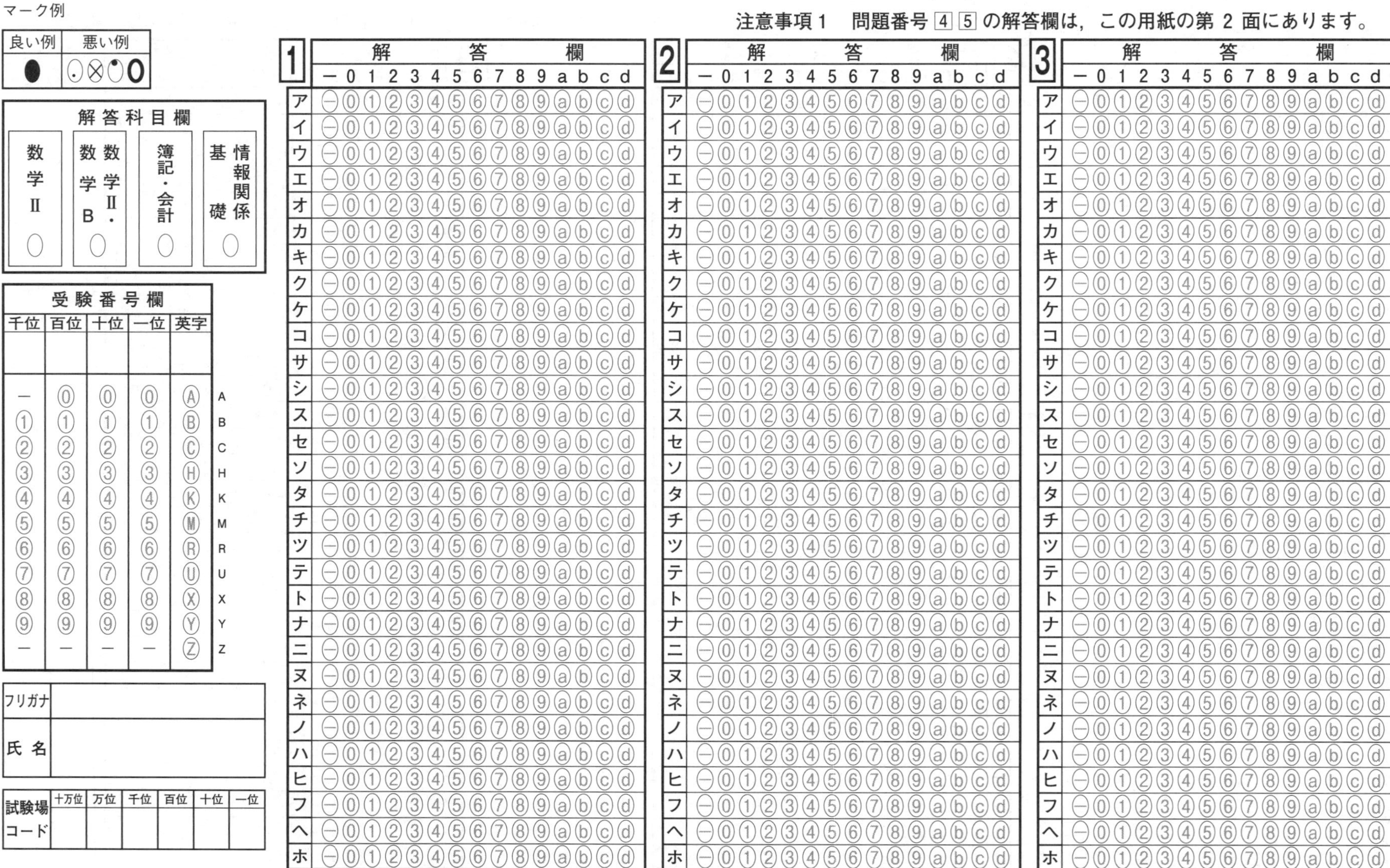

キリトリ線

※過去問は自動採点に対応していません。

数学② 2023 追試 解答用紙 第1面

注意事項1　問題番号 4 5 の解答欄は，この用紙の第 2 面にあります。

マーク例

良い例	悪い例
●	⊙ ⊗ ◐ 0

解答科目欄

数学Ⅱ	数学Ⅱ・数学B	簿記・会計	情報関係基礎
○	○	○	○

受験番号欄

千位	百位	十位	一位	英字
－	0	0	0	A
1	1	1	1	B
2	2	2	2	C
3	3	3	3	H
4	4	4	4	K
5	5	5	5	M
6	6	6	6	R
7	7	7	7	U
8	8	8	8	X
9	9	9	9	Y
－	－	－	－	Z

フリガナ	
氏名	

試験場コード	十万位	万位	千位	百位	十位	一位

	1 解答欄	2 解答欄	3 解答欄
	－ 0 1 2 3 4 5 6 7 8 9 a b c d	－ 0 1 2 3 4 5 6 7 8 9 a b c d	－ 0 1 2 3 4 5 6 7 8 9 a b c d
ア	－ 0 1 2 3 4 5 6 7 8 9 a b c d	－ 0 1 2 3 4 5 6 7 8 9 a b c d	－ 0 1 2 3 4 5 6 7 8 9 a b c d
イ	－ 0 1 2 3 4 5 6 7 8 9 a b c d	－ 0 1 2 3 4 5 6 7 8 9 a b c d	－ 0 1 2 3 4 5 6 7 8 9 a b c d
ウ	－ 0 1 2 3 4 5 6 7 8 9 a b c d	－ 0 1 2 3 4 5 6 7 8 9 a b c d	－ 0 1 2 3 4 5 6 7 8 9 a b c d
エ	－ 0 1 2 3 4 5 6 7 8 9 a b c d	－ 0 1 2 3 4 5 6 7 8 9 a b c d	－ 0 1 2 3 4 5 6 7 8 9 a b c d
オ	－ 0 1 2 3 4 5 6 7 8 9 a b c d	－ 0 1 2 3 4 5 6 7 8 9 a b c d	－ 0 1 2 3 4 5 6 7 8 9 a b c d
カ	－ 0 1 2 3 4 5 6 7 8 9 a b c d	－ 0 1 2 3 4 5 6 7 8 9 a b c d	－ 0 1 2 3 4 5 6 7 8 9 a b c d
キ	－ 0 1 2 3 4 5 6 7 8 9 a b c d	－ 0 1 2 3 4 5 6 7 8 9 a b c d	－ 0 1 2 3 4 5 6 7 8 9 a b c d
ク	－ 0 1 2 3 4 5 6 7 8 9 a b c d	－ 0 1 2 3 4 5 6 7 8 9 a b c d	－ 0 1 2 3 4 5 6 7 8 9 a b c d
ケ	－ 0 1 2 3 4 5 6 7 8 9 a b c d	－ 0 1 2 3 4 5 6 7 8 9 a b c d	－ 0 1 2 3 4 5 6 7 8 9 a b c d
コ	－ 0 1 2 3 4 5 6 7 8 9 a b c d	－ 0 1 2 3 4 5 6 7 8 9 a b c d	－ 0 1 2 3 4 5 6 7 8 9 a b c d
サ	－ 0 1 2 3 4 5 6 7 8 9 a b c d	－ 0 1 2 3 4 5 6 7 8 9 a b c d	－ 0 1 2 3 4 5 6 7 8 9 a b c d
シ	－ 0 1 2 3 4 5 6 7 8 9 a b c d	－ 0 1 2 3 4 5 6 7 8 9 a b c d	－ 0 1 2 3 4 5 6 7 8 9 a b c d
ス	－ 0 1 2 3 4 5 6 7 8 9 a b c d	－ 0 1 2 3 4 5 6 7 8 9 a b c d	－ 0 1 2 3 4 5 6 7 8 9 a b c d
セ	－ 0 1 2 3 4 5 6 7 8 9 a b c d	－ 0 1 2 3 4 5 6 7 8 9 a b c d	－ 0 1 2 3 4 5 6 7 8 9 a b c d
ソ	－ 0 1 2 3 4 5 6 7 8 9 a b c d	－ 0 1 2 3 4 5 6 7 8 9 a b c d	－ 0 1 2 3 4 5 6 7 8 9 a b c d
タ	－ 0 1 2 3 4 5 6 7 8 9 a b c d	－ 0 1 2 3 4 5 6 7 8 9 a b c d	－ 0 1 2 3 4 5 6 7 8 9 a b c d
チ	－ 0 1 2 3 4 5 6 7 8 9 a b c d	－ 0 1 2 3 4 5 6 7 8 9 a b c d	－ 0 1 2 3 4 5 6 7 8 9 a b c d
ツ	－ 0 1 2 3 4 5 6 7 8 9 a b c d	－ 0 1 2 3 4 5 6 7 8 9 a b c d	－ 0 1 2 3 4 5 6 7 8 9 a b c d
テ	－ 0 1 2 3 4 5 6 7 8 9 a b c d	－ 0 1 2 3 4 5 6 7 8 9 a b c d	－ 0 1 2 3 4 5 6 7 8 9 a b c d
ト	－ 0 1 2 3 4 5 6 7 8 9 a b c d	－ 0 1 2 3 4 5 6 7 8 9 a b c d	－ 0 1 2 3 4 5 6 7 8 9 a b c d
ナ	－ 0 1 2 3 4 5 6 7 8 9 a b c d	－ 0 1 2 3 4 5 6 7 8 9 a b c d	－ 0 1 2 3 4 5 6 7 8 9 a b c d
ニ	－ 0 1 2 3 4 5 6 7 8 9 a b c d	－ 0 1 2 3 4 5 6 7 8 9 a b c d	－ 0 1 2 3 4 5 6 7 8 9 a b c d
ヌ	－ 0 1 2 3 4 5 6 7 8 9 a b c d	－ 0 1 2 3 4 5 6 7 8 9 a b c d	－ 0 1 2 3 4 5 6 7 8 9 a b c d
ネ	－ 0 1 2 3 4 5 6 7 8 9 a b c d	－ 0 1 2 3 4 5 6 7 8 9 a b c d	－ 0 1 2 3 4 5 6 7 8 9 a b c d
ノ	－ 0 1 2 3 4 5 6 7 8 9 a b c d	－ 0 1 2 3 4 5 6 7 8 9 a b c d	－ 0 1 2 3 4 5 6 7 8 9 a b c d
ハ	－ 0 1 2 3 4 5 6 7 8 9 a b c d	－ 0 1 2 3 4 5 6 7 8 9 a b c d	－ 0 1 2 3 4 5 6 7 8 9 a b c d
ヒ	－ 0 1 2 3 4 5 6 7 8 9 a b c d	－ 0 1 2 3 4 5 6 7 8 9 a b c d	－ 0 1 2 3 4 5 6 7 8 9 a b c d
フ	－ 0 1 2 3 4 5 6 7 8 9 a b c d	－ 0 1 2 3 4 5 6 7 8 9 a b c d	－ 0 1 2 3 4 5 6 7 8 9 a b c d
ヘ	－ 0 1 2 3 4 5 6 7 8 9 a b c d	－ 0 1 2 3 4 5 6 7 8 9 a b c d	－ 0 1 2 3 4 5 6 7 8 9 a b c d
ホ	－ 0 1 2 3 4 5 6 7 8 9 a b c d	－ 0 1 2 3 4 5 6 7 8 9 a b c d	－ 0 1 2 3 4 5 6 7 8 9 a b c d

キリトリ線

※過去問は自動採点に対応していません。

数学② 2023 追試 解答用紙 第2面

注意事項1　問題番号 1 2 3 の解答欄は，この用紙の第1面にあります。

4

	解答欄														
	−	0	1	2	3	4	5	6	7	8	9	a	b	c	d
ア	−	0	1	2	3	4	5	6	7	8	9	a	b	c	d
イ	−	0	1	2	3	4	5	6	7	8	9	a	b	c	d
ウ	−	0	1	2	3	4	5	6	7	8	9	a	b	c	d
エ	−	0	1	2	3	4	5	6	7	8	9	a	b	c	d
オ	−	0	1	2	3	4	5	6	7	8	9	a	b	c	d
カ	−	0	1	2	3	4	5	6	7	8	9	a	b	c	d
キ	−	0	1	2	3	4	5	6	7	8	9	a	b	c	d
ク	−	0	1	2	3	4	5	6	7	8	9	a	b	c	d
ケ	−	0	1	2	3	4	5	6	7	8	9	a	b	c	d
コ	−	0	1	2	3	4	5	6	7	8	9	a	b	c	d
サ	−	0	1	2	3	4	5	6	7	8	9	a	b	c	d
シ	−	0	1	2	3	4	5	6	7	8	9	a	b	c	d
ス	−	0	1	2	3	4	5	6	7	8	9	a	b	c	d
セ	−	0	1	2	3	4	5	6	7	8	9	a	b	c	d
ソ	−	0	1	2	3	4	5	6	7	8	9	a	b	c	d
タ	−	0	1	2	3	4	5	6	7	8	9	a	b	c	d
チ	−	0	1	2	3	4	5	6	7	8	9	a	b	c	d
ツ	−	0	1	2	3	4	5	6	7	8	9	a	b	c	d
テ	−	0	1	2	3	4	5	6	7	8	9	a	b	c	d
ト	−	0	1	2	3	4	5	6	7	8	9	a	b	c	d
ナ	−	0	1	2	3	4	5	6	7	8	9	a	b	c	d
ニ	−	0	1	2	3	4	5	6	7	8	9	a	b	c	d
ヌ	−	0	1	2	3	4	5	6	7	8	9	a	b	c	d
ネ	−	0	1	2	3	4	5	6	7	8	9	a	b	c	d
ノ	−	0	1	2	3	4	5	6	7	8	9	a	b	c	d
ハ	−	0	1	2	3	4	5	6	7	8	9	a	b	c	d
ヒ	−	0	1	2	3	4	5	6	7	8	9	a	b	c	d
フ	−	0	1	2	3	4	5	6	7	8	9	a	b	c	d
ヘ	−	0	1	2	3	4	5	6	7	8	9	a	b	c	d
ホ	−	0	1	2	3	4	5	6	7	8	9	a	b	c	d

5

	解答欄														
	−	0	1	2	3	4	5	6	7	8	9	a	b	c	d
ア	−	0	1	2	3	4	5	6	7	8	9	a	b	c	d
イ	−	0	1	2	3	4	5	6	7	8	9	a	b	c	d
ウ	−	0	1	2	3	4	5	6	7	8	9	a	b	c	d
エ	−	0	1	2	3	4	5	6	7	8	9	a	b	c	d
オ	−	0	1	2	3	4	5	6	7	8	9	a	b	c	d
カ	−	0	1	2	3	4	5	6	7	8	9	a	b	c	d
キ	−	0	1	2	3	4	5	6	7	8	9	a	b	c	d
ク	−	0	1	2	3	4	5	6	7	8	9	a	b	c	d
ケ	−	0	1	2	3	4	5	6	7	8	9	a	b	c	d
コ	−	0	1	2	3	4	5	6	7	8	9	a	b	c	d
サ	−	0	1	2	3	4	5	6	7	8	9	a	b	c	d
シ	−	0	1	2	3	4	5	6	7	8	9	a	b	c	d
ス	−	0	1	2	3	4	5	6	7	8	9	a	b	c	d
セ	−	0	1	2	3	4	5	6	7	8	9	a	b	c	d
ソ	−	0	1	2	3	4	5	6	7	8	9	a	b	c	d
タ	−	0	1	2	3	4	5	6	7	8	9	a	b	c	d
チ	−	0	1	2	3	4	5	6	7	8	9	a	b	c	d
ツ	−	0	1	2	3	4	5	6	7	8	9	a	b	c	d
テ	−	0	1	2	3	4	5	6	7	8	9	a	b	c	d
ト	−	0	1	2	3	4	5	6	7	8	9	a	b	c	d
ナ	−	0	1	2	3	4	5	6	7	8	9	a	b	c	d
ニ	−	0	1	2	3	4	5	6	7	8	9	a	b	c	d
ヌ	−	0	1	2	3	4	5	6	7	8	9	a	b	c	d
ネ	−	0	1	2	3	4	5	6	7	8	9	a	b	c	d
ノ	−	0	1	2	3	4	5	6	7	8	9	a	b	c	d
ハ	−	0	1	2	3	4	5	6	7	8	9	a	b	c	d
ヒ	−	0	1	2	3	4	5	6	7	8	9	a	b	c	d
フ	−	0	1	2	3	4	5	6	7	8	9	a	b	c	d
ヘ	−	0	1	2	3	4	5	6	7	8	9	a	b	c	d
ホ	−	0	1	2	3	4	5	6	7	8	9	a	b	c	d

共通テスト　公式・要点チェック　数学Ⅰ・A

■有限小数
ある既約分数において，“分母が 2 または 5 のみの素因数で表される”とき，その数は有限小数である。

■集合と必要条件・十分条件
条件 p を満たす集合を P，条件 q を満たす集合を Q とするとき
　p は q であるための必要条件 $\Longleftrightarrow Q \subset P$
　p は q であるための十分条件 $\Longleftrightarrow P \subset Q$
　p は q であるための必要十分条件 $\Longleftrightarrow P = Q$

■ 2 次関数の最大・最小の場合分け
・$y = a(x-p)^2 + q$ の形に平方完成
・2 次関数のグラフの軸（$x = p$）と定義域との関係に着目

■正弦定理と余弦定理
△ABC において，BC$= a$，CA$= b$，AB$= c$，外接円の半径を R とする。
正弦定理：$\boldsymbol{\dfrac{a}{\sin A} = \dfrac{b}{\sin B} = \dfrac{c}{\sin C} = 2R}$
余弦定理：　$\boldsymbol{a^2 = b^2 + c^2 - 2bc\cos A}$
$$\left(\cos A = \frac{b^2 + c^2 - a^2}{2bc}\right)$$

■三角形の面積と内接円の半径
△ABC の面積を S，内接円の半径を r とすると
$$\boldsymbol{S = \frac{1}{2}r(\mathrm{AB} + \mathrm{BC} + \mathrm{CA})}$$

■変量変換と平均
二つの変量 x と z の間に，a, b を定数として $x = a + bz$ という関係があるとき，x，z の平均値 $\overline{x}$，$\overline{z}$ の間に
$$\boldsymbol{\overline{x} = a + b\overline{z}}$$
が成り立つ。

■箱ひげ図とデータの分布
箱ひげ図に対して，データは次のような割合で分布している。

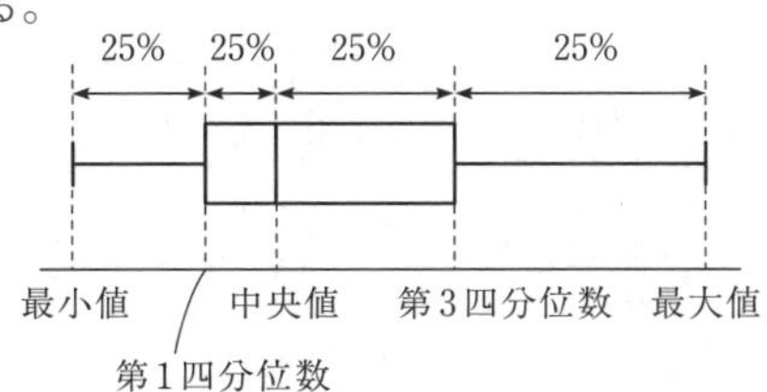

■条件付き確率，乗法定理
条件付き確率：事象 A が起こったときに，事象 B が起こる条件付き確率は
$$\boldsymbol{P_A(B) = \frac{n(A \cap B)}{n(A)} = \frac{P(A \cap B)}{P(A)}}$$
乗法定理：$\boldsymbol{P(A \cap B) = P(A)P_A(B) = P(B)P_B(A)}$

■正の約数の個数（p，q は素数）
　$p^a \cdot q^b$ の正の約数の個数は，$\boldsymbol{(a+1)(b+1)}$ 個

■合同式
$a \equiv b \pmod{m}$，$c \equiv d \pmod{m}$ のとき
$$\boldsymbol{a \pm c \equiv b \pm d \pmod{m}}\ （複号同順）$$
$$\boldsymbol{ac \equiv bd \pmod{m}}$$

■積の形の不定方程式
x と y の不定方程式が
　（x と y の式）×（x と y の式）＝（整数の定数）
の形に変形できるとき，約数・倍数の関係を利用して，整数解（x，y）を求めることができる。このとき，右辺が文字 x，y を含まない整数の定数になるように変形することが重要である。

■最大公約数と最小公倍数の関係
二つの整数 A，B の最大公約数を G，最小公倍数を L とおくと，互いに素な整数 a，b を用いて
$$\boldsymbol{A = aG,\ B = bG}$$
と表せて，$\boldsymbol{L = abG}$ が成り立つ。これより
$$\boldsymbol{AB = LG}$$

■ n 進法
n 進法で，n^2 の位が A，n^1 の位が B，n^0 の位が C である 3 桁の数は，10 進法では
$$\boldsymbol{A \cdot n^2 + B \cdot n^1 + C \cdot n^0}$$
と表される。桁数が増えても考え方は同じである。

■メネラウスの定理，チェバの定理
$$\boldsymbol{\frac{\mathrm{AP}}{\mathrm{PB}} \cdot \frac{\mathrm{BQ}}{\mathrm{QC}} \cdot \frac{\mathrm{CR}}{\mathrm{RA}} = 1}$$

■方べきの定理
(i) 点 P を通る 2 直線が一つの円とそれぞれ点 A，B および C，D で交わるとき
$$\boldsymbol{\mathrm{PA} \cdot \mathrm{PB} = \mathrm{PC} \cdot \mathrm{PD}}$$
が成り立つ。
(ii) 点 P を通る 2 直線の一方が円と点 A，B で交わり，もう一方が円と点 T で接するとき
$$\boldsymbol{\mathrm{PA} \cdot \mathrm{PB} = \mathrm{PT}^2}$$
が成り立つ。

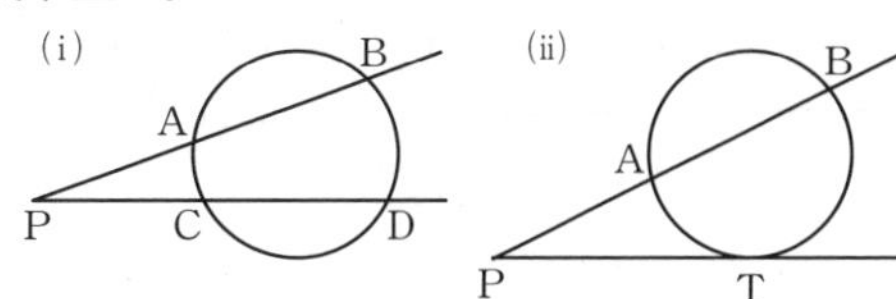

キリトリ線

共通テスト　公式・要点チェック　数学II・B

■二項定理

$(a+b)^n$ の展開式における $a^{n-k}b^k$ の係数

$${}_n\mathrm{C}_k=\frac{n!}{k!(n-k)!}$$

$(a+b+c)^n$ の展開式における $a^pb^qc^r$ の係数

$$\frac{n!}{p!q!r!}\quad(p+q+r=n)$$

■相加平均と相乗平均の関係（$a>0$，$b>0$）

$\dfrac{a+b}{2}\geqq\sqrt{ab}$（等号は $a=b$ のとき成立）

■２次方程式の解と係数の関係

２次方程式 $ax^2+bx+c=0$ の２解を α，β とすると

$$\alpha+\beta=-\frac{b}{a},\ \alpha\beta=\frac{c}{a}$$

■剰余の定理

整式 $P(x)$ を１次式 $ax+b$ で割ったときの余り

$$P\left(-\frac{b}{a}\right)$$

■因数定理

１次式 $ax+b$ が整式 $P(x)$ の因数

$\Longleftrightarrow P\left(-\dfrac{b}{a}\right)=0$

■点と直線の距離

点 $(x_1,\ y_1)$ と直線 $ax+by+c=0$ の距離

$$d=\frac{|ax_1+by_1+c|}{\sqrt{a^2+b^2}}$$

■円の接線の方程式

円 $(x-a)^2+(y-b)^2=r^2$ 上の点 $(x_1,\ y_1)$ における接線の方程式

$$(x_1-a)(x-a)+(y_1-b)(y-b)=r^2$$

■２直線の交点を通る直線

２直線 $ax+by+c=0$，$a'x+b'y+c'=0$ の交点を通る直線の方程式

$$k(ax+by+c)+k'(a'x+b'y+c')=0$$

■加法定理（すべて複号同順）

$$\sin(\alpha\pm\beta)=\sin\alpha\cos\beta\pm\cos\alpha\sin\beta$$
$$\cos(\alpha\pm\beta)=\cos\alpha\cos\beta\mp\sin\alpha\sin\beta$$
$$\tan(\alpha\pm\beta)=\frac{\tan\alpha\pm\tan\beta}{1\mp\tan\alpha\tan\beta}$$

■３倍角の公式

$$\sin3\theta=3\sin\theta-4\sin^3\theta$$
$$\cos3\theta=4\cos^3\theta-3\cos\theta$$

■三角関数の合成

$$a\sin\theta+b\cos\theta=\sqrt{a^2+b^2}\sin(\theta+\alpha)$$
$$\left(\cos\alpha=\frac{a}{\sqrt{a^2+b^2}},\ \sin\alpha=\frac{b}{\sqrt{a^2+b^2}}\right)$$

■対数の性質（$a>0$，$a\neq1$，$M>0$，$N>0$）

$$\log_a MN=\log_a M+\log_a N$$
$$\log_a\frac{M}{N}=\log_a M-\log_a N$$
$$\log_a M^r=r\log_a M$$

■常用対数

a が n 桁の自然数のとき

$$n-1\leqq\log_{10}a<n$$

a の小数第 n 位がはじめて０でない数字になるとき

$$-n\leqq\log_{10}a<-(n-1)$$

■接線の方程式

曲線 $y=f(x)$ 上の点 $(a,\ f(a))$ における接線の方程式

$$y=f'(a)(x-a)+f(a)$$

■微分と積分の関係

$$\frac{d}{dx}\int_a^x f(t)\,dt=f(x)$$

■$(x-\alpha)(x-\beta)$ の定積分

$$\int_\alpha^\beta(x-\alpha)(x-\beta)\,dx=-\frac{1}{6}(\beta-\alpha)^3$$

■等差数列（初項 a，公差 d，末項 l）

一般項 $a_n=a+(n-1)d$，和 $S_n=\dfrac{n(a+l)}{2}$

■等比数列（初項 a，公比 r）

一般項 $a_n=ar^{n-1}$，和 $S_n=\dfrac{a(1-r^n)}{1-r}$　$(r\neq1)$

■いろいろな数列の和

$$\sum_{k=1}^n k=\frac{1}{2}n(n+1)$$
$$\sum_{k=1}^n k^2=\frac{1}{6}n(n+1)(2n+1)$$
$$\sum_{k=1}^n k^3=\left\{\frac{1}{2}n(n+1)\right\}^2$$

■（等差）×（等比）の形の数列の和

S_n-rS_n を計算する。

■内分・外分

線分 AB を $m:n$ に内分（外分）する点の位置ベクトル

内分：$\dfrac{n\vec{a}+m\vec{b}}{m+n}$，外分：$\dfrac{-n\vec{a}+m\vec{b}}{m-n}$

■内積（θ は $\vec{a}$ と $\vec{b}$ のなす角）

$$\vec{a}\cdot\vec{b}=|\vec{a}||\vec{b}|\cos\theta$$

■ベクトルの成分

$\vec{a}=(a_1,\ a_2)$，$\vec{b}=(b_1,\ b_2)$，点 $\mathrm{A}(\vec{a})$，点 $\mathrm{B}(\vec{b})$ とする。

内積　$\vec{a}\cdot\vec{b}=a_1b_1+a_2b_2$

なす角　$\cos\theta=\dfrac{\vec{a}\cdot\vec{b}}{|\vec{a}||\vec{b}|}=\dfrac{a_1b_1+a_2b_2}{\sqrt{a_1{}^2+a_2{}^2}\sqrt{b_1{}^2+b_2{}^2}}$

△OAB の面積 $\dfrac{1}{2}\sqrt{|\vec{a}|^2|\vec{b}|^2-(\vec{a}\cdot\vec{b})^2}=\dfrac{1}{2}|a_1b_2-a_2b_1|$

キリトリ線

Z-KAI

2024年用

共通テスト 実戦模試

④ 数学II・B

解答・解説編

Z会編集部 編

スマホでサクッと自動採点！ 学習診断サイトのご案内[※1]

『実戦模試』シリーズ（過去問を除く）では，以下のことができます。

- ・マークシートをスマホで撮影して自動採点
- ・自分の得点と，本サイト登録者平均点との比較
- ・登録者のランキング表示（総合・志望大別）
- ・Z会編集部からの直前対策用アドバイス

【手順】

①本書を解いて，以下のサイトにアクセス（スマホ・PC対応）

Z会共通テスト学習診断　検索

二次元コード →

https://service.zkai.co.jp/books/k-test/

②購入者パスワード **12399** を入力し，ログイン

③必要事項を入力（志望校・ニックネーム・ログインパスワード）[※2]

④スマホ・タブレットでマークシートを撮影　→**自動採点**[※3]**，アドバイス Get！**

※1　学習診断サイトは2024年5月30日まで利用できます。

※2　ID・パスワードは次回ログイン時に必要になりますので，必ず記録して保管してください。

※3　スマホ・タブレットをお持ちでない場合は事前に自己採点をお願いします。

目次

模試 第1回
解　　答

問題番号(配点)	解答記号	正解	配点	自己採点
第1問 (30)	ア，イ	⑤，⑥	各2	
	$\mathrm{PQ}^2 =$ ウ $+$ エ $\sin$ オ θ_1	$\mathrm{PQ}^2 = 2 + 2\sin 2\theta_1$	2	
	カ	2	2	
	$\frac{キ}{ク}\pi$，$\frac{ケ}{コ}\pi$	$\frac{3}{4}\pi$，$\frac{7}{4}\pi$※	各2	
	サ	②	3	
	$t =$ シ	$t = 4$	2	
	$x = \log_2$ (ス $\pm \sqrt{セ}$)	$x = \log_2(2 \pm \sqrt{3})$	2	
	ソ	⓪	2	
	タ，チ	①，①	各2	
	ツ	⓪	1	
	テ，ト	②，⑨※	各1	
	ナ	⑧	1	
	ニ	⑦	1	
第2問 (30)	ア，イ	①，①	各3	
	ウ	⑥	2	
	エオ $< k <$ カ，$k >$ キ	$-1 < k < 3$，$k > 3$	3	
	$\int_0^\beta x(x-\alpha)(x-\beta)dx =$ ク	$\int_0^\beta x(x-\alpha)(x-\beta)dx = 0$	2	
	ケ	⓪	2	
	$\alpha = \frac{コ}{サ}$，$k = \frac{シス}{セ}$	$\alpha = \frac{4}{3}$，$k = \frac{-5}{9}$	各3	
	ソ	⓪	2	
	x 軸方向に $\frac{タチ}{ツ}$，y 軸方向に $\frac{テト}{ナニ}$	x 軸方向に $\frac{-4}{3}$，y 軸方向に $\frac{20}{27}$	2	
	$g(x) = x^3 - \frac{ヌ}{ネ}x$	$g(x) = x^3 - \frac{7}{3}x$	3	
	$k = -\frac{ノハ}{ヒフ}$	$k = -\frac{47}{36}$	2	

問題番号(配点)	解答記号	正解	配点	自己採点
第3問 (20)	ア	⑥	1	
	イ	①	3	
	0.ウエオカ	0.3413	3	
	キクケ	120	1	
	コサ	10	1	
	−シ.スセ ≦ Z ≦ シ.スセ	$-1.96 \leqq Z \leqq 1.96$	2	
	ソ	③	2	
	0.タチツ	0.006	2	
	0.テトナ	0.034	2	
	ニ	⓪	3	
第4問 (20)	ア, イ	①, ③	各1	
	$p_{n+1} =$ ウ $p_n +$ エ	$p_{n+1} = 2p_n + 1$	2	
	$p_{n+1} +$ オ $=$ カ $(p_n +$ オ $)$	$p_{n+1} + 1 = 2(p_n + 1)$	1	
	キ	②	2	
	$a_n = \dfrac{ク}{ケ^n - コ}$	$a_n = \dfrac{1}{2^n - 1}$	2	
	$q_{n+1} =$ サ $q_n +$ シス	$q_{n+1} = 3q_n + 10$	2	
	$q_n =$ セソ $\cdot$ タ$^{n-1} -$ チ	$q_n = 14 \cdot 3^{n-1} - 5$	2	
	$r_n = b_n +$ ツ $n +$ テ	$r_n = b_n + 5n + 1$	2	
	$b_n =$ ト $\cdot$ ナ$^{n-1} -$ ニ $n -$ ヌ	$b_n = 7 \cdot 3^{n-1} - 5n - 1$	2	
	$c_n = \dfrac{ネ}{ノ \cdot ハ^{n-1} - n^{ヒ} - フ\,n - ヘ}$	$c_n = \dfrac{1}{7 \cdot 2^{n-1} - n^2 - 2n - 3}$	3	
第5問 (20)	ア	①	3	
	イ $\leqq k \leqq$ ウ	$0 \leqq k \leqq 1$	3	
	$\overrightarrow{p} =$ エ $s\overrightarrow{\mathrm{OM}} + t\overrightarrow{\mathrm{OB}}$	$\overrightarrow{p} = 2s\overrightarrow{\mathrm{OM}} + t\overrightarrow{\mathrm{OB}}$	2	
	エ $s + t =$ オ	$2s + t = 1$	2	
	1 : カ	1 : 1	2	
	1 : キ	1 : 2	2	
	$S = \sqrt{ク}$	$S = \sqrt{3}$	3	
	ケ	③	3	

(注) 第1問，第2問は必答。第3問～第5問のうちから2問選択。計4問を解答。
なお，上記以外のものについても得点を与えることがある。正解欄に※があるものは，解答の順序は問わない。

第1問 小計		第2問 小計		第3問 小計		第4問 小計		第5問 小計		合計点	/100

第１問

〔1〕

(1) $\theta_2 - 3\theta_1 = \frac{\pi}{2}$ より $\theta_2 = 3\theta_1 + \frac{\pi}{2}$ であり

$$\cos\theta_2 = \cos\left(3\theta_1 + \frac{\pi}{2}\right) = -\sin 3\theta_1$$

$$\sin\theta_2 = \sin\left(3\theta_1 + \frac{\pi}{2}\right) = \cos 3\theta_1$$

であるから，Q の座標は

$\boldsymbol{(-\sin 3\theta_1,\ \cos 3\theta_1)}$　⇨⑤，⑥

よって

$$\mathbf{PQ}^2$$
$$= (\cos\theta_1 + \sin 3\theta_1)^2 + (\sin\theta_1 - \cos 3\theta_1)^2$$
$$= 2 + 2(\sin 3\theta_1 \cos\theta_1 - \cos 3\theta_1 \sin\theta_1)$$
$$= 2 + 2\sin(3\theta_1 - \theta_1)$$
$$= \boldsymbol{2 + 2\sin 2\theta_1}$$

であり，$0 \leqq \theta_1 < 2\pi$ のとき，$-1 \leqq \sin 2\theta_1 \leqq 1$ であるから，PQ の長さの最大値は

$$\sqrt{2+2\cdot 1} = \sqrt{4} = 2$$

そして，P と Q が一致するとき，PQ = 0 であるから

$$2 + 2\sin 2\theta_1 = 0$$

より

$$\sin 2\theta_1 = -1$$

$0 \leqq \theta_1 < 2\pi$ のとき，$0 \leqq 2\theta_1 < 4\pi$ であるから

$$2\theta_1 = \frac{3}{2}\pi,\ \frac{7}{2}\pi$$

したがって

$$\boldsymbol{\theta_1 = \frac{3}{4}\pi,\ \frac{7}{4}\pi}$$

(2) $PQ^2 = 2 + 2\sin 2\theta_1$ より，$y = f(\theta_1)$ のグラフは，$0 \leqq \theta_1 < 2\pi$ における $y = 2\sin 2\theta_1$ のグラフを y 軸方向に 2 だけ平行移動させたグラフとなる。　⇨②

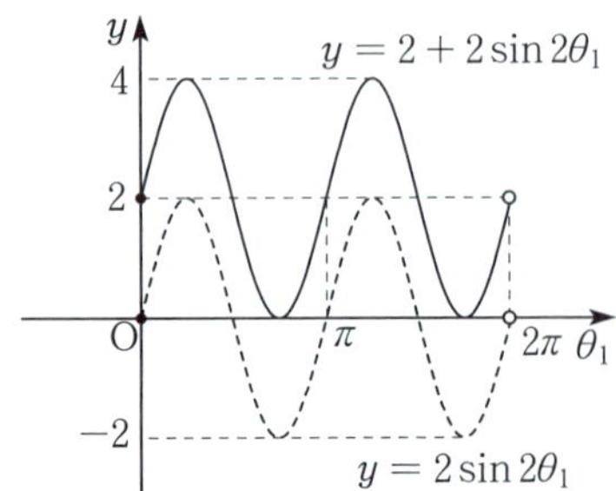

〔2〕

(1) $a = 2$ のとき，$(t-4)^2 + 2 = 2$ より

$$\boldsymbol{t = 4}$$

であり，$2^x + 2^{-x} = 4$ の両辺に 2^x をかけると

$$2^{2x} + 1 = 4\cdot 2^x$$
$$2^{2x} - 4\cdot 2^x + 1 = 0$$
$$2^x = 2 \pm \sqrt{3}$$

よって

$$\boldsymbol{x = \log_2(2 \pm \sqrt{3})}$$

(2) $2^x > 0$，$2^{-x} > 0$ より

$$2^x + 2^{-x} > 0$$

であるから，方程式 $2^x + 2^{-x} = 0$ の実数解をもたない。　⇨⓪

(3)
$$t = 2^x + 2^{-x}$$
$$2^{2x} - t\cdot 2^x + 1 = 0$$

より

$$2^x = \frac{t \pm \sqrt{t^2-4}}{2}$$

$2^x > 0$ と $t = 2^x + 2^{-x} > 0$ より，t のとり得る値の範囲は

$$t^2 - 4 \geqq 0$$

よって

$\boldsymbol{t \geqq 2}$　⇨①

であり，このとき

$$x = \log_2 \frac{t \pm \sqrt{t^2-4}}{2}$$

より，$t = 2$ のとき，$t = 2^x + 2^{-x}$ を満たす x の個数は 1 個であるが，$t > 2$ のとき，$t = 2^x + 2^{-x}$ を満たす x の個数は 2 個である。　⇨①

(4) $t \geqq 2$ において

$$y = (t-4)^2 + 2$$

のグラフと $y = a$ のグラフの共有点を調べることで，異なる実数解の個数を調べることができる。

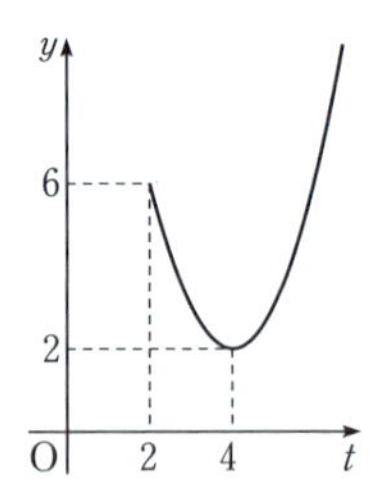

実数解が存在しないのは

$\boldsymbol{a < 2}$ のとき　⇨⓪

実数解が 2 個だけ存在するのは

$\boldsymbol{a = 2,\ a > 6}$ のとき　⇨②，⑨

実数解が 3 個だけ存在するのは

$\boldsymbol{a = 6}$ のとき　⇨⑧

実数解が 4 個だけ存在するのは

$\boldsymbol{2 < a < 6}$ のとき　⇨⑦

である。

第2問

〔1〕

方程式 $f(x)-g(x)=0$ は，$x=1$ を重解にもち，その他の解として $x=-1$ を解にもつ。そして，$f(x)$ の x^3 の係数が1であることから

$$\boldsymbol{h(x)=(x+1)(x-1)^2} \qquad ⇨ ①$$

であり，曲線 F 上の点 $(\alpha,\ f(\alpha))$ における F の接線と放物線 G 上の点 $(\alpha,\ g(\alpha))$ における G の接線の傾きが等しいとき

$$f'(\alpha)=g'(\alpha)$$

よって

$$\boldsymbol{h'(\alpha)}=f'(\alpha)-g'(\alpha)=\boldsymbol{0} \qquad ⇨ ①$$

いま

$$h(x)=(x+1)(x-1)^2$$
$$=x^3-x^2-x+1$$

より

$$h'(x)=3x^2-2x-1$$

であるから，$h'(\alpha)=0$ より

$$3\alpha^2-2\alpha-1=0$$
$$(\alpha-1)(3\alpha+1)=0$$

よって

$$\boldsymbol{\alpha=-\frac{1}{3},\ 1} \qquad ⇨ ⑥$$

〔2〕

(1) 曲線 C と直線 ℓ の式から y を消去すると

$$x^3-4x^2+3x=kx$$
$$x^3-4x^2+(3-k)x=0$$

より

$$x\{x^2-4x+(3-k)\}=0$$

となるから，C と ℓ が異なる三つの点で交わるとき，2次方程式

$$x^2-4x+(3-k)=0 \quad \cdots\cdots\cdots\cdots\cdots ①$$

は $x=0$ と異なる二つの実数解をもつ。そこで，①の判別式を D とすると

$$\frac{D}{4}=4-(3-k)>0$$

より

$$k>-1$$

また，①に $x=0$ を代入して解くと $k=3$ となるから

$$k\neq 3$$

したがって，求める k の値の範囲は

$$\boldsymbol{-1<k<3,\ k>3}$$

(2) 曲線 C と直線 ℓ で囲まれてできる二つの図形の面積が等しいとき

$$\int_0^{\alpha} x(x-\alpha)(x-\beta)\,dx$$
$$=-\int_{\alpha}^{\beta} x(x-\alpha)(x-\beta)\,dx$$

より

$$\boldsymbol{\int_0^{\beta} x(x-\alpha)(x-\beta)\,dx}$$
$$=\int_0^{\alpha} x(x-\alpha)(x-\beta)\,dx+\int_{\alpha}^{\beta} x(x-\alpha)(x-\beta)\,dx$$
$$=-\int_{\alpha}^{\beta} x(x-\alpha)(x-\beta)\,dx+\int_{\alpha}^{\beta} x(x-\alpha)(x-\beta)\,dx$$
$$=\boldsymbol{0}$$

また

$$\int_0^{\beta} x(x-\alpha)(x-\beta)\,dx$$
$$=\int_0^{\beta}\{x^3-(\alpha+\beta)x^2+\alpha\beta x\}\,dx$$
$$=\frac{\beta^4}{4}-\frac{\alpha+\beta}{3}\beta^3+\frac{\alpha\beta}{2}\beta^2$$
$$=\frac{\beta^3}{12}\{3\beta-4(\alpha+\beta)+6\alpha\}$$

であるから，$\beta\neq 0$ より

$$3\beta-4(\alpha+\beta)+6\alpha=0$$
$$-\beta+2\alpha=0$$

よって

$$\boldsymbol{\beta=2\alpha} \qquad ⇨ ⓪$$

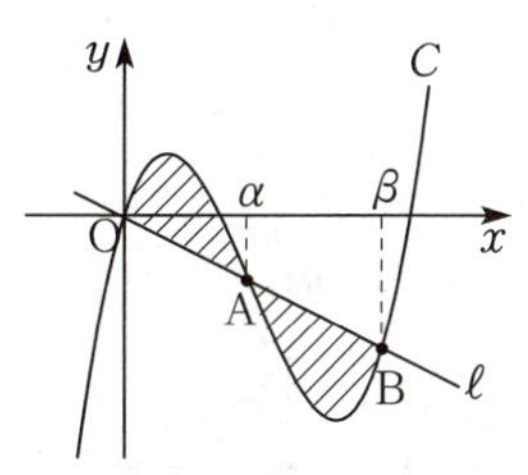

したがって，①の解は $x=\alpha,\ 2\alpha$ であるから，2次方程式の解と係数との関係より

$$\alpha+2\alpha=4,\ \alpha\cdot 2\alpha=3-k$$

であり，これを解くと

$$\boldsymbol{\alpha=\frac{4}{3},\ k=\frac{-5}{9}}$$

3点O，A，Bは直線 ℓ 上にあり，Oが原点，点Aの x 座標が α，点Bの x 座標が 2α であるから，点Aは**線分OBの中点**である。 ⇨ ⓪

(3) (2)の2点O，Bは点Aに関して対称な位置にある。$\alpha=\dfrac{4}{3}$ より $\mathrm{A}\left(\dfrac{4}{3},\ -\dfrac{20}{27}\right)$ であるから，

曲線 C を x 軸方向に $-\frac{4}{3}$, y 軸方向に $\frac{20}{27}$ だけ平行移動すると，点 A は原点 O に移り，2 点 O, B を平行移動した点は原点 O に関して対称である。

よって，曲線 C を

x 軸方向に $\frac{-4}{3}$, y 軸方向に $\frac{20}{27}$

だけ平行移動したグラフの式は

$$y-\frac{20}{27}=\left(x+\frac{4}{3}\right)^3-4\left(x+\frac{4}{3}\right)^2+3\left(x+\frac{4}{3}\right)$$

$$y-\frac{20}{27}=x^3-\frac{7}{3}x-\frac{20}{27}$$

より

$$y=x^3-\frac{7}{3}x$$

であるから

$$\boldsymbol{g(x)=x^3-\frac{7}{3}x}$$

$g(x)$ は奇関数であるから，$y=g(x)$ のグラフは原点 O に関して対称である。

よって，曲線 C は，原点 O を x 軸方向に $\frac{4}{3}$, y 軸方向に $-\frac{20}{27}$ だけ平行移動した点，すなわち点 A に関して対称であり，曲線 C と直線 m で囲まれてできる二つの図形の面積が等しいとき，直線 m は点 $\mathrm{A}\left(\frac{4}{3},\ -\frac{20}{27}\right)$ を通るから

$$-\frac{20}{27}=k\cdot\frac{4}{3}+1$$

よって

$$\boldsymbol{k=-\frac{47}{36}}$$

y 1 C O x A ℓ m

第3問

(1) 個体の重さ X の平均は 100，標準偏差は 10 であるから，$\boldsymbol{Z=\frac{X-100}{10}}$ とおくと，確率変数 Z は標準正規分布 $N(0,\ 1)$ に従う。 ⇨ ⑥

$X\geqq 120$ のとき $Z\geqq 2.00$ であるから，正規分布表より

$$P(Z\geqq 2.00)=0.5-0.4772=0.0228$$

したがって，およそ **2 %** である。 ⇨ ①

また，個体の重さの標本平均 $\overline{X}$ は，正規分布 $N\left(100,\ \frac{10^2}{100}\right)$ に従い，$\overline{Z}=\frac{\overline{X}-100}{1}$ は標準正規分布 $N(0,\ 1)$ に従う。よって

$$P\left(99\leqq\overline{X}\leqq 100\right)=P\left(-1\leqq\overline{Z}\leqq 0\right)=\boldsymbol{0.3413}$$

$Y=X+20$ より，Y の平均を $E(Y)$ とすると

$$E(Y)=E(X+20)=E(X)+20=120$$

Y の標準偏差を σ_Y とすると

$$\sigma_Y=\sqrt{V(Y)}=\sqrt{V(X+20)}=\sqrt{V(X)}=10$$

(2) 標準正規分布に従う確率変数 Z に対して，$P(|Z|\leqq t)=2k$ とすると，$P(0\leqq Z\leqq t)=k$ である。

$2k=0.95$，つまり $k=\frac{0.95}{2}=0.475$ となるような t を正規分布表から探すと，$t=1.96$ である。したがって

$$\boldsymbol{P(-1.96\leqq Z\leqq 1.96)=0.95}$$

同様に，$2k=0.99$，つまり $k=\frac{0.99}{2}=0.495$ となるような t を正規分布表から探すと，最も近い値は $\boldsymbol{t=2.58}$ である。 ⇨ ③

(3) 標本比率 R は，n が大きいとき，近似的に正規分布 $N\left(p,\ \frac{p(1-p)}{n}\right)$ に従う。そして，大数の法則より，R は p に近いとみなしてよいから

$$\left|\frac{R-p}{\sqrt{\frac{R(1-R)}{n}}}\right|\leqq 1.96$$

より，p に対する信頼度 95 % の信頼区間は

$$R-1.96\sqrt{\frac{R(1-R)}{n}}\leqq p\leqq R+1.96\sqrt{\frac{R(1-R)}{n}}$$

ここで，$R=\frac{8}{400}=\frac{1}{50}$, $n=400$ より

$$\sqrt{\frac{R(1-R)}{n}}=\frac{1}{20}\sqrt{\frac{1}{50}\cdot\frac{49}{50}}=\frac{7}{1000}$$

であるから

$$R-1.96\sqrt{\frac{R(1-R)}{n}}$$
$$=\frac{1}{50}-\frac{196}{100}\cdot\frac{7}{1000}$$
$$=0.02-0.01372$$
$$=0.00628$$
$$R+1.96\sqrt{\frac{R(1-R)}{n}}$$
$$=\frac{1}{50}+\frac{196}{100}\cdot\frac{7}{1000}$$
$$=0.02+0.01372$$
$$=0.03372$$
したがって，求める信頼区間は
$$\mathbf{0.006 \leqq p \leqq 0.034}$$
母標準偏差 σ の母集団から抽出した大きさ n の無作為標本の標本平均を $\overline{W_1}$ とする。(2)より，m に対する信頼度 95 % の信頼区間は
$$\overline{W_1}-1.96\cdot\frac{\sigma}{\sqrt{n}}\leqq m\leqq\overline{W_1}+1.96\cdot\frac{\sigma}{\sqrt{n}}$$
これより
$$L_1=2\cdot1.96\cdot\frac{\sigma}{\sqrt{n}}$$
同様にして
$$L_2=2\cdot2.58\cdot\frac{\sigma}{\sqrt{n}}$$
であるから
$$L_1<L_2$$
また，同じ母集団から抽出した大きさ $\frac{n}{2}$ の無作為標本の標本平均を $\overline{W_2}$ とする。この標本から得られる母平均 m に対する信頼度 95 % の信頼区間は
$$\overline{W_2}-1.96\cdot\frac{\sigma}{\sqrt{\frac{n}{2}}}\leqq m$$
$$\leqq\overline{W_2}+1.96\cdot\frac{\sigma}{\sqrt{\frac{n}{2}}}$$
これより
$$L_3=2\cdot1.96\cdot\frac{\sqrt{2}\sigma}{\sqrt{n}}$$
$$=2\cdot1.96\cdot\sqrt{2}\cdot\frac{\sigma}{\sqrt{n}}$$
ここで
$$(1.96\cdot\sqrt{2})^2-(2.58)^2=7.6832-6.6564$$
$$=1.0268>0$$
であるから
$$L_2<L_3$$
よって
$$\mathbf{L_1<L_2<L_3}$$ ⇨ ⓪

第４問

(1) $a_n>0$ ならば $a_n\neq0$ である。

また，$a_n=-1$ のとき $a_n\neq0$ であるが，$a_n>0$ は成り立たない。

以上より，$a_n>0$ であることは，$a_n\neq0$ であるための**十分条件であるが，必要条件ではない。** ⇨ ①

これより，任意の自然数 n について
$$a_n>0 \quad\cdots\cdots ①$$
を示せば $a_n\neq0$ であることが示せるから，①を示す。

まず，$a_1=1$ より $n=1$ のとき①は成り立つ。

$n=k$ $(k\geqq1)$ のときの①の成立を仮定すると，**問題A** の漸化式より
$$a_{k+1}=\frac{a_k}{a_k+2}>0$$
となり，$n=k+1$ のときも①は成り立つ。よって，**数学的帰納法** により，任意の自然数 n について①は成り立つ。 ⇨ ③

$a_n\neq0$ より**問題A** の漸化式の逆数をとると
$$\frac{1}{a_{n+1}}=\frac{a_n+2}{a_n}=1+\frac{2}{a_n}$$
$p_n=\frac{1}{a_n}$ より
$$\mathbf{p_{n+1}=2p_n+1}$$
であり，このとき
$$\mathbf{p_{n+1}+1=2(p_n+1)}$$
であるから，数列 $\{p_n+1\}$ は**公比が 2 の等比数列である。** ⇨ ②

また，$p_1=\frac{1}{a_1}=1$ より，$p_1+1=2$ だから
$$p_n+1=2\cdot2^{n-1}=2^n$$
よって
$$p_n=2^n-1$$
したがって
$$\mathbf{a_n=\frac{1}{2^n-1}}$$

(2) **花子さんの方針**について，**問題B** の漸化式より
$$b_{n+1}=3b_n+10n-3 \quad\cdots\cdots ②$$
$$b_{n+2}=3b_{n+1}+10(n+1)-3 \quad\cdots ③$$
であるから，③ − ② より
$$b_{n+2}-b_{n+1}=3(b_{n+1}-b_n)+10$$
$q_n=b_{n+1}-b_n$ より
$$\mathbf{q_{n+1}=3q_n+10}$$
これは
$$q_{n+1}+5=3(q_n+5)$$
と変形できるから，数列 $\{q_n+5\}$ は公比 3 の等比

数列である。また，$b_1=1$ であるから②より

$$b_2=3b_1+10\cdot1-3=10$$

よって

$$q_1=10-1=9$$

したがって，$q_1+5=14$ より

$$q_n+5=14\cdot3^{n-1}$$

ゆえに

$$\boldsymbol{q_n=14\cdot3^{n-1}-5}$$

太郎さんの方針について，

$r_n=b_n+xn+y$（x，y は定数）とおくと

$$r_{n+1}=3r_n$$

が成り立つとき

$$b_{n+1}+x(n+1)+y=3(b_n+xn+y)$$

これを整理すると

$$b_{n+1}=3b_n+2xn-x+2y$$

であり，これが②と等しくなるためには

$$2x=10,\ -x+2y=-3$$

よって

$$x=5,\ y=1$$

すなわち

$$\boldsymbol{r_n=b_n+5n+1}$$

と定めればよい。

よって，**太郎さんの方針**で解くと，$b_1=1$ より

$$r_1=b_1+5\cdot1+1=7$$

であるから

$$r_n=7\cdot3^{n-1}$$

ゆえに

$$\boldsymbol{b_n=7\cdot3^{n-1}-5n-1}$$

(3) $c_1=1$ より数学的帰納法により，任意の自然数 n について

$$c_n>0$$

であることが示せるから，$s_n=\dfrac{1}{c_n}$ とおくと

$$\frac{1}{c_{n+1}}=\frac{n^2c_n+2}{c_n}=n^2+\frac{2}{c_n}$$

より

$$s_{n+1}=2s_n+n^2 \quad\cdots\cdots\cdots④$$

ここで，$t_n=s_n+xn^2+yn+z$（x，y，z は定数）とおくと

$$t_{n+1}=2t_n$$

が成り立つとき

$$s_{n+1}+x(n+1)^2+y(n+1)+z$$
$$=2(s_n+xn^2+yn+z)$$

これを整理すると

$$s_{n+1}=2s_n+xn^2+(-2x+y)n-x-y+z$$

であり，これが④と等しくなるためには

$$x=1,\ -2x+y=0,\ -x-y+z=0$$

よって

$$x=1,\ y=2,\ z=3$$

このとき，数列 $\{t_n\}$ は公比 2 の等比数列になり，$c_1=1$ より

$$t_1=\frac{1}{c_1}+1\cdot1+2\cdot1+3=7$$

であるから

$$t_n=7\cdot2^{n-1}$$

したがって

$$s_n=7\cdot2^{n-1}-n^2-2n-3$$

以上より

$$\boldsymbol{c_n=\frac{1}{7\cdot2^{n-1}-n^2-2n-3}}$$

別解

(2)は**花子さんの方針**で解いてもよい。すなわち，$n\geqq2$ のとき

$$\begin{aligned}b_n&=b_1+\sum_{k=1}^{n-1}q_k\\&=1+\sum_{k=1}^{n-1}(14\cdot3^{k-1}-5)\\&=1+14\cdot\frac{3^{n-1}-1}{3-1}-5(n-1)\\&=7\cdot3^{n-1}-5n-1\end{aligned}$$

これは $n=1$ のときも成り立つ。

(3)の④についても，**花子さんの方針**のように求めることができるが，階差数列を 2 回とらなければならず得策とはいえない。

第5問

(1) $\overrightarrow{\mathrm{AP}}=k\overrightarrow{\mathrm{AB}}$ について

(i) 点 $\mathrm{P}(\vec{p})$ が点 $\mathrm{A}(\vec{a})$ に関して，点 $\mathrm{B}(\vec{b})$ の反対側にあるとき

$$k<0$$

すなわち，k は**負の値をとる**。 ⇨ ①

(ii) 点 $\mathrm{P}(\vec{p})$ が線分 AB（端点を含む）上にあるとき

- 点 $\mathrm{P}(\vec{p})$ は点 $\mathrm{A}(\vec{a})$ に関して点 $\mathrm{B}(\vec{b})$ と同じ側にある，または $\mathrm{P}=\mathrm{A}$
- $\mathrm{AP}\leqq\mathrm{AB}$

が成り立つから，k のとり得る値の範囲は

$$k\geqq0 \text{ かつ } |k|\leqq1$$

よって

$$\boldsymbol{0\leqq k\leqq1}$$

(2) $\vec{p}=s\vec{a}+t\vec{b}$ について

(i) M は線分 OA の中点であるから

$$\overrightarrow{\mathrm{OM}}=\frac{1}{2}\vec{a}$$

これより

$$\vec{p}=s\cdot 2\overrightarrow{\mathrm{OM}}+t\vec{b}$$
$$=\mathbf{2s\overrightarrow{OM}+t\overrightarrow{OB}}$$

であり，点 $\mathrm{P}\left(\vec{p}\right)$ が直線 MB 上にあるとき，(1) より

$$\mathbf{2s+t=1}$$

(ii) $2s+3t=1$ のとき

$$\vec{p}=2s\cdot\frac{1}{2}\vec{a}+3t\cdot\frac{1}{3}\vec{b}$$

と変形することで，線分 OA を **1：1** に内分する点（中点）M，線分 OB を **1：2** に内分する点 N に対して，点 $\mathrm{P}\left(\vec{p}\right)$ は M，N を結ぶ直線上にあることがわかる。

(iii) $0\leqq s\leqq 1$，$0\leqq t\leqq 1$ より

$$2s+3t\geqq 0$$

$0<\ell\leqq 1$ を満たす実数 ℓ に対して，$2s+3t=\ell$ とおくと

$$\frac{2s}{\ell}+\frac{3t}{\ell}=1$$

そして，(2)(ii)の点 M，N に対して

$$\vec{p}=2s\overrightarrow{\mathrm{OM}}+3t\overrightarrow{\mathrm{ON}}$$
$$=\frac{2s}{\ell}\cdot\ell\overrightarrow{\mathrm{OM}}+\frac{3t}{\ell}\cdot\ell\overrightarrow{\mathrm{ON}}$$

と変形することで，(2)(ii)と同様にして，点 $\mathrm{P}\left(\vec{p}\right)$ は $\overrightarrow{\mathrm{OM'}}=\ell\overrightarrow{\mathrm{OM}}$，$\overrightarrow{\mathrm{ON'}}=\ell\overrightarrow{\mathrm{ON}}$ を満たす点 M′，N′ を結ぶ直線上にあることがわかる。

さらに，$0\leqq s\leqq 1$，$\dfrac{2s}{\ell}+\dfrac{3t}{\ell}=1$ より

$$0\leqq\frac{2s}{\ell}=1-\frac{3t}{\ell}$$

であるから

$$\frac{3t}{\ell}\leqq 1$$

また，$0\leqq t\leqq 1$ より

$$0\leqq\frac{3t}{\ell}$$

であるから，これらを合わせて

$$0\leqq\frac{3t}{\ell}\leqq 1$$

同様にして

$$0\leqq\frac{2s}{\ell}\leqq 1$$

であるから，(1)(ii)の結果より，点 $\mathrm{P}\left(\vec{p}\right)$ は線分 M′N′ 上にあることがわかる。

$\ell=0$ の場合は P＝O であるから，ℓ を $0\leqq\ell\leqq 1$ の範囲で動かすと，点 $\mathrm{P}\left(\vec{p}\right)$ は △OMN の周上および内部に存在することがわかる。

OA＝4，OB＝6 より

$$\mathrm{OM}=\frac{1}{2}\mathrm{OA}=2,\ \mathrm{ON}=\frac{1}{3}\mathrm{OB}=2$$

これと，$\angle\mathrm{AOB}=60^\circ$ より，点 $\mathrm{P}\left(\vec{p}\right)$ の存在する領域の面積 S は

$$\boldsymbol{S}=\frac{1}{2}\cdot 2\cdot 2\sin 60^\circ$$
$$=\sqrt{3}$$

(iv) 点 $\mathrm{Q}\left(\vec{q}\right)$ が $\left|\vec{q}-\vec{p}\right|=1$ を満たすとき，点 $\mathrm{P}\left(\vec{p}\right)$ を固定すると，点 $\mathrm{Q}\left(\vec{q}\right)$ は点 $\mathrm{P}\left(\vec{p}\right)$ を中心とする半径 1 の円周上の点である。

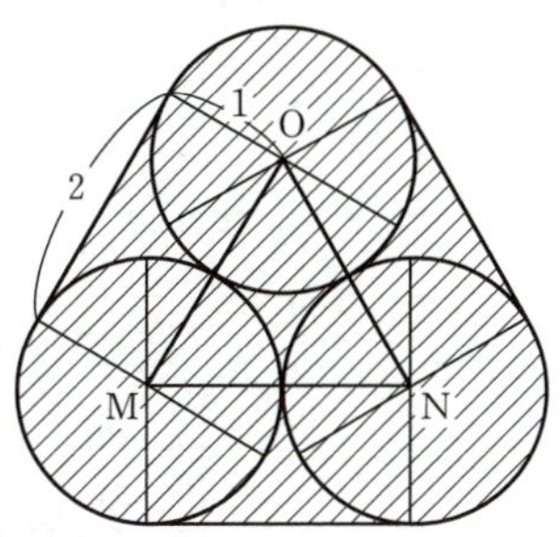

点 $\mathrm{P}\left(\vec{p}\right)$ が(iii)の範囲を動くとき，点 $\mathrm{Q}\left(\vec{q}\right)$ の存在範囲は図の斜線部分となる。ただし，境界を含む。

よって，点 $\mathrm{Q}\left(\vec{q}\right)$ の存在する領域の面積は

3×（2 辺の長さが 1，2 の長方形）

＋3×（中心角 120°，半径 1 のおうぎ形）

＋△OMN

$$=\boldsymbol{\pi+6+\sqrt{3}}$$

⇨ ③

模試 第2回
解　　答

問題番号(配点)	解答記号	正解	配点	自己採点
第1問 (30)	ア，イ，ウ	⑥，⑦，①	各1	
	$y=$ エ，$y=$ オ	$y=4$，$y=3$	各2	
	カ	⓪	1	
	キ 個，ク 個	6個，2個	2	
	ケコサシ 円	9000円	1	
	ス，セ	②，⓪	各2	
	ソ，タ	①，③	各1	
	チ，ツ	①，③※	2	
	テ	③	2	
	トナ $\left(\sin x-\frac{ニ}{ヌ}\right)^2+\frac{ネ}{ノ}$	$-2\left(\sin x-\frac{1}{2}\right)^2+\frac{3}{2}$	3	
	最大値は $\frac{ハ}{ヒ}$，最小値は フヘ	最大値は $\frac{3}{2}$，最小値は -3	各2	
	ホ	⓪	2	
第2問 (30)	$a=$ アイ ウ，$b=$ エ オ	$a=-6$ ⓪，$b=9$ ①	各2	
	$c=$ カ	$c=0$	1	
	キ	②	3	
	ク α	4α	2	
	$S_1=\frac{ケコ}{サ}\alpha^{シ}$	$S_1=\frac{27}{4}\alpha^4$	3	
	ス	⓪	2	
	(セ α，ソ $\alpha^{タ}$)	$(2\alpha,\ 2\alpha^3)$	2	
	チ，ツ	④，⑦	各2	
	(テ $r+$ ト α，ナ r^3+ ニ αr^2- ヌ $\alpha^2 r+$ ネ α^3)	$(-r+4\alpha,\ -r^3+6\alpha r^2-9\alpha^2 r+4\alpha^3)$	3	
	ノ	⓪	3	
	ハ	⓪	3	

問題番号(配点)	解答記号	正解	配点	自己採点
第3問 (20)	$\frac{\text{ア}}{\text{イ}}$	$\frac{1}{4}$	2	
	ウ 人以上，$\frac{\text{エ}}{\text{オカ}}$	4 人以上，$\frac{3}{16}$	1，2	
	$\frac{\text{キ}}{\text{ク}}$，ケ，コ	$\frac{1}{2}$，①，⑤	各 2	
	$p_{36}=$ サ.シス	$p_{36}=0.66$	2	
	$p_{324}=$ セ.ソタ	$p_{324}=0.55$	2	
	チ	②	2	
	ツ，テ，ト	②，⓪，⓪	3	
第4問 (20)	ア，イ，ウ	③，①，9	各 1	
	エ，オ	3，②	3	
	$S_n=\frac{\text{カ}}{\text{キ}}(3^n-\text{ク})$	$S_n=\frac{3}{2}(3^n-1)$	3	
	$x=\frac{\text{ケ}}{\text{コ}}$，サ，シ	$x=\frac{1}{2}$，②，1	各 1	
	$t_n=\left(n-\frac{\text{ス}}{\text{セ}}\right)\cdot 3^n$	$t_n=\left(n-\frac{3}{2}\right)\cdot 3^n$	4	
	$\left(n-\frac{\text{ソ}}{\text{タ}}\right)\cdot 3^{\text{チ}}+\frac{\text{ツ}}{\text{テ}}$	$\left(n-\frac{1}{2}\right)\cdot 3^{②}+\frac{3}{2}$	4	
第5問 (20)	$\frac{1}{\text{ア}}\vec{a}$，$\frac{1}{\text{イ}}\vec{a}+\frac{\text{ウ}}{\text{エ}}\vec{b}$，$\frac{1}{\text{オ}}\vec{b}+\frac{\text{カ}}{\text{キ}}\vec{c}$	$\frac{1}{3}\vec{a}$，$\frac{1}{4}\vec{a}+\frac{3}{4}\vec{b}$，$\frac{1}{3}\vec{b}+\frac{2}{3}\vec{c}$	各 1	
	$\frac{\text{ク}-x-\text{ケ}y}{\text{コサ}}$，$\frac{\text{シ}x+\text{ス}y}{\text{コサ}}$，$\frac{\text{セ}y}{\text{ソ}}$	$\frac{4-x-4y}{12}$，$\frac{9x+4y}{12}$，$\frac{2y}{3}$	3	
	$x=\frac{\text{タチ}}{\text{ツ}}$，$y=\frac{\text{テ}}{\text{ト}}$	$x=\frac{-1}{2}$，$y=\frac{9}{8}$	3	
	ナ：1	3：1	2	
	$\frac{\text{ニ}-s}{\text{ヌネ}}$，$\frac{\text{ノ}s}{\text{ハ}}$	$\frac{4-s}{12}$，$\frac{3s}{4}$	2	
	$s=$ ヒ，$t=\frac{\text{フ}}{\text{ヘ}}$	$s=4$，$t=\frac{9}{8}$	各 2	
	ホ	⑥	3	

（注）第 1 問，第 2 問は必答。第 3 問～第 5 問のうちから 2 問選択。計 4 問を解答。
なお，上記以外のものについても得点を与えることがある。正解欄に※があるものは，解答の順序は問わない。

第1問小計		第2問小計		第3問小計		第4問小計		第5問小計		合計点	/100

第1問

〔1〕

(1)　黒い塗料について，業者 X のセットを x 個，業者 Y のセットを y 個購入したときの量は

$(300x+100y)$mL

であり，1200mL 必要であるから

$\boldsymbol{300x+100y \geqq 1200}$　⇨ ⑥

白い塗料について，業者 X のセットを x 個，業者 Y のセットを y 個購入したときの量は

$(300x+200y)$mL

であり，2000mL 必要であるから

$\boldsymbol{300x+200y \geqq 2000}$　⇨ ⑦

青い塗料について，業者 X のセットを x 個，業者 Y のセットを y 個購入したときの量は

$(100x+200y)$mL

であり，1000mL 必要であるから

$\boldsymbol{100x+200y \geqq 1000}$　⇨ ①

(2)　(1)より，黒い塗料について

$y \geqq -3x+12$

白い塗料について

$y \geqq -\frac{3}{2}x+10$

青い塗料について

$y \geqq -\frac{1}{2}x+5$

$x=4$ のとき

$y \geqq 0$ かつ $y \geqq 4$ かつ $y \geqq 3$

であるから，y の最小値は

$\boldsymbol{y=4}$

$x=5$ のとき

$y \geqq -3$ かつ $y \geqq \frac{5}{2}$

であるから，y の最小値は

$\boldsymbol{y=3}$

(3)　送料を除いたときの費用は，業者 X のセットを x 個，業者 Y のセットを y 個購入するので

$\boldsymbol{1000x+1500y}$ **(円)**　⇨ ⓪

ここで，$1000x+1500y=k$ とおくと

$y=-\frac{2}{3}x+\frac{k}{1500}$　………………(*)

であるから，(*) の直線が(1)で求めた条件をすべて満たす領域を通過するときに，(*) の直線が通る点の座標 $(x,\ y)$ とそのときの k の値を考えればよい。

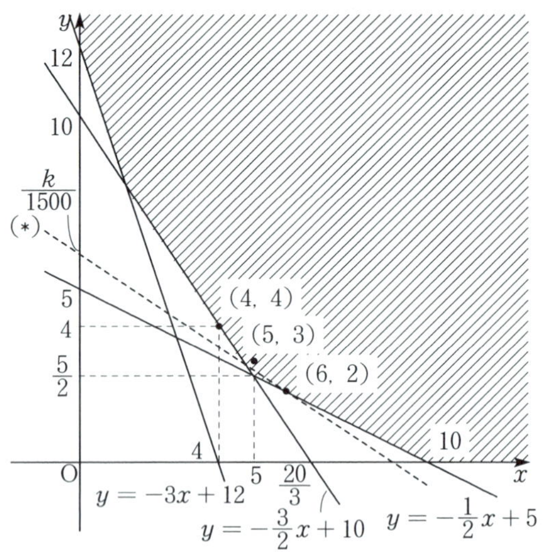

直線の傾きについて，$-\frac{3}{2}<-\frac{2}{3}<-\frac{1}{2}$ であることと，x，y が 0 以上の整数であることに注意すると，図より，(*) の直線が点 $(6,\ 2)$ を通るときに，k は最小値をとり

$2=-\frac{2}{3}\cdot 6+\frac{k}{1500}$

すなわち

$k=9000$

となるので，送料を除いたときの費用が最も安くなるのは

業者 X のセットを **6 個**，

業者 Y のセットを **2 個**

購入するときであり，このときの費用は

9000 円

である。

(4)　業者 X の送料を X（円），業者 Y の送料を Y（円）とする。

業者 X のみを利用する場合，$y=0$ より(1)の不等式は

$300x \geqq 1200$ すなわち $x \geqq 4$

$300x \geqq 2000$ すなわち $x \geqq \frac{20}{3}$

$100x \geqq 1000$ すなわち $x \geqq 10$

であるから，三つの条件をすべて満たす x の最小値は

$x=10$

よって，業者 X のみを利用する場合の費用の最小値は

$1000\cdot 10+X=10000+X$（円）

同様に，業者 Y のみを利用する場合，3 つの条件をすべて満たす y の最小値は

$y = 12$

よって，業者 Y のみを利用する場合の費用の最小値は

$1500 \cdot 12 + Y = 18000 + Y$（円）

業者 X と業者 Y の両方を利用する場合の費用の最小値は，(3)より

$9000 + X + Y$（円）

であるから，

(i)で費用が最も安いのは

業者 X と業者 Y の両方を使うとき ⇨ ②

(ii)で費用が最も安いのは

業者 X だけを使うとき ⇨ ⓪

である。

〔2〕

(1) $\cos x$ の周期は 2π であるから，$\cos 2x$ の周期は

$\boldsymbol{\pi}$ ⇨ ①

$\sin x$ の周期は 2π であるから，$2\sin x$ の周期は

$\boldsymbol{2\pi}$ ⇨ ③

ここで

$\cos 2x = \cos 2(x+\pi) = \cos 2(x+2\pi)$

$2\sin x = 2\sin(x+2\pi)$

より，すべての実数 x に対して

$\cos 2x + 2\sin x$

$= \cos 2(x+2\pi) + 2\sin(x+2\pi)$

が成り立つので，$\cos 2x + 2\sin x$ の周期は 2π 以下である。

また，$0 \leqq x < 2\pi$ において $\cos 2x + 2\sin x = 1$ となる x の値は

$\cos 2x + 2\sin x = 1$

$(1 - 2\sin^2 x) + 2\sin x = 1$

$2\sin^2 x - 2\sin x = 0$

$\sin x(\sin x - 1) = 0$

$\sin x = 0$ または $\sin x = 1$

より

$\boldsymbol{x = 0,\ \dfrac{\pi}{2},\ \pi}$ ⇨ ①，③

であり，x をすべての実数としたときに $\cos 2x + 2\sin x = 1$ となる x の値は

$x = n\pi$ または $x = 2n'\pi + \dfrac{\pi}{2}$

（n，n' は整数）

であるから，$\cos 2x + 2\sin x$ の周期は 2π 以上である。

よって，$\cos 2x + 2\sin x$ の周期は $\boldsymbol{2\pi}$ である。

⇨ ③

(2) $\cos 2x + 2\sin x$

$= -2\sin^2 x + 2\sin x + 1$

$= -2\left(\sin x - \dfrac{1}{2}\right)^2 + \dfrac{3}{2}$

であり，$-1 \leqq \sin x \leqq 1$ であるから

最大値は $\dfrac{3}{2}$ $\left(\sin x = \dfrac{1}{2}\text{ のとき}\right)$

最小値は -3（$\sin x = -1$ のとき）

(3) (1)，(2)の結果から，周期や最大値・最小値をもとにグラフが正しくかかれているものを考える。

周期が 2π のグラフは ⓪，②，④ であり，このうち，(2)で求めた最大値 $\dfrac{3}{2}$ と最小値 -3 をとるグラフは ⓪ である。

第2問

(1) $f(0) = 0$ より

$\boldsymbol{c = 0}$

$f'(x) = 3x^2 + 2ax + b$ において，$f'(\alpha) = 0$ より

$3\alpha^2 + 2a\alpha + b = 0$ ……………………①

$f'(3\alpha) = 0$ より

$27\alpha^2 + 6a\alpha + b = 0$ ………………… ②

①，②より

$\boldsymbol{a = -6\alpha}$ ⇨ ⓪

$\boldsymbol{b = 9\alpha^2}$ ⇨ ①

よって，$f(x) = x^3 - 6\alpha x^2 + 9\alpha^2 x$ となるので

$f(3\alpha) = 27\alpha^3 - 6\alpha \cdot 9\alpha^2 + 9\alpha^2 \cdot 3\alpha = 0$

で，$f(x)$ の x^3 の係数が正であるから，グラフの概形として最も適当なものは ② である。 ⇨ ②

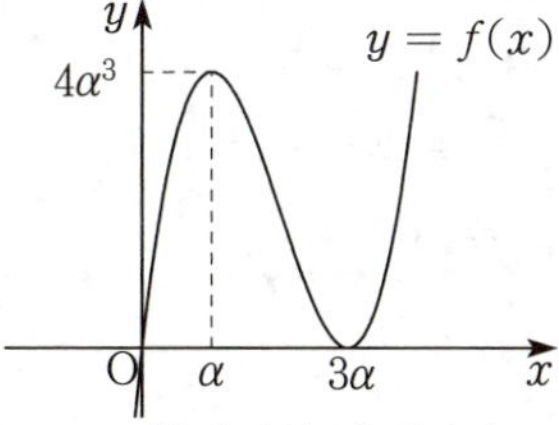

(2) 点 P は $y = f(x)$ が極大値をとる点であるから

$\ell_1 : y = 4\alpha^3$

直線 ℓ_1 と曲線 $y = f(x)$ の共有点の x 座標は

$x^3 - 6\alpha x^2 + 9\alpha^2 x = 4\alpha^3$

$(x-\alpha)^2(x - 4\alpha) = 0$

より

α と $\boldsymbol{4\alpha}$

であるから

$\boldsymbol{S_1}$

$$= \int_{\alpha}^{4\alpha} \{4\alpha^3 - (x^3 - 6\alpha x^2 + 9\alpha^2 x)\} dx$$

$$= \int_{\alpha}^{4\alpha} (-x^3 + 6\alpha x^2 - 9\alpha^2 x + 4\alpha^3) dx$$

$$= \left[-\frac{x^4}{4} + 2\alpha x^3 - \frac{9}{2}\alpha^2 x^2 + 4\alpha^3 x \right]_{\alpha}^{4\alpha}$$

$$= \boldsymbol{\frac{27}{4}\alpha^4}$$

点 Q は $y = f(x)$ が極小値をとる点であるから

$\ell_2 : y = 0$

直線 ℓ_2 と曲線 $y = f(x)$ の共有点の x 座標は

0 と 3α

であるから

$$S_2 = \int_0^{3\alpha} (x^3 - 6\alpha x^2 + 9\alpha^2 x) dx$$

$$= \left[\frac{x^4}{4} - 2\alpha x^3 + \frac{9}{2}\alpha^2 x^2 \right]_0^{3\alpha}$$

$$= \frac{27}{4}\alpha^4$$

よって

$\boldsymbol{S_1 = S_2}$ ⇨ ⓪

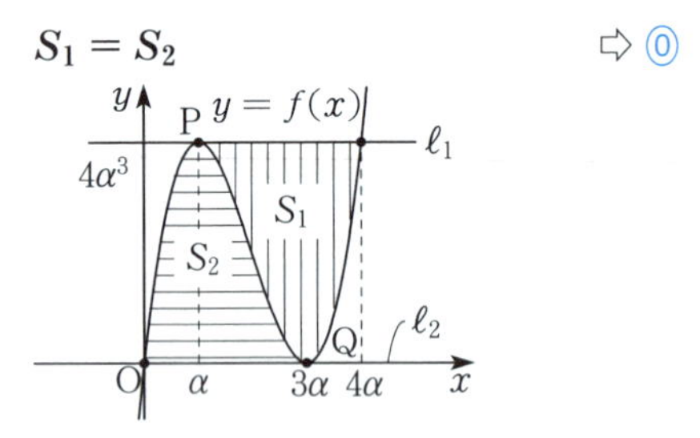

(3)(i) $P(\alpha,\ 4\alpha^3)$, $Q(3\alpha,\ 0)$ より線分 PQ の中点 M は

$\mathrm{M}(\boldsymbol{2\alpha},\ \boldsymbol{2\alpha^3})$

であり, $R(r,\ r^3 - 6\alpha r^2 + 9\alpha^2 r)$ より, 点 T の座標を $(X,\ Y)$ とすると

$\boldsymbol{\dfrac{X + r}{2} = 2\alpha}$ ⇨ ④

$\boldsymbol{\dfrac{Y + f(r)}{2} = 2\alpha^3}$ ⇨ ⑦

より

$X = -r + 4\alpha$,

$Y = -r^3 + 6\alpha r^2 - 9\alpha^2 r + 4\alpha^3$

であるから, T の座標は

$\mathrm{T}(\boldsymbol{-r + 4\alpha},\ \boldsymbol{-r^3 + 6\alpha r^2 - 9\alpha^2 r + 4\alpha^3})$

ここで

$f(-r + 4\alpha)$

$= (-r + 4\alpha)^3 - 6\alpha(-r + 4\alpha)^2 + 9\alpha^2(-r + 4\alpha)$

$= -r^3 + 6\alpha r^2 - 9\alpha^2 r + 4\alpha^3$

より, **点 T は点 R の位置に関係なく曲線 $\boldsymbol{y = f(x)}$ 上の点であり**

$f'(r) = 3r^2 - 12\alpha r + 9\alpha^2$

と

$f'(-r + 4\alpha)$

$= 3(-r + 4\alpha)^2 - 12\alpha(-r + 4\alpha) + 9\alpha^2$

$= 3r^2 - 12\alpha r + 9\alpha^2$

より, **点 R における接線と点 T における接線の傾きは等しい。** ⇨ ⓪

(ii) 曲線 $y = f(x)$ は点 M に関して対称であるから, 点 T における接線 ℓ_5 と曲線 $y = f(x)$ によって囲まれてできる図形は, 点 R における接線 ℓ_3 と曲線 $y = f(x)$ によって囲まれてできる図形を, 点 M に関して対称移動させた図形である。

直線 ℓ_5 と曲線 $y = f(x)$ によって囲まれてできる図形の面積を S_5 とし, ℓ_5 の傾きを m_5 とすると

$S_3 = S_5$ かつ $m_3 = m_5$

であることに注意すると, m_4 の値が m_3 よりも大きくなると S_4 の値も大きくなり, m_4 の値が m_3 よりも小さくなると S_4 の値も小さくなるので, 命題(a)〜(c)はいずれも**真**である。 ⇨ ⓪

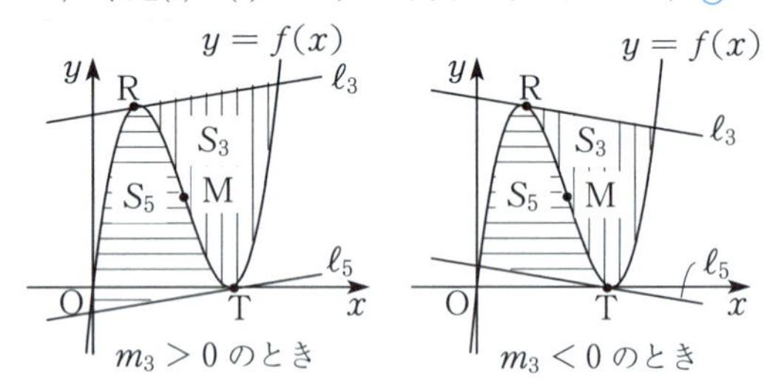

第3問

(1) **$n = 2$ のとき, A 案が【可決】されるのは, 2 人が「賛成」に投票したときなので, A 案が【可決】される確率は**

$${}_2C_2\left(\frac{1}{2}\right)^2 \cdot \left(\frac{1}{2}\right)^0 = \boldsymbol{\frac{1}{4}}$$

$n = 5$ のとき, A 案が【可決】されるのは

$$\frac{3}{5} < \frac{11}{18} < \frac{4}{5}$$

より,「賛成」に投票した人が **4** 人以上のときであるから, A 案が【可決】される確率は

$${}_5C_5\left(\frac{1}{2}\right)^5 \cdot \left(\frac{1}{2}\right)^0 + {}_5C_4\left(\frac{1}{2}\right)^4 \cdot \left(\frac{1}{2}\right)^1$$

$$= \frac{1}{2^5} + \frac{5}{2^5}$$

$$= \boldsymbol{\frac{3}{16}}$$

(2) 「花子モデル」について，n 人を無作為に選んだ標本における「賛成」に投票する生徒の数が $\frac{n}{2}$ 人であると仮定するから，標本比率は $\frac{1}{2}$ である。

よって，n が十分に大きいとき，「賛成」に投票した生徒の割合（母比率）に対する 95 %の信頼区間は

$$\frac{1}{2}-1.96\times\sqrt{\frac{\frac{1}{2}\left(1-\frac{1}{2}\right)}{n}}\leqq p\leqq\frac{1}{2}+1.96\times\sqrt{\frac{\frac{1}{2}\left(1-\frac{1}{2}\right)}{n}}$$

すなわち

$$\mathbf{\frac{1}{2}-1.96\times\frac{1}{2\sqrt{n}}\leqq p\leqq\frac{1}{2}+1.96\times\frac{1}{2\sqrt{n}}}$$

⇨ ①，⑤

$n=36$ のとき，「賛成」に投票する生徒の割合（母比率）に対する 95 %の信頼区間は

$$\frac{1}{2}-1.96\times\frac{1}{2\sqrt{36}}\leqq p\leqq\frac{1}{2}+1.96\times\frac{1}{2\sqrt{36}}$$

であり

$$1.96\times\frac{1}{2\sqrt{36}}=1.96\times\frac{1}{12}=0.163\cdots$$

より

$$p_{36}=0.5+1.96\times\frac{1}{12}=0.663\cdots\fallingdotseq \mathbf{0.66}$$

また，$n=324$ のとき

$$1.96\times\frac{1}{2\sqrt{324}}=1.96\times\frac{1}{36}=0.054\cdots$$

より

$$p_{324}=0.5+1.96\times\frac{1}{36}=0.554\cdots\fallingdotseq \mathbf{0.55}$$

x_n は n の値に関係なく $x_n=\frac{11}{18}=0.611\cdots$ であるから

$$\mathbf{p_{36}>x_{36}\text{ かつ }p_{324}<x_{324}}$$

⇨ ②

(3) n 人を無作為に選んだとき，n は十分に大きいとすると

$$x_n=\frac{11}{18}$$

$$p_n=\frac{1}{2}+1.96\times\frac{1}{2\sqrt{n}}=\frac{1}{2}+\frac{49}{50\sqrt{n}}$$

であるから，$x_n\geqq p_n$ のとき

$$\frac{11}{18}\geqq\frac{1}{2}+\frac{49}{50\sqrt{n}}$$

$$\frac{1}{9}\geqq\frac{49}{50\sqrt{n}}$$

$$\sqrt{n}\geqq\frac{49\cdot 9}{50}$$

両辺を 2 乗して

$$n\geqq\frac{49^2\cdot 9^2}{50^2}$$

$$n\geqq 77.7924$$

よって

$x_n\geqq p_n$ のとき　$n\geqq 77.7924$
$x_n=p_n$ のとき　$n=77.7924$
$x_n\leqq p_n$ のとき　$n\leqq 77.7924$

であるから

$n=48$ のとき　$\mathbf{x_n\leqq p_n}$　⇨ ②
$n=78$ のとき　$\mathbf{x_n\geqq p_n}$　⇨ ⓪
$n=124$ のとき　$\mathbf{x_n\geqq p_n}$　⇨ ⓪

第４問

(1) $\frac{1}{\sqrt{k+1}+\sqrt{k}}$ の分母・分子にそれぞれ

$\mathbf{\sqrt{k+1}-\sqrt{k}}$　⇨ ③

をかけると

$$\begin{aligned}&\frac{1}{\sqrt{k+1}+\sqrt{k}}\\&=\frac{\sqrt{k+1}-\sqrt{k}}{(\sqrt{k+1}+\sqrt{k})(\sqrt{k+1}-\sqrt{k})}\\&=\frac{\sqrt{k+1}-\sqrt{k}}{(k+1)-k}\\&=\sqrt{k+1}-\sqrt{k}\end{aligned}$$

⇨ ①

となり，分母を有理化して整理できる。

したがって

$$\begin{aligned}&\sum_{k=1}^{99}\frac{1}{\sqrt{k+1}+\sqrt{k}}\\&=\sum_{k=1}^{99}(\sqrt{k+1}-\sqrt{k})\\&=(\sqrt{100}-\sqrt{99})+(\sqrt{99}-\sqrt{98})\\&\qquad+\cdots+(\sqrt{3}-\sqrt{2})+(\sqrt{2}-\sqrt{1})\\&=\sqrt{100}-\sqrt{1}\\&=\mathbf{9}\end{aligned}$$

(2) 初項 3，公比 3 の等比数列の初項から第 n 項までの和

$$S_n=3+3^2+\cdots+3^{n-1}+3^n\quad\cdots ①$$

の両辺に **3** をかけると

$$3S_n=3^2+3^3+\cdots+3^n+3^{n+1}\quad\cdots ②$$

① − ② より

$$\mathbf{S_n-3S_n=3-3^{n+1}}\quad\cdots\cdots ③$$

となる。⇨ ②

よって，③より

$$-2S_n=3-3^{n+1}$$

$$S_n = \frac{3^{n+1} - 3}{2}$$

$$\boldsymbol{S_n = \frac{3}{2}(3^n - 1)}$$

x を定数として，$s_n = x \cdot 3^n$ とおくと

$$3^n = s_{n+1} - s_n$$

となるならば

$$\begin{aligned} 3^n &= x \cdot 3^{n+1} - x \cdot 3^n \\ &= 3x \cdot 3^n - x \cdot 3^n \\ &= 2x \cdot 3^n \end{aligned}$$

より

$$2x = 1$$

$$\boldsymbol{x = \frac{1}{2}}$$

であるから，$s_n = \frac{1}{2} \cdot 3^n$ とおくと

$$\begin{aligned} \boldsymbol{S_n} &= \sum_{k=1}^{n}(s_{k+1} - s_k) \\ &= \boldsymbol{s_{n+1} - s_1} \quad ⇨ ② \\ &= \frac{1}{2} \cdot 3^{n+1} - \frac{1}{2} \cdot 3 \\ &= \frac{3}{2}(3^n - 1) \end{aligned}$$

(3) 数列 $\{a_n\}$ を $a_n = 2n \cdot 3^n$ とし，数列 $\{t_n\}$ を

$$t_n = (yn + z) \cdot 3^n \quad (y,\ z \text{ は定数})$$

とする。このとき

$$a_n = t_{n+1} - t_n$$

となるならば

$$\begin{aligned} &2n \cdot 3^n \\ &= \{y(n+1) + z\} \cdot 3^{n+1} - (yn + z) \cdot 3^n \\ &= \{3y(n+1) + 3z - yn - z\} \cdot 3^n \\ &= (2yn + 3y + 2z) \cdot 3^n \end{aligned}$$

したがって

$$2y = 2,\ 3y + 2z = 0$$

すなわち

$$y = 1,\ z = -\frac{3}{2}$$

とすればよい。

よって，$\boldsymbol{t_n = \left(n - \frac{3}{2}\right) \cdot 3^n}$ とおくと

$$\begin{aligned} &\boldsymbol{\sum_{k=1}^{n} 2k \cdot 3^k} \\ &= \sum_{k=1}^{n}(t_{k+1} - t_k) = t_{n+1} - t_1 \\ &= \left\{(n+1) - \frac{3}{2}\right\} \cdot 3^{n+1} - \left(1 - \frac{3}{2}\right) \cdot 3 \\ &= \boldsymbol{\left(n - \frac{1}{2}\right) \cdot 3^{n+1} + \frac{3}{2}} \quad ⇨ ② \end{aligned}$$

となる。

研究

本問では

(A) $S_n - S_n \times 3$ より途中の項を消す

(B) $(*)$ を利用する

の 2 通りの方法を紹介している。(3)は，(B)を用いる問題としているが，(A)の考え方を用いて求めることもできる。この場合

$$S = 2\cdot3 + 4\cdot3^2 + \cdots + 2(n-1)\cdot3^{n-1} + 2n\cdot3^n$$

の両辺に 3 をかけて辺々引いても途中の項は消えないが，等比数列の和が現れるので計算することができる。

第5問

(1) 3 点 P，Q，R はそれぞれ辺 OA を 1：2，辺 AB を 3：1，辺 BC を 2：1 に内分する点であるから，$\overrightarrow{OA} = \vec{a}$，$\overrightarrow{OB} = \vec{b}$，$\overrightarrow{OC} = \vec{c}$ より

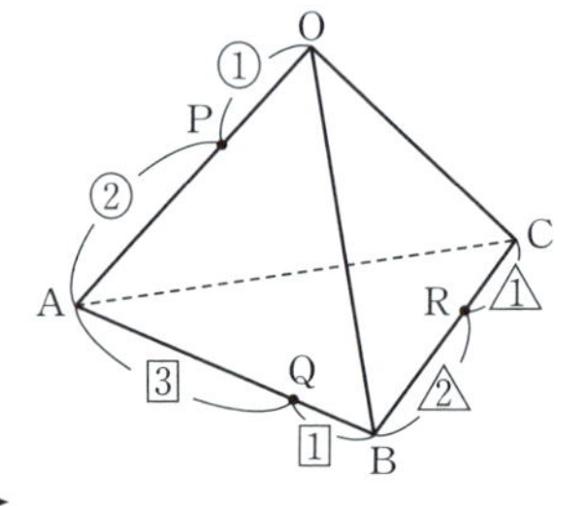

$$\begin{aligned} \boldsymbol{\overrightarrow{OP}} &= \frac{1}{3}\overrightarrow{OA} \\ &= \boldsymbol{\frac{1}{3}\vec{a}} \quad \cdots\cdots ① \end{aligned}$$

$$\begin{aligned} \boldsymbol{\overrightarrow{OQ}} &= \frac{1 \cdot \overrightarrow{OA} + 3\overrightarrow{OB}}{3+1} \\ &= \boldsymbol{\frac{1}{4}\vec{a} + \frac{3}{4}\vec{b}} \quad \cdots\cdots ② \end{aligned}$$

$$\begin{aligned} \boldsymbol{\overrightarrow{OR}} &= \frac{1 \cdot \overrightarrow{OB} + 2\overrightarrow{OC}}{2+1} \\ &= \boldsymbol{\frac{1}{3}\vec{b} + \frac{2}{3}\vec{c}} \quad \cdots\cdots ③ \end{aligned}$$

(i) 点 S は平面 PQR 上の点なので，実数 x，y を用いて

$$\overrightarrow{PS} = x\overrightarrow{PQ} + y\overrightarrow{PR}$$

と表せるから，①〜③ より

$$\begin{aligned} &\overrightarrow{OS} \\ &= \overrightarrow{OP} + \overrightarrow{PS} \\ &= \overrightarrow{OP} + x\overrightarrow{PQ} + y\overrightarrow{PR} \\ &= \overrightarrow{OP} + x(\overrightarrow{OQ} - \overrightarrow{OP}) + y(\overrightarrow{OR} - \overrightarrow{OP}) \\ &= (1 - x - y)\overrightarrow{OP} + x\overrightarrow{OQ} + y\overrightarrow{OR} \\ &= \frac{1 - x - y}{3}\vec{a} \\ &\qquad + x\left(\frac{1}{4}\vec{a} + \frac{3}{4}\vec{b}\right) \\ &\qquad + y\left(\frac{1}{3}\vec{b} + \frac{2}{3}\vec{c}\right) \end{aligned}$$

$$= \frac{4-x-4y}{12}\vec{a} + \frac{9x+4y}{12}\vec{b} + \frac{2y}{3}\vec{c}$$

点 S は直線 OC 上の点なので

$$\frac{4-x-4y}{12} = 0 \text{ かつ } \frac{9x+4y}{12} = 0$$

すなわち

$$x = 4(1-y) \text{ かつ } 9x + 4y = 0$$

であるから

$$\boldsymbol{x} = \frac{-1}{2},\ \boldsymbol{y} = \frac{9}{8}$$

これより

$$\overrightarrow{OS} = \frac{2}{3}\cdot\frac{9}{8}\vec{c} = \frac{3}{4}\vec{c}$$

であるから，点 S は辺 OC を **3：1** に内分する点である。

(ii) ①，② より

$$\overrightarrow{PQ} = \frac{1}{4}\vec{a} + \frac{3}{4}\vec{b} - \frac{1}{3}\vec{a}$$

$$= -\frac{1}{12}\vec{a} + \frac{3}{4}\vec{b} \quad \cdots\cdots ④$$

よって，$\overrightarrow{PQ} \not\parallel \overrightarrow{OB}$ であり，PQ は平面 OAB 上の直線なので，直線 OB と直線 PQ はある点 T で交わる。したがって，s を実数として，①，④ より

$$\overrightarrow{OT} = \overrightarrow{OP} + s\overrightarrow{PQ}$$

$$= \frac{1}{3}\vec{a} + s\left(-\frac{1}{12}\vec{a} + \frac{3}{4}\vec{b}\right)$$

$$= \frac{4-s}{12}\vec{a} + \frac{3s}{4}\vec{b}$$

と表せる。点 T は直線 OB 上の点なので

$$\frac{4-s}{12} = 0 \text{ すなわち } \boldsymbol{s} = 4$$

であり

$$\overrightarrow{OT} = 3\vec{b} \quad \cdots\cdots ⑤$$

となる。

また，点 T は平面 PQR 上にあるので，直線 TR と直線 OC の交点が点 S に他ならないから，t を実数として，③，⑤ より

$$\overrightarrow{OS} = \overrightarrow{OT} + t\overrightarrow{TR}$$

$$= 3\vec{b} + t\left(\frac{1}{3}\vec{b} + \frac{2}{3}\vec{c} - 3\vec{b}\right)$$

$$= \left(3 - \frac{8}{3}t\right)\vec{b} + \frac{2}{3}t\vec{c}$$

と表せる。点 S は直線 OC 上の点なので

$$3 - \frac{8}{3}t = 0 \text{ すなわち } \boldsymbol{t} = \frac{9}{8}$$

このとき

$$\overrightarrow{OS} = \frac{2}{3}\cdot\frac{9}{8}\vec{c} = \frac{3}{4}\vec{c}$$

となり，点 S は辺 OC を 3：1 に内分する点である。

(2) 花子さんの考え方を利用する。

点 P，点 Q は(1)の設定と変わらないので，直線 PQ と直線 OB は

$$\overrightarrow{OT} = 3\vec{b}$$

で表される点 T で交わる。

また，点 R は辺 BC を 2：1 に外分する点だから

$$\overrightarrow{OR} = \frac{(-1)\cdot\overrightarrow{OB} + 2\overrightarrow{OC}}{2-1}$$

$$= -\vec{b} + 2\vec{c} \quad \cdots\cdots ⑥$$

点 T は平面 PQR 上にあるので，直線 TR と直線 OC の交点が点 S に他ならないから，u を実数として ⑤，⑥ より

$$\overrightarrow{OS} = \overrightarrow{OT} + u\overrightarrow{TR}$$

$$= 3\vec{b} + u(-\vec{b} + 2\vec{c} - 3\vec{b})$$

$$= (3-4u)\vec{b} + 2u\vec{c}$$

点 S は直線 OC 上の点なので

$$3 - 4u = 0 \text{ すなわち } u = \frac{3}{4}$$

このとき

$$\overrightarrow{OS} = 2\cdot\frac{3}{4}\vec{c} = \frac{3}{2}\vec{c}$$

となるから，点 S は**辺 OC を 3：1 に外分する点**である。

⇨ ⑥

模試 第3回

解　答

問題番号(配点)	解答記号	正解	配点	自己採点
第1問 (30)	ア, イ	⓪, ①	各2	
	ウ, エ	⓪, ⑤	各2	
	$\theta = \dfrac{\pi}{\boxed{オ}}$	$\theta = \dfrac{\pi}{3}$	2	
	$\theta = \dfrac{\boxed{カ}}{\boxed{キ}}\pi$	$\theta = \dfrac{2}{3}\pi$	2	
	$\dfrac{\boxed{ク}}{\boxed{ケ}}\pi < p \leqq \dfrac{\boxed{コサ}}{\boxed{シ}}\pi$	$\dfrac{8}{3}\pi < p \leqq \dfrac{10}{3}\pi$	3	
	ス, セ, ソ	⓪, ④, ⓪	各2	
	タ	⓪	3	
	チ	⓪	1	
	ツ	①	2	
	テ	⓪	1	
	ト	①	2	
第2問 (30)	$y = \left(\boxed{ア}t^2 - \boxed{イ}\right)x - \boxed{ウ}t^3$	$y = (3t^2 - 1)x - 2t^3$	2	
	エ	④	2	
	オ 本	2 本	2	
	$a = \boxed{カキ}t^3 + \boxed{ク}t^2 - \boxed{ケ}$	$a = -2t^3 + 3t^2 - 1$	2	
	コ	②	2	
	サ 本, シ 本	1 本, 3 本	各2	
	$2t^3 - \boxed{スセ}t^2 + b + \boxed{ソ} = 0$	$2t^3 - 3bt^2 + b + 6 = 0$	3	
	$b > \boxed{タ}$	$b > 2$	3	
	$2t^3 - \boxed{チツ}t^2 + \boxed{テ} + \boxed{ト} = 0$	$2t^3 - 3bt^2 + a^{※} + b^{※} = 0$	3	
	ナ, ニ	②, ⑤※	3	
	ヌ	⑧	4	

問題番号(配点)	解答記号	正解	配点	自己採点
第3問 (20)	ア	⓪	1	
	イウエ, オカ	300, 15	各2	
	−キ.クケ, 0.コサシ	−1.00, 0.159	各2	
	ス	③	2	
	セ.ソタチ	1.568	2	
	0.ツテト	0.683	2	
	0.ナニヌ	0.954	3	
	ネ	③	2	
第4問 (20)	$m = \frac{ア}{イ}$	$m = \frac{5}{2}$	2	
	$a_n = \frac{ウ^{n+1} + エ}{オ}$	$a_n = \frac{3^{n+1}+5}{2}$	3	
	$A_1 =$ カキ	$A_1 = 16$	2	
	ク $p -$ ケ	$8p - 5$	2	
	$A_{n+1} =$ コサ $p -$ シス	$A_{n+1} = 36p - 20$	2	
	$A_{n+1} =$ セ $A_n -$ ソタ	$A_{n+1} = 9A_n - 20$	3	
	$q =$ チ	$q = 3$	3	
	ツ	③	3	
第5問 (20)	$\overrightarrow{A_1A_2} \cdot \overrightarrow{BP} =$ ア	$\overrightarrow{A_1A_2} \cdot \overrightarrow{BP} = 0$	2	
	$A_1A_2 =$ イ	$A_1A_2 = 5$	2	
	$r =$ ウ	$r = 4$	2	
	$x_1 = \frac{エ}{オ}$, $y_1 = \frac{カ}{キ}$	$x_1 = \frac{8}{5}$, $y_1 = \frac{9}{5}$	3	
	$3x +$ ク $y -$ ケコ $= 0$	$3x + 4y - 12 = 0$	3	
	$R =$ サ	$R = 4$	2	
	$X = \frac{シ}{ス}$, $Y = \frac{セソ}{タ}$, $Z = \frac{チ}{ツ}$	$X = \frac{8}{3}$, $Y = \frac{13}{3}$, $Z = \frac{7}{3}$	3	
	$x +$ テ $y +$ ト $z -$ ナニ $= 0$	$x + 2y + 2z - 16 = 0$	3	

(注) 第1問，第2問は必答。第3問～第5問のうちから2問選択。計4問を解答。
なお，上記以外のものについても得点を与えることがある。正解欄に※があるものは，解答の順序は問わない。

第1問小計		第2問小計		第3問小計		第4問小計		第5問小計		合計点	/100

第１問

〔１〕

(1)　$OP = OQ = OR = 1,\ \angle POQ = \theta,\ \angle POR = 2\theta$ であるから

$$S_1 = \frac{1}{2}OP \cdot OQ \cdot |\sin\angle POQ|$$
$$= \frac{1}{2}\cdot 1\cdot 1\cdot|\sin\theta|$$
$$= \frac{1}{2}|\sin\theta|$$
$$S_2 = \frac{1}{2}OP \cdot OR \cdot |\sin\angle POR|$$
$$= \frac{1}{2}\cdot 1\cdot 1\cdot|\sin 2\theta|$$
$$= \frac{1}{2}|\sin 2\theta|$$

そして

$0<\theta<\frac{\pi}{2}$ のとき

$\sin\theta>0,\ \sin 2\theta>0$

より

$$\boldsymbol{S_1 = \frac{1}{2}\sin\theta} \quad ⇨ ⓪$$

$$\boldsymbol{S_2 = \frac{1}{2}\sin 2\theta} \quad ⇨ ①$$

$\frac{\pi}{2}<\theta<\pi$ のとき

$\sin\theta>0,\ \sin 2\theta<0$

より

$$\boldsymbol{S_1 = \frac{1}{2}\sin\theta} \quad ⇨ ⓪$$

$$\boldsymbol{S_2 = -\frac{1}{2}\sin 2\theta} \quad ⇨ ⑤$$

(2)　$0<\theta<\frac{\pi}{2}$ のとき，(1)より

$$\frac{1}{2}\sin\theta = \frac{1}{2}\sin 2\theta$$
$$\sin 2\theta - \sin\theta = 0$$
$$2\sin\theta\cos\theta - \sin\theta = 0$$
$$\sin\theta(2\cos\theta - 1) = 0$$

$\sin\theta \neq 0$ であるから

$$2\cos\theta - 1 = 0$$
$$\cos\theta = \frac{1}{2}$$
$$\boldsymbol{\theta = \frac{\pi}{3}}$$

$\frac{\pi}{2}<\theta<\pi$ のとき，(1)より

$$\frac{1}{2}\sin\theta = -\frac{1}{2}\sin 2\theta$$
$$\sin 2\theta + \sin\theta = 0$$
$$2\sin\theta\cos\theta + \sin\theta = 0$$
$$\sin\theta(2\cos\theta + 1) = 0$$

$\sin\theta \neq 0$ であるから

$$2\cos\theta + 1 = 0$$
$$\cos\theta = -\frac{1}{2}$$
$$\boldsymbol{\theta = \frac{2}{3}\pi}$$

また，$S=\frac{1}{2}|\sin\theta|$，$S=\frac{1}{2}|\sin 2\theta|$ のグラフは次の図のようになり，$\theta>0$ において $S_1 = S_2 \neq 0$ となる θ は，小さい方から

$$\theta = \frac{\pi}{3},\ \frac{2}{3}\pi,\ \frac{4}{3}\pi,\ \frac{5}{3}\pi,\ \frac{7}{3}\pi,\ \frac{8}{3}\pi,\ \frac{10}{3}\pi,\ \cdots$$

であるから，p のとり得る値の範囲は

$$\boldsymbol{\frac{8}{3}\pi < p \leqq \frac{10}{3}\pi}$$

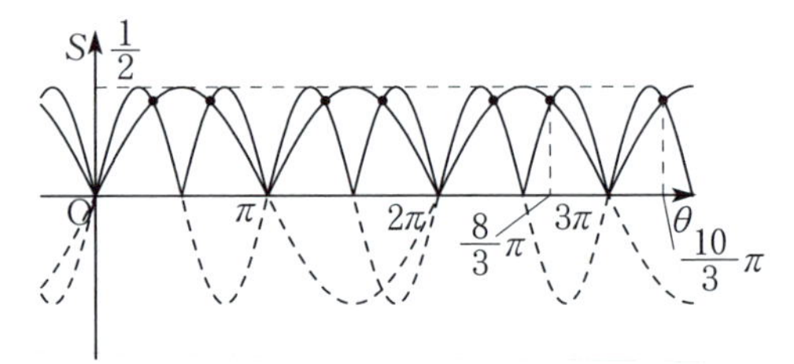

〔２〕

(1)　$\log_y x > 1,\ \log_y x > \log_y y$

より

$\boldsymbol{0<y<1}$ のとき，$y>x$ ⇨ ⓪

$\boldsymbol{y>1}$ のとき，$y<x$ ⇨ ④

よって，真数条件より $x>0$ に注意して，x，y の存在範囲を図示すると右の図のようになるので，最も適当なものは ⓪ である。

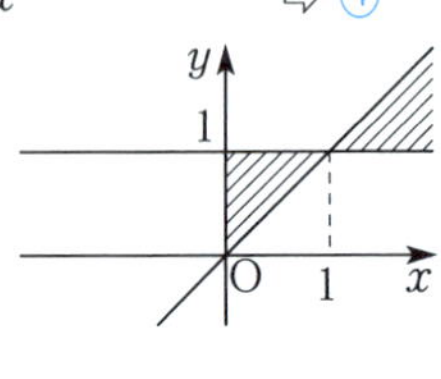

⇨ ⓪

(2)　$\log_y f(x) > 1$ について

(i)　$f(x) = 2^x$ のとき

$$\log_y 2^x > 1$$
$$\log_y 2^x > \log_y y$$

より

$0<y<1$ において，$y>2^x$

$y>1$ において，$y<2^x$

であるから，x，y の存在範囲を図示すると右の図のようになり，最も適当なものは ⓪ である。

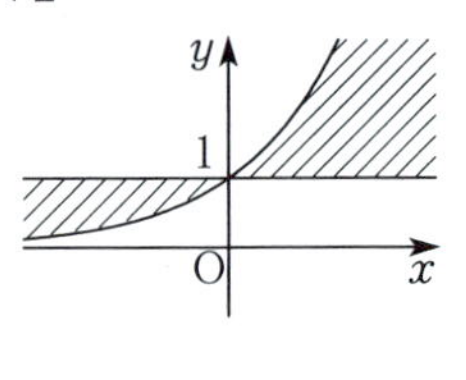

⇨ ⓪

(ii)　$0 < y < 1$ において，$y > f(x)$

　　$y > 1$ において，$y < f(x)$

であり，$\log_y f(x)$ の真数条件より $f(x) > 0$，$f(x) = \log_a x$ のとき $0 < x$ であることに注意すると，$0 < a < 1$ のときの D_1，D_2 と，$a > 1$ のときの D_1，D_2 は次の図のようになる。

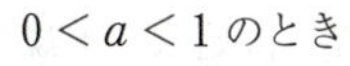

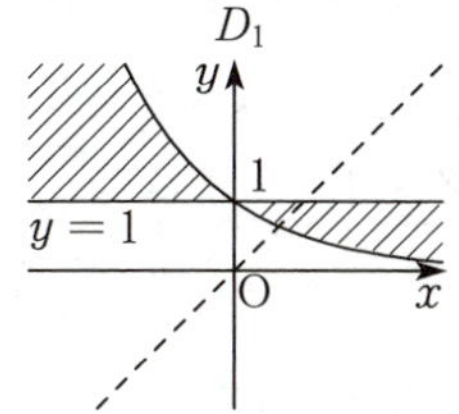

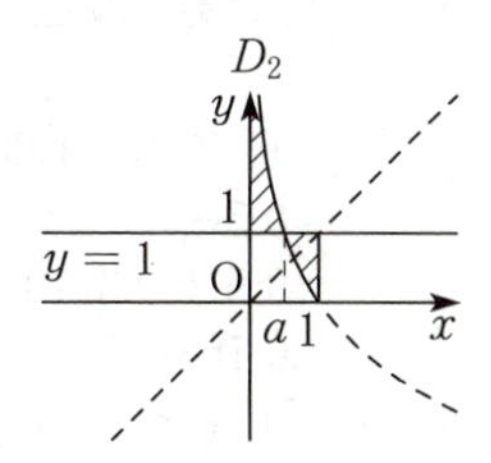

$a > 1$ のとき

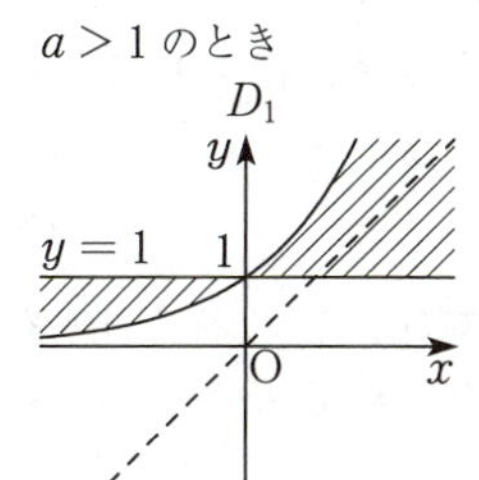

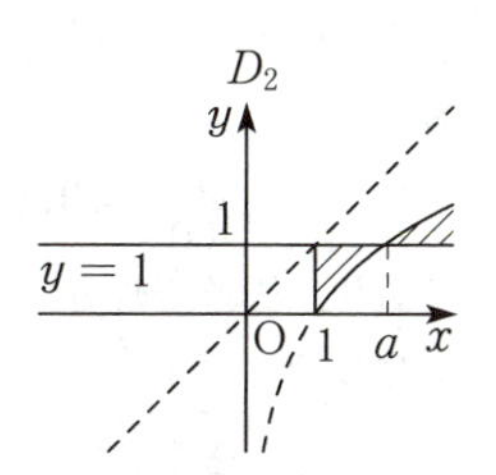

また，$y = a^x$ のとき

$$\log_a y = \log_a a^x$$

$$x = \log_a y$$

であるから，曲線 $y = a^x$ と曲線 $y = \log_a x$ は，a の値に関係なく直線 $y = x$ に関して対称である。

以上より，$0 < a < 1$ のとき，曲線 $y = a^x$ と曲線 $y = \log_a x$ は直線 $\boldsymbol{y = x}$ に関して対称である。また，D_1 が表す図形と D_2 が表す図形は直線 $y = x$ に関して**対称ではない**。

⇨ ⓪，①

$a > 1$ のとき，曲線 $y = a^x$ と曲線 $y = \log_a x$ は直線 $\boldsymbol{y = x}$ に関して対称である。また，D_1 が表す図形と D_2 が表す図形は直線 $y = x$ に関して**対称ではない**。　⇨ ⓪，①

第2問

$f'(x) = 3x^2 - 1$ より，曲線 C 上の点 $(t,\ f(t))$ における接線の方程式は

$$y = (3t^2 - 1)(x - t) + t^3 - t$$

すなわち

$$\boldsymbol{y = (3t^2 - 1)x - 2t^3} \quad \cdots\cdots\cdots\cdots\cdots ①$$

(1)　①が点 $\mathrm{A}(1,\ -1)$ を通ることより

$$-1 = (3t^2 - 1)\cdot 1 - 2t^3$$

$$\boldsymbol{2t^3 - 3t^2 = 0} \qquad ⇨ ④$$

$$t^2(2t - 3) = 0$$

よって

$$t = 0,\ \frac{3}{2}$$

であるから，点 $\mathrm{A}(1,\ -1)$ を通る接線は

$$y = -x,\ y = \frac{23}{4}x - \frac{27}{4}$$

の **2** 本である。

(2)　①が点 $\mathrm{A}(1,\ a)$ を通るとき

$$\boldsymbol{a = -2t^3 + 3t^2 - 1} \quad \cdots\cdots\cdots\cdots\cdots\cdots (*)$$

であり，$g(t) = -2t^3 + 3t^2 - 1$ とおくと

$$g'(t) = -6t^2 + 6t = -6t(t - 1)$$

より，$g(t)$ の増減は次の表のようになる。

t		0		1	
$g'(t)$	$-$	0	$+$	0	$-$
$g(t)$	↘	-1	↗	0	↘

したがって，$u = g(t)$ のグラフの概形は ② である。

$(*)$ の方程式の解の個数は，右の図の直線 $u = a$ と曲線 $u = g(t)$ の共有点の個数と一致するので，接線の本数は

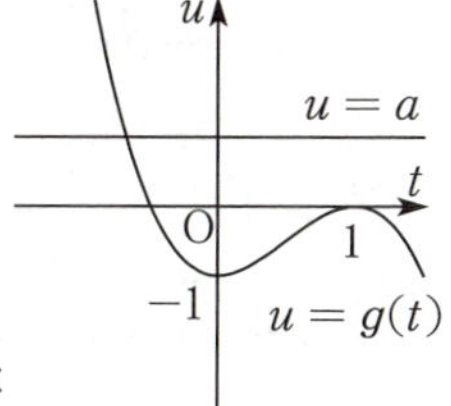

$a = -2$ のとき，**1** 本

$a = -\dfrac{1}{2}$ のとき，**3** 本

(3)　①が点 $\mathrm{A}(b,\ 6)$ を通るとき

$$6 = (3t^2 - 1)b - 2t^3$$

より

$$\boldsymbol{2t^3 - 3bt^2 + b + 6 = 0}$$

であり，$h(t) = 2t^3 - 3bt^2 + b + 6$ とおくと

$$h'(t) = 6t^2 - 6bt = 6t(t - b)$$

より，$h(t)$ の増減は次の表のようになる。

t		0		b	
$h'(t)$	$+$	0	$-$	0	$+$
$h(t)$	↗	$b+6$	↘	$-b^3+b+6$	↗

$b > 0$ より $b + 6 > 0$ であるから，接線の本数が3本になるのは

$$-b^3 + b + 6 < 0$$

$$(b - 2)(b^2 + 2b + 3) > 0$$

のとき。ここで

$$b^2 + 2b + 3 = (b + 1)^2 + 2 > 0$$

であるから

$$b - 2 > 0$$

より，求める b の値の範囲は

$$\boldsymbol{b > 2}$$

(4)　接線が点 $\mathrm{A}(b,\ a)$ を通るとき

$$a = (3t^2 - 1)b - 2t^3$$

より

$$\boldsymbol{2t^3 - 3bt^2 + a + b = 0}$$

であり，$k(t) = 2t^3 - 3bt^2 + a + b$ とおくと

$$k'(t) = 6t^2 - 6bt = 6t(t - b)$$
$$= h'(t)$$

であるから，$b > 0$ のとき，接線の本数が 3 本になるのは

$$k(0) > 0 \text{ かつ } k(b) < 0$$
$$a + b > 0 \text{ かつ } -b^3 + a + b < 0$$

すなわち

$$\boldsymbol{a > -b} \text{ かつ } \boldsymbol{a < b^3 - b}$$　⇨ ②，⑤

を満たすときである。

また，$b = 0$ のとき，$k'(t) = 6t^2 \geqq 0$ より，接線の本数が 3 本になることはなく，$b < 0$ のとき，接線の本数が 3 本になるのは

$$k(0) < 0 \text{ かつ } k(b) > 0$$
$$a + b < 0 \text{ かつ } -b^3 + a + b > 0$$

すなわち

$$a < -b \text{ かつ } a > b^3 - b$$

を満たすときである。

よって，接線の本数が 3 本であるときの点 A の存在範囲は

$x > 0$ のとき，$y > -x$ かつ $y < x^3 - x$

$x = 0$ のとき，存在しない

$x < 0$ のとき，$y < -x$ かつ $y > x^3 - x$

であるから，最も適当なものは ⑧ である。

⇨ ⑧

第3問

(1)　2 枚のコインが同時に表になる確率は

$$\frac{1}{2} \cdot \frac{1}{2} = \frac{1}{4}$$

なので，X は二項分布 $\boldsymbol{B\left(1200,\ \frac{1}{4}\right)}$ に従う。

⇨ ⓪

これより，X の平均は

$$1200 \cdot \frac{1}{4} = 300$$

X の標準偏差は

$$\sqrt{1200 \cdot \frac{1}{4} \cdot \left(1 - \frac{1}{4}\right)} = \sqrt{225} = 15$$

である。ここで

$$\frac{285 - 300}{15} = -1.00$$

であるから，$X \leqq 285$ のとき

$$\boldsymbol{P(X \leqq 285) = P\left(\frac{X - 300}{15} \leqq -1.00\right)}$$

となる。

$Z = \dfrac{X - 300}{15}$ とすると，Z は標準正規分布 $N(0,\ 1)$ に従うので，求める近似値は，正規分布表より

$$P(Z \leqq -1.00)$$
$$= 0.5 - P(0 \leqq Z \leqq 1)$$
$$= 0.5 - 0.3413$$
$$= 0.1587$$

よって，小数第 4 位を四捨五入して

$$\boldsymbol{P(Z \leqq -1.00) = 0.159}$$

(2)　標本の大きさ 400 に対して，標本平均 $\overline{X}$ の標準偏差は

$$\frac{16}{\sqrt{400}} = \boldsymbol{0.8}$$　⇨ ③

であり，標準正規分布 $N(0,\ 1)$ に従う確率変数 Z に対して，$P(|Z| \leqq 1.96) = 0.95$ であるから

$$\left|\frac{\overline{X} - m}{0.8}\right| \leqq 1.96$$

$$\boldsymbol{\overline{X} - 1.568 \leqq m \leqq \overline{X} + 1.568}$$

(3)　$n = 1$ のとき，$m - \sigma \leqq X \leqq m + \sigma$ より

$$-1 \leqq \frac{X - m}{\sigma} \leqq 1$$

となるので，$Z = \dfrac{X - m}{\sigma}$ とすると

$$P(m - \sigma \leqq X \leqq m + \sigma)$$
$$= P(-1 \leqq Z \leqq 1)$$

確率変数 Z は標準正規分布 $N(0,\ 1)$ に従うので

$$P(-1 \leqq Z \leqq 1) = 0.3413 \times 2$$
$$= 0.6826$$

よって，小数第 4 位を四捨五入して

$$\boldsymbol{P(m - \sigma \leqq X \leqq m + \sigma) = 0.683}$$

$n = 4$ のとき

$$\sigma' = \frac{\sigma}{\sqrt{4}} = \frac{\sigma}{2}$$

とすると，$m - \sigma \leqq \overline{X} \leqq m + \sigma$ より

$$-2 \leqq \frac{\overline{X} - m}{\sigma'} \leqq 2$$

となる。$Z' = \dfrac{\overline{X} - m}{\sigma'}$ とすると

$$P(m - \sigma \leqq \overline{X} \leqq m + \sigma)$$
$$= P(-2 \leqq Z' \leqq 2)$$

確率変数 Z' は標準正規分布 $N(0,\ 1)$ に従うので

$$P(-2 \leqq Z' \leqq 2) = 0.4772 \times 2 = 0.9544$$

よって，小数第 4 位を四捨五入して

$$\boldsymbol{P(m-\sigma \leqq \overline{X} \leqq m+\sigma) = 0.954}$$

また，$\sigma'' = \dfrac{\sigma}{\sqrt{n}}$，$Z'' = \dfrac{\overline{X}-m}{\sigma''}$ とし，n を限りなく大きくすると

$$P(m-\sigma \leqq \overline{X} \leqq m+\sigma) = P(-\sqrt{n} \leqq Z'' \leqq \sqrt{n})$$

において，$-\sqrt{n}$ は限りなく小さくなり，$\sqrt{n}$ は限りなく大きくなるので，$\overline{X}$ が $m-\sigma$ と $m+\sigma$ の間にある確率は，n が大きくなるにつれて**大きくなり，限りなく 1 に近づく。** ⇨ ③

第4問

(1) 与えられた漸化式

$$a_{n+1} = 3a_n - 5 \quad \cdots\cdots ①$$

に対して

$$m = 3m - 5 \quad \cdots\cdots ②$$

を考え，① − ② とすると

$$a_{n+1} - m = 3(a_n - m)$$

となる。よって，②より，$\boldsymbol{m = \dfrac{5}{2}}$ であるから

$$a_{n+1} - \frac{5}{2} = 3\left(a_n - \frac{5}{2}\right)$$

ゆえに，数列 $\left\{a_n - \dfrac{5}{2}\right\}$ は公比 3 の等比数列であるから，$a_1 = 7$ のとき

$$a_n - \frac{5}{2} = 3^{n-1}\left(7 - \frac{5}{2}\right)$$

$$\boldsymbol{a_n = \frac{3^{n+1}+5}{2}} \quad \cdots\cdots ③$$

(2) **【太郎さんの証明の構想】**

$A_1 = a_2$ より，③から

$$\boldsymbol{A_1 = \frac{3^3+5}{2} = 16}$$

よって，A_1 は 4 の倍数である。

$A_n = a_{2n}$ より，$A_n = 4p$ とおくと，③から

$$4p = \frac{3^{2n+1}+5}{2}$$

$$3^{2n+1} = \boldsymbol{8p - 5}$$

よって，$A_{n+1} = a_{2n+2}$ より，③から

$$\boldsymbol{A_{n+1}} = \frac{3^{2n+3}+5}{2} = \frac{9 \cdot 3^{2n+1}+5}{2} = \frac{9(8p-5)+5}{2} = \boldsymbol{36p - 20} = 4(9p-5)$$

$9p-5$ は整数であるから，A_{n+1} も 4 の倍数であり，数学的帰納法によって**【問題】**は示される。

【花子さんの証明の構想】

$A_1 = a_2$ より，$a_1 = 7$ のとき①から

$$A_1 = 3 \cdot 7 - 5 = 16$$

よって，A_1 は 4 の倍数である。

また，①より

$$a_{n+2} = 3a_{n+1} - 5 = 3(3a_n - 5) - 5 = 9a_n - 20 \quad \cdots\cdots ④$$

であるから

$$a_{2n+2} = 9a_{2n} - 20$$

すなわち

$$\boldsymbol{A_{n+1} = 9A_n - 20}$$

となる。ゆえに，A_n が 4 の倍数ならば，A_{n+1} も 4 の倍数であり，数学的帰納法によって**【問題】**は示される。

(3) 花子さんの方針で考える。

a_n が 13 の倍数ならば，a_{n+q} も 13 の倍数となるためには，r を整数として

$$a_{n+q} = ra_n + (13 \text{ の倍数}) \quad \cdots\cdots (*)$$

となることが必要である。①，④より $q = 1,\ 2$ のときは不適である。さらに，④より

$$a_{n+3} = 3a_{n+2} - 5 = 3(9a_n - 20) - 5 = 27a_n - 65 \quad \cdots\cdots ⑤$$

であるから，$(*)$ を満たす最小の q は

$$\boldsymbol{q = 3}$$

である。このとき，a_3 が 13 の倍数ならば，a_{3n} ($n = 1,\ 2,\ 3,\ \cdots$) は 13 の倍数になる。ここで，④より

$$a_3 = 9a_1 - 20$$

であるから，a_1 の値について a_3 の値をそれぞれ求めると，次の表のようになる。

	a_1	a_3
⓪	2	−2
①	4	16
②	6	34
③	8	52
④	10	70
⑤	12	88

したがって

$$\boldsymbol{a_1 = 8}$$ ⇨ ③

のとき，a_{3n} ($n = 1,\ 2,\ 3,\ \cdots$) が 13 の倍数になることが，⑤から数学的帰納法によって示される。

研究

(3)は，一般項を利用する方法で考えることもできる。すなわち，(1)と同様にして数列 $\{a_n\}$ の一般項を求めると

$$a_n=3^{n-1}\left(a_1-\frac{5}{2}\right)+\frac{5}{2} \quad \cdots\cdots\cdots ⑥$$

となるから，a_n が 13 の倍数ならば M を整数として

$$3^{n-1}\left(a_1-\frac{5}{2}\right)+\frac{5}{2}=13M$$

$$3^{n-1}\left(a_1-\frac{5}{2}\right)=13M-\frac{5}{2}$$

とおける。ここで，a_n が 13 の倍数ならば a_{n+q} も 13 の倍数となるためには

$$a_{n+q}-a_n=(13\text{ の倍数}) \quad \cdots\cdots\cdots(**)$$

となることが必要である。⑥より

$$\begin{aligned}&a_{n+q}-a_n\\&=3^{n+q-1}\left(a_1-\frac{5}{2}\right)-3^{n-1}\left(a_1-\frac{5}{2}\right)\\&=3^{n-1}(3^q-1)\left(a_1-\frac{5}{2}\right)\\&=(3^q-1)\left(13M-\frac{5}{2}\right)\end{aligned}$$

3^q-1 は偶数より，$3^q-1=2N$（N は整数）とおくと

$$\begin{aligned}a_{n+q}-a_n&=2N\left(13M-\frac{5}{2}\right)\\&=N(26M-5)\end{aligned}$$

$26M-5$ が 13 の倍数になることはないから，(**) を満たすのは，N が 13 の倍数，すなわち「3^q-1 が 13 の倍数のとき」である。いま

$q=1$ のとき，$3^q-1=2$

$q=2$ のとき，$3^q-1=8$

$q=3$ のとき，$3^q-1=26$

よって，(**) を満たす最小の q は $q=3$ である。あとは，a_3 が 13 の倍数となるときの a_1 の値を求めればよい。

第５問

(1) C_1 の中心 A_1，C_2 の中心 A_2，接線 ℓ 上の点 P と接点 B に対して

$$\overrightarrow{BP}=\vec{0} \text{ または } \overrightarrow{BP}\perp\overrightarrow{A_1A_2}$$

であるから

$$\overrightarrow{\mathbf{A_1A_2}}\cdot\overrightarrow{\mathbf{BP}}=\mathbf{0} \quad \cdots\cdots\cdots\cdots\cdots\cdots\cdots\cdots\cdots ①$$

(i) $A_1(1,\ 1)$，$A_2(4,\ 5)$ より，C_1 と C_2 の中心間の距離は

$$\begin{aligned}\mathbf{A_1A_2}&=\sqrt{(4-1)^2+(5-1)^2}\\&=5\end{aligned}$$

であり，C_1 と C_2 が互いに外接するので，C_1 の半径 1，C_2 の半径 r について

$$1+r=5$$

$$\boldsymbol{r}=\mathbf{4}$$

(ii) (i)より，B は線分 A_1A_2 を 1 : 4 に内分する点であるから，$B(x_1,\ y_1)$ とおくと

$$\boldsymbol{x_1}=\frac{4\cdot1+1\cdot4}{1+4}=\frac{8}{5}$$

$$\boldsymbol{y_1}=\frac{4\cdot1+1\cdot5}{1+4}=\frac{9}{5}$$

(iii) $\overrightarrow{A_1A_2}=(3,\ 4)$ であり，$P(x,\ y)$ とおくと

$$\overrightarrow{BP}=\left(x-\frac{8}{5},\ y-\frac{9}{5}\right)$$

であるから，① より

$$3\left(x-\frac{8}{5}\right)+4\left(y-\frac{9}{5}\right)=0$$

$$\mathbf{3\boldsymbol{x}+4\boldsymbol{y}-12=0}$$

(2) $C_1(2,\ 3,\ 1)$ と $C_2(4,\ 7,\ 5)$ の距離は

$$\begin{aligned}&C_1C_2\\&=\sqrt{(4-2)^2+(7-3)^2+(5-1)^2}\\&=6\end{aligned}$$

であり，S_1 と S_2 が互いに外接するので，S_1 の半径 2，S_2 の半径 R について

$$2+R=6$$

$$\boldsymbol{R}=\mathbf{4}$$

また，接点 D は線分 C_1C_2 を 2 : 4 = 1 : 2 に内分する点であるから，$D(X,\ Y,\ Z)$ とおくと

$$\boldsymbol{X}=\frac{2\cdot2+1\cdot4}{1+2}=\frac{8}{3}$$

$$\boldsymbol{Y}=\frac{2\cdot3+1\cdot7}{1+2}=\frac{13}{3}$$

$$\boldsymbol{Z}=\frac{2\cdot1+1\cdot5}{1+2}=\frac{7}{3}$$

D を通り，二つの球面 S_1，S_2 の接する平面上の点 $Q(x,\ y,\ z)$ に対して

$$\overrightarrow{DQ}=\vec{0} \text{ または } \overrightarrow{DQ}\perp\overrightarrow{C_1C_2}$$

すなわち

$$\overrightarrow{C_1C_2}\cdot\overrightarrow{DQ}=0$$

が成り立つから

$$\overrightarrow{C_1C_2}=(2,\ 4,\ 4)\,/\!/\,(1,\ 2,\ 2)$$

$$\overrightarrow{DQ}=\left(x-\frac{8}{3},\ y-\frac{13}{3},\ z-\frac{7}{3}\right)$$

より，x，y，z は関係式

$$1\cdot\left(x-\frac{8}{3}\right)+2\left(y-\frac{13}{3}\right)+2\left(z-\frac{7}{3}\right)=0$$

$$\boldsymbol{x}+\mathbf{2}\boldsymbol{y}+\mathbf{2}\boldsymbol{z}-\mathbf{16}=\mathbf{0}$$

を満たす。

MEMO

模試 第4回
解　答

問題番号(配点)	解答記号	正解	配点	自己採点
第1問 (30)	$a=-\frac{\boxed{ア}}{\boxed{イ}}$	$a=-\frac{4}{3}$	2	
	ウ または エ	① または ②※	2	
	オ	③	3	
	カ, キ, ク, ケ	⓪, ⓪, ②, ①	各2	
	$\log_2 x+\log_2 y=\boxed{コサ}$, $\log_x y=\boxed{シ}$	$\log_2 x+\log_2 y=10$, $\log_x y=$ ①	各2	
	$\log_x y=\boxed{スセ}+\frac{\boxed{ソタ}}{t}$	$\log_x y=-1+\frac{10}{t}$	3	
	チ	⓪	2	
	ツ	⓪	2	
	テ	①	2	
	$\frac{\boxed{ト}}{\boxed{ナ}}\leqq\log_x y\leqq\boxed{ニ}$	$\frac{1}{9}\leqq\log_x y\leqq 9$	2	
第2問 (30)	ア	⓪	2	
	イ	⓪	3	
	ウ	⑤	3	
	$g'(2)=\boxed{エオカ}$	$g'(2)=480$	2	
	キ, $-$ク	4, -2	各1	
	$n=\boxed{ケ}$, $n=\boxed{コ}$, $n=\boxed{サ}$	$n=2$, $n=3$, $n=3$	各2	
	$S_1=\boxed{シ}$, $S_2=\boxed{ス}$	$S_1=$ ⑤, $S_2=$ ⓪	各2	
	$m=\boxed{セ}$	$m=1$	1	
	$S_1+S_2=\boxed{ソ}\left(m-\boxed{タ}\right)^2+\boxed{チ}$	$S_1+S_2=3(m-1)^2+9$	2	
	$m=\boxed{ツ}$	$m=1$	1	
	$m=\boxed{テ}$	$m=2$	2	
	$m=\boxed{ト}k+\boxed{ナ}$	$m=-k+2$	2	

問題番号(配点)	解答記号	正解	配点	自己採点
第3問 (20)	アイ 本	64 本	1	
	ウ	③	2	
	エオカ, キク	320, 64	各2	
	$\frac{X - \text{ケコサ}}{\text{シ}}$	$\frac{X-320}{8}$	1	
	0.スセソ	0.106	2	
	タ.チツテ	0.069	2	
	ト.ナ, ニ.ヌネノ	6.5, 0.007	各2	
	ハ	①	2	
	ヒ	①	2	
第4問 (20)	$a_{n+1} = \frac{\text{ア}}{\text{イウ}} a_n + \text{エ}$	$a_{n+1} = \frac{9}{10} a_n + 4$	3	
	$a_n = \text{オカ} + \text{キク} \cdot \left(\frac{\text{ケ}}{\text{コサ}}\right)^{n-1}$	$a_n = 40 + 60 \cdot \left(\frac{9}{10}\right)^{n-1}$	3	
	第 シ 週	第5週	3	
	ス	⓪	3	
	セ	④	2	
	ソ	②	2	
	タ	②	2	
	チ	⓪	2	
第5問 (20)	$\overrightarrow{\mathrm{CH}} = (s+t,\ \text{アイ}s + \text{ウ},\ \text{エ}t + \text{オ})$	$\overrightarrow{\mathrm{CH}} = (s+t,\ -2s+3,\ -t+4)$	2	
	$\text{カ}s + t = \text{キ},\ s + \text{ク}t = \text{ケ}$	$5s+t=6,\ s+2t=4$	各1	
	$s = \frac{\text{コ}}{\text{サ}},\ t = \frac{\text{シス}}{\text{セ}}$	$s = \frac{8}{9},\ t = \frac{14}{9}$	2	
	$\frac{\text{ソタ}}{\text{チ}}$	$\frac{11}{3}$	3	
	ツ	⑤	2	
	$\vec{n} = \frac{\text{テ}}{\text{ト}}(2,\ \text{ナ},\ \text{ニ})$	$\vec{n} = \frac{5}{3}(2,\ 1,\ 2)$	2	
	ヌ, ネ	⓪, ⑥	各2	
	$\frac{\sqrt{\text{ノ}}}{\text{ハ}}$	$\frac{\sqrt{3}}{3}$	3	

(注) 第1問，第2問は必答。第3問～第5問のうちから2問選択。計4問を解答。
なお，上記以外のものについても得点を与えることがある。正解欄に※があるものは，解答の順序は問わない。

第1問小計		第2問小計		第3問小計		第4問小計		第5問小計		合計点	/100

第1問

〔1〕

(1) ℓ_1，ℓ_2 が交点をもたないのは，$\ell_1 /\!/ \ell_2$ のときであるから

$$4\times(-1)-3\times a=0$$

$$\boldsymbol{a=-\frac{4}{3}}$$

(2) $a=-2$ のとき，ℓ_2 の方程式は

$$-2x-y=0$$

$$2x+y=0$$

であり，ℓ 上の点は ℓ_1，ℓ_2 から等距離にあるから，ℓ 上の点を $(X,\ Y)$ とすると

$$\frac{|4X+3Y-56|}{\sqrt{4^2+3^2}}=\frac{|2X+Y|}{\sqrt{2^2+1^2}}$$

を満たす。

点 $(X,\ Y)$ は右の図の斜線部で表された領域（境界線を含む）に存在し，この領域を不等式で表すと

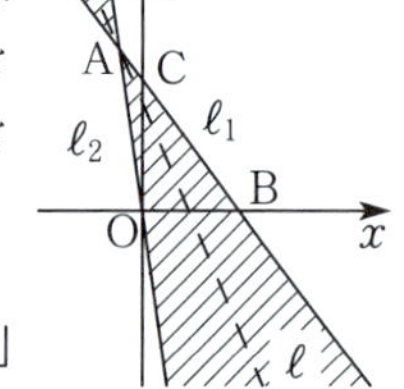

「$\boldsymbol{4x+3y-56\geqq 0}$ かつ $\boldsymbol{2x+y\leqq 0}$」

または

「$\boldsymbol{4x+3y-56\leqq 0}$ かつ $\boldsymbol{2x+y\geqq 0}$」

となる。　⇨ ①，②

よって，求める式は

$$\boldsymbol{\frac{4X+3Y-56}{5}=-\frac{2X+Y}{\sqrt{5}}}$$ ⇨ ③

(3) (2)より，ℓ' は

「$4x+3y-56\geqq 0$ かつ $ax-y\geqq 0$」

または「$4x+3y-56\leqq 0$ かつ $ax-y\leqq 0$」

…………………………(＊)

において，ℓ_1，ℓ_2 から等距離にある点の集合からなる直線である。

$a<-\frac{4}{3}$ のとき，ℓ_1，ℓ_2 は第2象限で交点をもち，条件(＊)を満たす点の集合は右の図の斜線部分であるので，ℓ' は $\angle$**OAB の二等分線**である。

⇨ ⓪

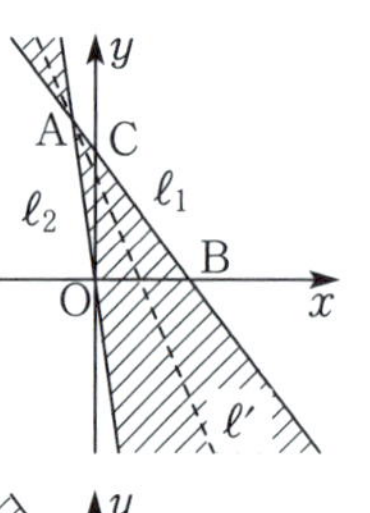

$-\frac{4}{3}<a<0$ のとき，ℓ_1，ℓ_2 は第4象限で交点をもち，条件(＊)を満たす点の集合は右の図の斜線部分であるので，ℓ' は $\angle$**OAB の二等分線**である。　⇨ ⓪

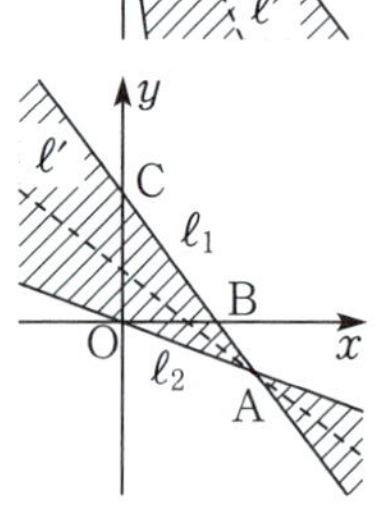

$a=0$ のとき，ℓ_2 は直線 $y=0$（x 軸）を表すので，点A，Bが一致し，条件(＊)を満たす点の集合は右の図の斜線部分であるので，ℓ' は $\angle$**OBC の二等分線**である。　⇨ ②

$a>0$ のとき，ℓ_1，ℓ_2 は第1象限で交点をもち，条件(＊)を満たす点の集合は右の図の斜線部分であるので，ℓ' は △**OAB** における $\angle$**OAB の外角の二等分線**である。　⇨ ①

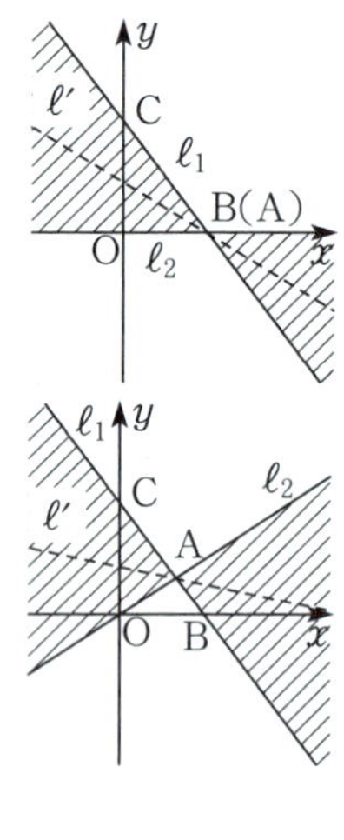

〔2〕

(1) $xy=1024$ において，2を底とする両辺の対数をとると

$$\log_2 xy=\log_2 2^{10}$$

$$\boldsymbol{\log_2 x+\log_2 y=10}$$

また，底の変換公式により

$$\boldsymbol{\log_x y=\frac{\log_2 y}{\log_2 x}}$$ ⇨ ①

(2) $t=\log_2 x$ とおくと

$$\log_x y=\frac{\log_2 y}{\log_2 x}=\frac{10-\log_2 x}{\log_2 x}=\frac{10-t}{t}=\boldsymbol{-1+\frac{10}{t}}$$

$x\geqq 2$，$y\geqq 2$ より

$$\log_2 x\geqq 1,\ \log_2 y\geqq 1$$

であり，$\log_2 x+\log_2 y=10$ であるから

$$1\leqq \log_2 x\leqq 9$$

$$1\leqq t\leqq 9$$

$u=-1+\frac{10}{t}$ のグラフは $u=\frac{10}{t}$ のグラフを u 軸方向に -1 だけ平行移動したグラフであり

$$f(1)=-1+\frac{10}{1}=9$$

$$f(9)=-1+\frac{10}{9}=\frac{1}{9}$$

であるから，$f(t)=-1+\frac{10}{t}$ のグラフとして最も適当なものは ⓪ である。　⇨ ⓪

$\log_x y=\frac{\log_2 y}{\log_2 x}=\frac{Y}{X}=k$ より

$$\boldsymbol{Y=kX}$$ ⇨ ⓪

$x\geqq 2$，$y\geqq 2$ より

$$X = \log_2 x \geqq 1,\ Y = \log_2 y \geqq 1$$

であり，$\log_2 x + \log_2 y = 10$ より

$$X + Y = 10 \text{ すなわち } Y = -X + 10$$

であるから，X，Y の存在範囲として最も適当なものは ① である。 ⇨ ①

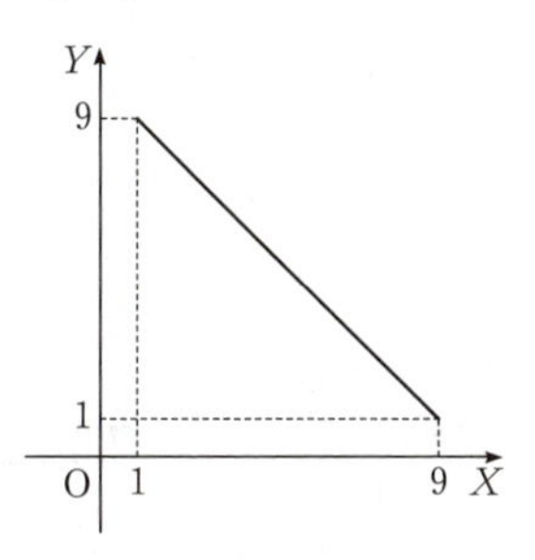

(3) 太郎さんの方針では

$$f(9) \leqq f(t) \leqq f(1)$$

$$\boldsymbol{\frac{1}{9} \leqq \log_x y \leqq 9}$$

花子さんの方針では，直線 $Y = kX$ と(2)(iv)の線分が共有点をもつときの k の値の範囲から

$$\frac{1}{9} \leqq \log_x y \leqq 9$$

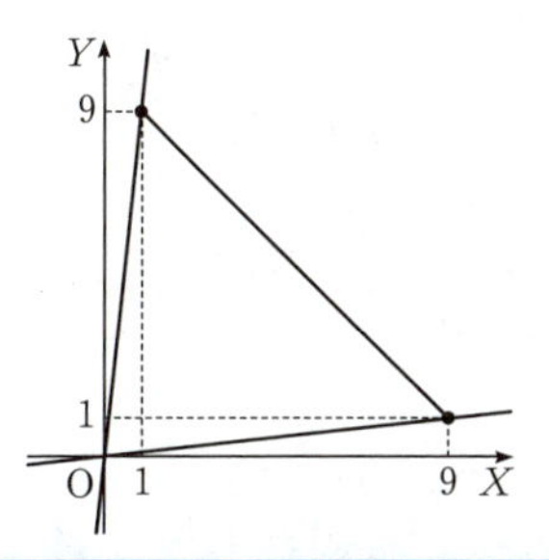

第2問

〔1〕

(1)

$$\boldsymbol{f'(2) = \lim_{x \to 2} \frac{f(x) - f(2)}{x - 2}}$$ ⇨ ⓪

$$\boldsymbol{g'(2)} = \lim_{x \to 2} \frac{g(x) - g(2)}{x - 2}$$

$$= \boldsymbol{\lim_{x \to 2} \frac{\{f(x)\}^3 - \{f(2)\}^3}{x - 2}}$$

⇨ ⓪

(2) (1)より

$$g'(2) = \lim_{x \to 2} \frac{\{f(x)\}^3 - \{f(2)\}^3}{x - 2}$$

であり

$$\{f(x)\}^3 - \{f(2)\}^3$$
$$= \{f(x) - f(2)\}$$
$$\cdot[\{f(x)\}^2 + f(x) \cdot f(2) + \{f(2)\}^2]$$

であるから

$$g'(2)$$
$$= \lim_{x \to 2} \frac{\{f(x) - f(2)\}}{x - 2}$$
$$\cdot[\{f(x)\}^2 + f(x) \cdot f(2) + \{f(2)\}^2]$$
$$= f'(2)[\{f(2)\}^2 + f(2) \cdot f(2) + \{f(2)\}^2]$$
$$= \boldsymbol{3f'(2)\{f(2)\}^2}$$

である。 ⇨ ⑤

また，$f'(x) = 3x^2 - 2$ より

$$f'(2) = 3 \cdot 2^2 - 2 = 10$$

であるから

$$\boldsymbol{g'(2)} = 3 \cdot 10 \cdot (2^3 - 2 \cdot 2)^2$$
$$= \boldsymbol{480}$$

〔2〕

(1) $C_1 : y = x^2 + 4x$ より

$$y' = 2x + 4$$

であるから，O における C_1 の接線の方程式は

$$y = (2 \cdot 0 + 4)x$$
$$y = 4x$$

よって，O における C_1 の接線の傾きは

$$\boldsymbol{4}$$

$C_2 : y = x^2 - 2x$ より

$$y' = 2x - 2$$

であるから，O における C_2 の接線の方程式は

$$y = (2 \cdot 0 - 2)x$$
$$y = -2x$$

よって，O における C_2 の接線の傾きは

$$\boldsymbol{-2}$$

である。

$m = 4$ のとき，ℓ と C_1 は O で接し，ℓ と C_2 は O とそれ以外の 1 点で交わるので，$n = 2$ である。

$m = -2$ のとき，ℓ と C_1 は O とそれ以外の 1 点で交わり，ℓ と C_2 は O で接するので，$n = 2$ である。

よって，$m = 4$ または $m = -2$ のとき

$$\boldsymbol{n = 2}$$

$m > 4$ のとき，ℓ と C_1 は O と x 座標が正である点 P の 2 点で交わり，ℓ と C_2 は O と x 座標が正である点 Q の 2 点で交わり，2 点 P，Q は異なるので，$n = 3$ である。

$m < -2$ のとき，ℓ と C_1 は O と x 座標が負である点 P′ の 2 点で交わり，ℓ と C_2 は O と x 座標が負である点 Q′ の 2 点で交わり，2 点 P′，Q′ は異なるので，$n = 3$ である。

よって，$m > 4$ または $m < -2$ のとき

$$\boldsymbol{n = 3}$$

$-2 < m < 4$ のとき，ℓ と C_1 は O と x 座標が負である点 P″ の 2 点で交わり，ℓ と C_2 は O と x 座標が正である点 Q″ の 2 点で交わり，2 点 P″，Q″ は異なるので

$$\boldsymbol{n} = 3$$

である。

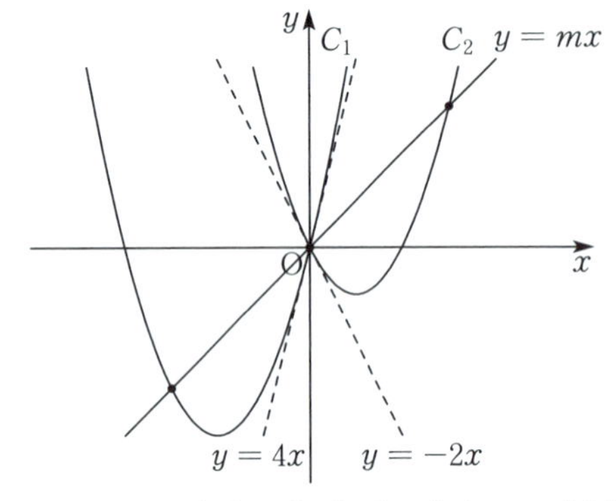

(2) $-2 < m < 4$ のとき，C_1 と ℓ の交点の x 座標は

$$x^2 + 4x = mx$$
$$x^2 - (m-4)x = 0$$
$$x\{x - (m-4)\} = 0$$

より 0 と $m-4$ であり，$m-4 < 0$ であるから

$$\boldsymbol{S_1} = \int_{m-4}^{0} \{mx - (x^2 + 4x)\}\,dx$$
$$= -\int_{m-4}^{0} x\{x - (m-4)\}\,dx$$
$$= \frac{\{0 - (m-4)\}^3}{6}$$
$$= \boldsymbol{-\frac{(m-4)^3}{6}} \quad ⇨ ⑤$$

C_2 と ℓ の交点の x 座標は

$$x^2 - 2x = mx$$
$$x^2 - (m+2)x = 0$$
$$x\{x - (m+2)\} = 0$$

より 0 と $m+2$ であり，$0 < m+2$ であるから

$$\boldsymbol{S_2} = \int_{0}^{m+2} \{mx - (x^2 - 2x)\}\,dx$$
$$= -\int_{0}^{m+2} x\{x - (m+2)\}\,dx$$
$$= \frac{\{(m+2) - 0\}^3}{6}$$
$$= \boldsymbol{\frac{(m+2)^3}{6}} \quad ⇨ ⓪$$

である。

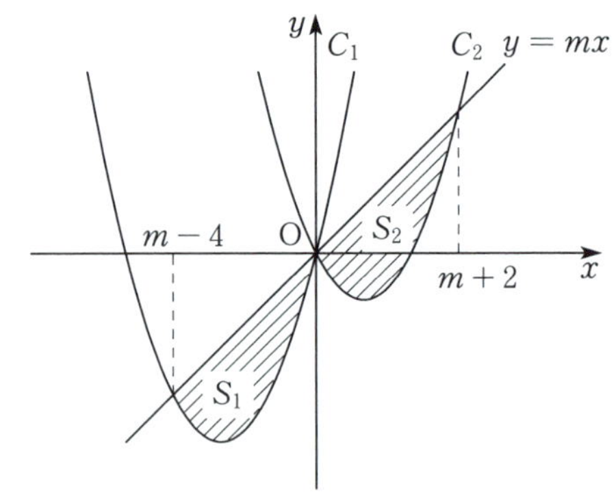

よって，$S_1 = S_2$ となるのは

$$-\frac{(m-4)^3}{6} = \frac{(m+2)^3}{6}$$
$$-(m-4) = m+2$$
$$\boldsymbol{m} = 1$$

のときであり

$$\boldsymbol{S_1 + S_2}$$
$$= -\frac{(m-4)^3}{6} + \frac{(m+2)^3}{6}$$
$$= \frac{1}{6}\{(-m^3 + 12m^2 - 48m + 64) + (m^3 + 6m^2 + 12m + 8)\}$$
$$= 3m^2 - 6m + 12$$
$$= 3(\boldsymbol{m} - 1)^2 + 9$$

であるから，$S_1 + S_2$ が最小になるのは

$$\boldsymbol{m} = 1$$

のときである。

また，$m = 0$ のとき

$$S_1 = -\frac{(0-4)^3}{6} = \frac{4^3}{6}$$

であるから，S_2 が，$m = 0$ のときの S_1 と等しくなるのは

$$m + 2 = 4$$
$$\boldsymbol{m} = 2$$

のときであり，$m = k$ のとき

$$S_1 = -\frac{(k-4)^3}{6} = \frac{(4-k)^3}{6}$$

であるから，S_2 が，$m = k$ のときの S_1 と等しくなるのは

$$m + 2 = 4 - k$$
$$\boldsymbol{m = -k + 2}$$

のときである。

第3問

(1)(i) 良品の割合は

$$\frac{80}{100} = \frac{4}{5}$$

であるから，求めるねじの本数を x とすると

$$\frac{4}{5}x \geqq 51$$

より

$$x \geqq \frac{51 \times 5}{4} = 63.75$$

よって，ねじを **64** **本以上**作る必要がある。

(ii) 実習において作られるねじのうち良品の割合は

$$\frac{80}{100} = 0.8$$

よって，ねじを 400 本作ったとき，X は**二項分布** $\boldsymbol{B(400,\ 0.8)}$ に従う。 ⇨ ③

また，X の平均を m_1，分散を ${\sigma_1}^2$ とすると

$$m_1 = 400 \times 0.8 = 320$$

$${\sigma_1}^2 = 400 \times 0.8 \times (1 - 0.8) = 64$$

作ったねじの本数 400 は十分大きいから，X は近似的に正規分布 $N(320,\ 64)$ に従う。

$${\sigma_1}^2 = 64$$

より

$$\sigma_1 = 8$$

であるから

$$Z_1 = \frac{X - m_1}{\sigma_1} = \frac{\boldsymbol{X - 320}}{\boldsymbol{8}}$$

とおくと，Z_1 は標準正規分布 $N(0,\ 1)$ に従う。

$X \geqq 330$ のとき

$$Z_1 = \frac{X - 320}{8} \geqq \frac{330 - 320}{8} = 1.25$$

であるから，実習で作った 400 本のねじのうち良品の本数が 330 以上となる確率は

$$P(X \geqq 330) = P(Z_1 \geqq 1.25)$$

ここで，正規分布表より

$$P(0 \leqq Z_1 \leqq 1.25) = 0.3944$$

であるから

$$P(Z_1 \geqq 1.25) = 0.5 - 0.3944 = 0.1056 \fallingdotseq \boldsymbol{0.106}$$

(2) 不良品について

$$Y < 6.3 \text{ または } 6.7 < Y$$

であり，Y は平均 6.5 の正規分布に従うから

$$P(Y < 6.3) = P(Y > 6.7)$$

いま，不良品の割合は $\frac{4}{1000} = 0.004$ であるから

$$P(Y < 6.3) + P(Y > 6.7) = 0.004$$

$$2P(Y > 6.7) = 0.004$$

よって

$$P(Y > 6.7) = 0.002$$

ここで，Y の標準偏差を σ_2 とし

$$Z_2 = \frac{Y - 6.5}{\sigma_2}$$

とおくと，Z_2 は標準正規分布 $N(0,\ 1)$ に従う。

$Y > 6.7$ のとき

$$Z_2 = \frac{Y - 6.5}{\sigma_2} > \frac{6.7 - 6.5}{\sigma_2} = \frac{0.2}{\sigma_2}$$

であるから

$$P(Y > 6.7) = P\left(Z_2 > \frac{0.2}{\sigma_2}\right)$$

これが 0.002 となるから

$$P\left(0 \leqq Z_2 \leqq \frac{0.2}{\sigma_2}\right) = 0.5 - 0.002 = 0.498$$

ここで，正規分布表より

$$P(0 \leqq Z_2 \leqq 2.88) = 0.4980$$

であるから

$$\frac{0.2}{\sigma_2} = 2.88$$

よって

$$\sigma_2 = \frac{0.2}{2.88} \fallingdotseq \boldsymbol{0.069}$$

Y の平均は 6.5，標準偏差は 0.069 であるから，機械が正常に稼働しているとすると，無作為に取り出した 100 本のねじの長さの標本平均 $\overline{Y}$ は

平均 **6.5**

標準偏差 $\frac{0.069}{\sqrt{100}} = 0.0069 \fallingdotseq \boldsymbol{0.007}$

の正規分布に従うとみなすことができるから

$$Z_3 = \frac{\overline{Y} - 6.5}{0.0069}$$

とおくと，Z_3 は標準正規分布 $N(0,\ 1)$ に従う。

正規分布表より

$$P(|Z_3| < 1.96) = 0.95$$

であるから，機械が正常に稼働しているとき，標本平均 $\overline{Y}$ は 95% の確率で $\left|\frac{\overline{Y} - 6.5}{0.0069}\right| < 1.96$ を満たす。このとき

$$|\overline{Y} - 6.5| < 1.96 \times 0.0069 = 0.013524 \fallingdotseq \boldsymbol{0.014}$$ ⇨ ①

ここで $\overline{Y} = 6.52$ とすると

$$|6.52 - 6.5| = 0.02 > 0.013524$$

となるから，$\overline{Y} = 6.52$ は「機械が正常に稼働しているとき，標本平均が 95% の確率で含まれる範囲」に含まれない。よって，M 社は機械を**修理に出す**。

⇨ ①

第4問

(1)(i) その週に視聴した人のうち，次の週も観る人は 90 %であり，新たに 4 万人が番組を観るので，a_{n+1} を a_n で表すと

$$\boldsymbol{a_{n+1}=\frac{9}{10}a_n+4}\quad(n=1,\ 2,\ 3,\ \cdots)\quad\cdots\cdots\text{①}$$

(ii) ①は

$$a_{n+1}-40=\frac{9}{10}(a_n-40)$$

と変形できるから，数列 $\{a_n-40\}$ は公比 $\frac{9}{10}$ の等比数列である。よって，$a_1=100$ より

$$a_n-40=\left(\frac{9}{10}\right)^{n-1}(100-40)$$

$$\boldsymbol{a_n=40+60\cdot\left(\frac{9}{10}\right)^{n-1}}\quad\cdots\cdots\text{②}$$

(iii) $a_n<80$ となるとき，②より

$$40+60\cdot\left(\frac{9}{10}\right)^{n-1}<80$$

ゆえに

$$\left(\frac{9}{10}\right)^{n-1}<\frac{40}{60}=\frac{2}{3}=0.66\cdots$$

ここで

$$\left(\frac{9}{10}\right)^3=\frac{729}{1000},\ \left(\frac{9}{10}\right)^4=\frac{6561}{10000}$$

であり，n が大きくなるのに従って $\left(\frac{9}{10}\right)^{n-1}$ は小さくなるので，$a_n<80$ を満たす n は

$$n-1\geqq 4$$
$$n\geqq 5$$

すなわち，**第 5 週** の放送後，番組の打ち切りが決定する。

(2) (1)と同様にして，a_{n+1} を a_n で表すと

$$a_{n+1}=\frac{9}{10}a_n+t\quad(n=1,\ 2,\ 3,\ \cdots)$$

となる。これは

$$a_{n+1}-10t=\frac{9}{10}(a_n-10t)$$

と変形できるから，数列 $\{a_n-10t\}$ は公比 $\frac{9}{10}$ の等比数列である。よって，$a_1=s$ より

$$a_n-10t=\left(\frac{9}{10}\right)^{n-1}(s-10t)$$

$$a_n=10t+\left(\frac{9}{10}\right)^{n-1}(s-10t)\quad\cdots\text{③}$$

これより

$$a_{n+1}=10t+\left(\frac{9}{10}\right)^{n}(s-10t)\quad\cdots\text{④}$$

であるから，④－③ より

$$a_{n+1}-a_n=-\frac{1}{10}\cdot\left(\frac{9}{10}\right)^{n-1}(s-10t)$$

視聴者数が毎週増え続けるとき，$a_{n+1}-a_n>0$ であるから，これが成り立つのは

$$s-10t<0$$

$$\boldsymbol{t>\frac{s}{10}}$$

のときである。 ⇨ ⓪

(3) $t>\frac{s}{10}$ のとき，$\left(\frac{9}{10}\right)^{n-1}(s-10t)<0$ だから，③より

$$a_n<10t\quad(n=1,\ 2,\ 3,\ \cdots)$$

すなわち，**何回放送しても視聴者数が10t万人を超えることはない。** ⇨ ④

(4) それぞれの s，t の値について，$a_n<80$ を満たす n が存在するかどうかを調べる。

$s=100$，$t=8$ のとき，③より

$$a_n=80+20\cdot\left(\frac{9}{10}\right)^{n-1}$$

$20\cdot\left(\frac{9}{10}\right)^{n-1}>0$ より，つねに $a_n>80$ が成り立つので，**番組は存続する。** ⇨ ②

$s=90$，$t=12$ のとき

$$t>\frac{s}{10}$$

となる。ゆえに，(2)より視聴者数は毎週増え続けるから，つねに $a_n>80$ が成り立つので，**番組は存続する。** ⇨ ②

$s=80$，$t=5$ のとき，③より

$$a_n=50+30\cdot\left(\frac{9}{10}\right)^{n-1}$$

$a_n<80$ とするとき

$$50+30\cdot\left(\frac{9}{10}\right)^{n-1}<80$$

$$\left(\frac{9}{10}\right)^{n-1}<1$$

$n\geqq 2$ のとき，これは成り立つので，**第2週の放送後，番組の打ち切りが決定する。** ⇨ ⓪

第5問

(1) A(1, −2, 0)，B(1, 0, −1)，C(0, −3, −4) より

$$\overrightarrow{\mathrm{OA}}=(1,\ -2,\ 0)$$
$$\overrightarrow{\mathrm{OB}}=(1,\ 0,\ -1)$$
$$\overrightarrow{\mathrm{OC}}=(0,\ -3,\ -4)$$

であるから

$$\boldsymbol{\overrightarrow{\mathrm{CH}}}=\overrightarrow{\mathrm{OH}}-\overrightarrow{\mathrm{OC}}$$
$$=s\overrightarrow{\mathrm{OA}}+t\overrightarrow{\mathrm{OB}}-\overrightarrow{\mathrm{OC}}$$

$$= (\boldsymbol{s}+\boldsymbol{t},\ -2\boldsymbol{s}+3,\ -\boldsymbol{t}+4)$$
……………………… ③

$\overrightarrow{\mathrm{CH}} \perp \overrightarrow{\mathrm{OA}}$ より，$\overrightarrow{\mathrm{CH}} \cdot \overrightarrow{\mathrm{OA}} = 0$ が成り立つから

$$s+t-2(-2s+3)=0$$

ゆえに

$$\boldsymbol{5s+t=6} \quad \cdots\cdots ①$$

同様に，$\overrightarrow{\mathrm{CH}} \perp \overrightarrow{\mathrm{OB}}$ より，$\overrightarrow{\mathrm{CH}} \cdot \overrightarrow{\mathrm{OB}} = 0$ が成り立つから

$$s+t-(-t+4)=0$$

ゆえに

$$\boldsymbol{s+2t=4} \quad \cdots\cdots ②$$

①，②より

$$\boldsymbol{s}=\frac{8}{9},\ \boldsymbol{t}=\frac{14}{9}$$

よって，③に代入すると

$$\overrightarrow{\mathrm{CH}}=\frac{11}{9}(2,\ 1,\ 2)$$

であり，三角形 OAB を底面とみたときの四面体 OABC の高さは $|\overrightarrow{\mathrm{CH}}|$ であるから

$$|\overrightarrow{\mathrm{CH}}|=\frac{11}{9}\sqrt{2^2+1^2+2^2}$$

$$=\frac{11}{3}$$

また

$$\overrightarrow{\mathrm{OH}}=\frac{8}{9}\overrightarrow{\mathrm{OA}}+\frac{14}{9}\overrightarrow{\mathrm{OB}}$$

$$=\frac{22}{9}\left(\frac{8\overrightarrow{\mathrm{OA}}+14\overrightarrow{\mathrm{OB}}}{22}\right)$$

$$=\frac{22}{9}\left(\frac{4\overrightarrow{\mathrm{OA}}+7\overrightarrow{\mathrm{OB}}}{11}\right)$$

$$=\frac{22}{9}\left(\frac{4\overrightarrow{\mathrm{OA}}+7\overrightarrow{\mathrm{OB}}}{7+4}\right)$$

ここで

$$\overrightarrow{\mathrm{OD}}=\frac{4\overrightarrow{\mathrm{OA}}+7\overrightarrow{\mathrm{OB}}}{11}$$

となる点 D をとると，D は線分 AB を 7：4 に内分する点であるから，D は 2 点 A，B の間にある。そして

$$\overrightarrow{\mathrm{OH}}=\frac{22}{9}\overrightarrow{\mathrm{OD}}$$

より，H は線分 OD を 22：13 に外分する点である。

よって，点 H が存在する領域を示したものは ⑤ である。 ⇨ ⑤

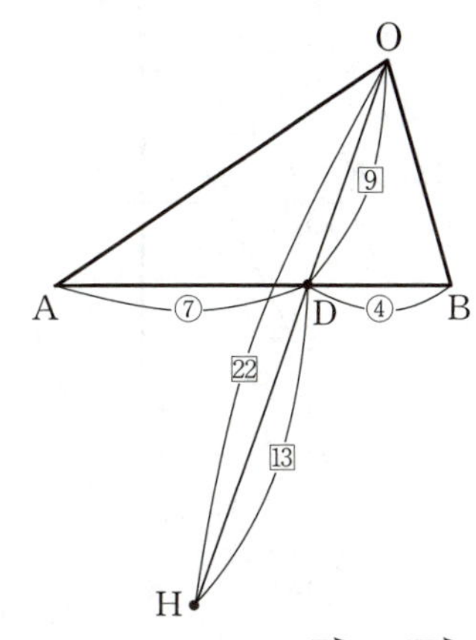

(2) $\vec{n}=(a,\ b,\ c)$ とおく。$\vec{n}$ は $\overrightarrow{\mathrm{OA}}$ と $\overrightarrow{\mathrm{OB}}$ の両方に垂直であるから

$$\vec{n}\cdot\overrightarrow{\mathrm{OA}}=0,\quad \vec{n}\cdot\overrightarrow{\mathrm{OB}}=0$$

ゆえに

$$a-2b=0,\quad a-c=0$$

を満たす。よって

$$\vec{n}=\left(a,\ \frac{a}{2},\ a\right)$$

と表すことができ，大きさは $|\overrightarrow{\mathrm{OC}}|$ と等しいから

$$|\vec{n}|^2=|\overrightarrow{\mathrm{OC}}|^2$$

$$a^2+\left(\frac{a}{2}\right)^2+a^2=(-3)^2+(-4)^2$$

$$a^2=\frac{100}{9}$$

$\vec{n}$ の x 成分は正より

$$a=\frac{10}{3}$$

であるから

$$\boldsymbol{\vec{n}=\frac{5}{3}(2,\ 1,\ 2)}$$

したがって

$$\overrightarrow{\mathrm{OC}}\cdot\vec{n}=\frac{5}{3}\{(-3)\cdot 1-4\cdot 2\}$$

$$=-\frac{55}{3} \quad \cdots\cdots ④$$

ゆえに

$$\boldsymbol{\overrightarrow{\mathrm{OC}}\cdot\vec{n}<0}$$ ⇨ ⓪

であるから，$\overrightarrow{\mathrm{OC}}$ と $\vec{n}$ のなす角を θ ($0^\circ \leqq \theta \leqq 180^\circ$) とおくと

$$\cos\theta=\frac{\overrightarrow{\mathrm{OC}}\cdot\vec{n}}{|\overrightarrow{\mathrm{OC}}||\vec{n}|}<0$$

を満たす。

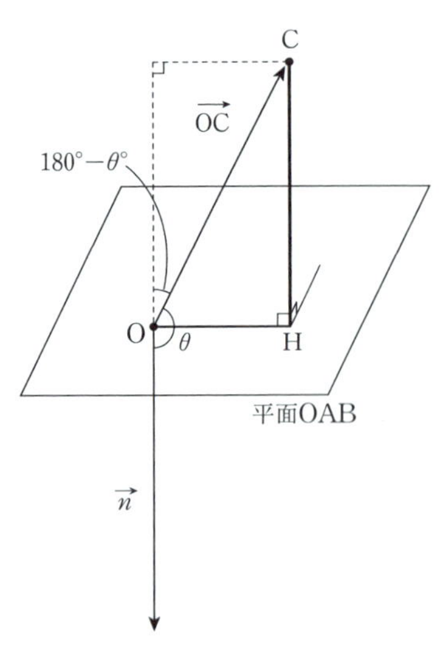

よって，三角形OABを底面とみたときの四面体OABCの高さは，$\overrightarrow{OC}\cdot\vec{n}<0$ より $\theta>90°$ に注意して

$$
\begin{aligned}
&|\overrightarrow{OC}|\cos(180°-\theta)\\
&=-|\overrightarrow{OC}|\cos\theta\\
&=-\frac{\overrightarrow{OC}\cdot\vec{n}}{|\vec{n}|}\\
&=-\frac{\overrightarrow{\mathbf{OC}}\cdot\vec{\boldsymbol{n}}}{|\overrightarrow{\mathbf{OC}}|} \quad ⇨⑥
\end{aligned}
$$

と表される。④と $|\overrightarrow{OC}|=5$ より，高さは

$$-\frac{\overrightarrow{OC}\cdot\vec{n}}{|\overrightarrow{OC}|}=-\frac{-\frac{55}{3}}{5}=\frac{11}{3}$$

(3) $\overrightarrow{OA}=(1,\ -1,\ 0)$ と $\overrightarrow{OB}=(1,\ 0,\ -1)$ の両方に垂直で，大きさが $|\overrightarrow{OC}|$ と等しいベクトルのうち，x 成分が正であるものを $\vec{n'}=(a',\ b',\ c')$ とおく。

$$\vec{n'}\cdot\overrightarrow{OA}=0,\ \vec{n'}\cdot\overrightarrow{OB}=0$$

より

$$a'-b'=0,\ a'-c'=0$$

を満たす。よって

$$\vec{n'}=(a',\ a',\ a')$$

と表すことができ，大きさが $|\overrightarrow{OC}|$ と等しいから

$$
\begin{aligned}
&|\vec{n'}|^2=|\overrightarrow{OC}|^2\\
&a'^2+a'^2+a'^2=2^2+1^2+(-2)^2\\
&a'^2=3
\end{aligned}
$$

$\vec{n'}$ の x 成分は正より

$$a'=\sqrt{3}$$

であるから

$$\vec{n'}=\sqrt{3}(1,\ 1,\ 1)$$

である。これより

$$
\begin{aligned}
\overrightarrow{OC}\cdot\vec{n'}&=\sqrt{3}(2\cdot1+1\cdot1-2\cdot1)\\
&=\sqrt{3}
\end{aligned}
$$

ゆえに，$\overrightarrow{OC}\cdot\vec{n'}>0$ であるから，三角形OABを底面とみたときの四面体OABCの高さは

$$\frac{\overrightarrow{OC}\cdot\vec{n'}}{|\overrightarrow{OC}|}$$

と表され，これを計算すると

$$\frac{\sqrt{3}}{3}$$

研究

(3)を(1)の方針で求めると，次のようになる。

$\overrightarrow{OH}=s\overrightarrow{OA}+t\overrightarrow{OB}$（$s$，$t$ は実数）より

$$
\begin{aligned}
\overrightarrow{CH}&=s\overrightarrow{OA}+t\overrightarrow{OB}-\overrightarrow{OC}\\
&=(s+t-2,\ -s-1,\ -t+2)
\end{aligned}
$$

$\overrightarrow{CH}\cdot\overrightarrow{OA}=0$ が成り立つから

$$
\begin{aligned}
&s+t-2-(-s-1)=0\\
&2s+t=1
\end{aligned}
$$

同様に，$\overrightarrow{CH}\cdot\overrightarrow{OB}=0$ が成り立つから

$$
\begin{aligned}
&s+t-2-(-t+2)=0\\
&s+2t=4
\end{aligned}
$$

よって

$$s=-\frac{2}{3},\ t=\frac{7}{3}$$

であり

$$\overrightarrow{CH}=-\frac{1}{3}(1,\ 1,\ 1)$$

であるから，求める高さは

$$
\begin{aligned}
|\overrightarrow{CH}|&=\frac{1}{3}\sqrt{1^2+1^2+1^2}\\
&=\frac{\sqrt{3}}{3}
\end{aligned}
$$

MEMO

模試 第5回
解　　答

問題番号(配点)	解答記号	正解	配点	自己採点
第1問(30)	アイ m	13m	3	
	$h=$ ウエ $-$ オカ $\cos\dfrac{\pi}{キク}x$	$h=13-10\cos\dfrac{\pi}{12}x$	3	
	$\dfrac{\sqrt{ケ}-\sqrt{コ}}{サ}$	$\dfrac{\sqrt{2}-\sqrt{6}}{4}$	3	
	$\dfrac{シ}{ス}$	$\dfrac{1}{2}$	2	
	セ 分後，ソタ 分後	4 分後，20 分後	各2	
	$y=2^{x+チ}+ツ$	$y=2^{x+1}+1$	2	
	$y=\log_2(x+テ)+ト$	$y=\log_2(x+1)+1$	2	
	ナニ，ヌ	−1，1	2	
	ネノ，ハ	−1，1	2	
	ヒ	⓪	2	
	フ	②	2	
	ヘ	⑤	3	
第2問(30)	ア	⑥	3	
	イ	1	2	
	ウ	④	2	
	$\dfrac{エ}{オ}$，カ，キ	$\dfrac{1}{3}$，⓪，3	3	
	ク	⑥	3	
	ケ	⑦	3	
	コ，サシ	1，−2	各2	
	$\dfrac{スセ}{ソ}$	$\dfrac{27}{4}$	3	
	タチ $<a<$ ツ，テ $<a<$ ト	$-2<a<0$，$0<a<1$	3	
	$\dfrac{ナ\sqrt{ニ}-ヌ}{ネ}$	$\dfrac{3\sqrt{6}-6}{2}$	4	

問題番号(配点)	解答記号	正解	配点	自己採点
第3問 (20)	ア	③	1	
	イウ, エ.オ	64, 4.8	各2	
	カ, キ	①, ⑥	各1	
	$C=0.$クケコ, $D=0.$サシス	$C=0.701$, $D=0.799$	各1	
	$n \geqq$ セソタチ	$n \geqq 1200$	2	
	$Z=\dfrac{X-\text{ツテ}}{\text{ト}.\text{ナ}}$	$Z=\dfrac{X-64}{4.8}$	2	
	0.ニヌネ, ノ 回	0.011, 4 回	各2	
	ハ	①	3	
第4問 (20)	(ア, イ)	(1, 4)	2	
	ウ	⓪	2	
	$a_{n+1}-\beta a_n=$ エオ	$a_{n+1}-\beta a_n=21$	2	
	カ	②	2	
	$a_{n+1}-\beta a_n=$ キ・ク^{ケ}	$a_{n+1}-\beta a_n=3\cdot 4^{①}$	2	
	$a_n=$ コ^{サ} − シ	$a_n=4^{①}-7$	2	
	(ス, セ, ソタ), (チ, ツ, テト)	(1, 3, −2), (2, 2, −1)	各1	
	$a_{n+2}-qa_{n+1}-ra_n=$ ナニ	$a_{n+2}-qa_{n+1}-ra_n=11$	2	
	$a_{n+2}-qa_{n+1}-ra_n=$ ヌ^{ネ}	$a_{n+2}-qa_{n+1}-ra_n=2^{③}$	2	
	$a_n=$ ノ^{ハ} − ヒフ$n+$ ヘ	$a_n=2^{③}-11n+4$	2	
第5問 (20)	P′(ア, イ, ウエ)	P′(0, 0, −1)	3	
	$\overrightarrow{\mathrm{P'R}}=($オ$t,\ t,\ t)$	$\overrightarrow{\mathrm{P'R}}=(2t,\ t,\ t)$	2	
	$\overrightarrow{\mathrm{OR}}=($カ$t,\ t,\ t-$キ$)$	$\overrightarrow{\mathrm{OR}}=(2t,\ t,\ t-1)$	2	
	$t=$ ク	$t=2$	2	
	R(ケ, コ, 1)	R(4, 2, 1)	3	
	サ	⑥	4	
	シ	⑦	4	

（注）第1問，第2問は必答。第3問～第5問のうちから2問選択。計4問を解答。
なお，上記以外のものについても得点を与えることがある。正解欄に※があるものは，解答の順序は問わない。

第1問小計		第2問小計		第3問小計		第4問小計		第5問小計		合計点	/100

第１問

〔１〕

(1)　観覧車は 24 分で１周するから，１分間に回転する角度は

$$\frac{2\pi}{24}=\frac{\pi}{12}$$

6 分間に回転する角度は

$$\frac{\pi}{12}\times 6=\frac{\pi}{2}$$

であるから，乗りカゴの地上からの高さは

$$10+3=\mathbf{13}\ (\mathrm{m})$$

(2)　乗りカゴの地上からの高さ h (m) は

$$h=10\sin\left(\frac{\pi}{12}x-\frac{\pi}{2}\right)+13$$

$$=\mathbf{13-10\cos\frac{\pi}{12}x}$$

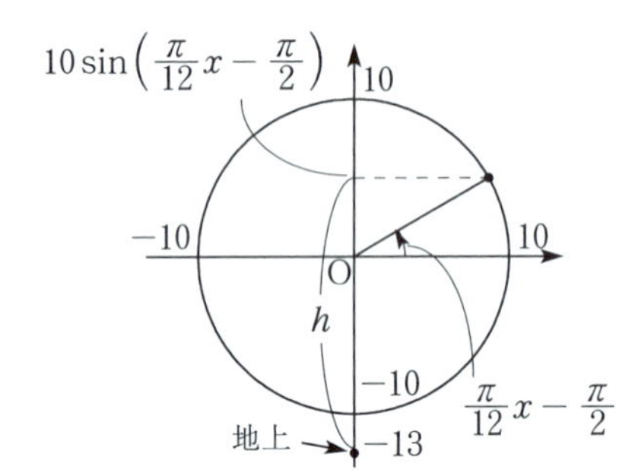

(3)　三角関数の加法定理より

$$\cos\frac{17}{12}\pi=\cos\left(\frac{2}{3}\pi+\frac{3}{4}\pi\right)$$

$$=\cos\frac{2}{3}\pi\cos\frac{3}{4}\pi-\sin\frac{2}{3}\pi\sin\frac{3}{4}\pi$$

$$=\left(-\frac{1}{2}\right)\cdot\left(-\frac{\sqrt{2}}{2}\right)-\frac{\sqrt{3}}{2}\cdot\frac{\sqrt{2}}{2}$$

$$=\frac{\sqrt{2}-\sqrt{6}}{4}$$

(4)　$h=8$ より

$$13-10\cos\frac{\pi}{12}x=8$$

$$\cos\frac{\pi}{12}x=\frac{1}{2}$$

よって

$$\frac{\pi}{12}x=\frac{\pi}{3}+2n\pi,\ \frac{5}{3}\pi+2n\pi$$

（n は０以上の整数）

であるから，１周する間にちょうど真横に見えるのは

$$\frac{\pi}{12}x=\frac{\pi}{3},\ \frac{5}{3}\pi$$

より

$$x=4,\ 20$$

のときであり，乗りカゴが乗り場を出発してから，**4** 分後と **20** 分後である。

〔２〕

(1)　図１の実線は，$y=2^x$ のグラフを x 軸方向に p，y 軸方向に q だけ平行移動したグラフであるとすると，式は，$y=2^{x-p}+q$ と表すことができ，２点 $(-1,\ 2)$，$(0,\ 3)$ を通るから

$$\begin{cases}2=2^{-1-p}+q & \cdots\cdots ①\\ 3=2^{-p}+q & \cdots\cdots ②\end{cases}$$

②－① より

$$1=2^{-p}-2^{-1-p}$$

$$2^{-p}(1-2^{-1})=1$$

$$\frac{1}{2}\cdot 2^{-p}=1$$

$$2^{-p}=2$$

よって

$$p=-1$$

①より

$$2=2^0+q$$

よって

$$q=1$$

であるから，図１の実線のグラフの式は

$$\boldsymbol{y=2^{x+1}+1}$$

図２の実線は，$y=\log_2 x$ のグラフを x 軸方向に r，y 軸方向に s だけ平行移動したグラフであるとすると，式は，$y=\log_2(x-r)+s$ と表すことができ，２点 $(3,\ 3)$，$(0,\ 1)$ を通るから

$$\begin{cases}3=\log_2(3-r)+s & \cdots\cdots ③\\ 1=\log_2(-r)+s & \cdots\cdots ④\end{cases}$$

③－④ より

$$2=\log_2(3-r)-\log_2(-r)$$

$$\log_2\frac{3-r}{-r}=2$$

$$\frac{3-r}{-r}=2^2$$

$$3-r=-4r$$

よって

$$r=-1$$

④より

$$\log_2 1 + s = 1$$

よって

$$s = 1$$

であるから，図2の実線のグラフの式は

$$\boldsymbol{y = \log_2(x+1)+1}$$

また，$p = -1$，$q = 1$ より，図1の実線は，$y = 2^x$ のグラフを x 軸方向に -1，y 軸方向に 1 だけ平行移動したグラフであり，$r = -1$，$s = 1$ より，図2の実線は，$y = \log_2 x$ のグラフを x 軸方向に -1，y 軸方向に 1 だけ平行移動したグラフである。

(2) $y = 2^x$ のグラフと $y = \log_2 x$ のグラフは，直線 $\boldsymbol{y = x}$ に関して対称である。 ⇨ ⓪

図1の実線のグラフは，$y = 2^x$ のグラフを x 軸方向に -1，y 軸方向に 1 だけ平行移動したグラフで，図2の実線のグラフは，$y = \log_2 x$ のグラフを x 軸方向に -1，y 軸方向に 1 だけ平行移動したグラフであるから，図1の実線のグラフと図2の実線のグラフは，直線 $y = x$ を x 軸方向に -1，y 軸方向に 1 だけ平行移動した直線すなわち

$$y - 1 = x - (-1)$$

より

$$\boldsymbol{y = x + 2}$$

に関して対称である。 ⇨ ②

(3)(i) $y = 4^{x+1} - 2$ と $y = \log_4(x+1) - 2$ のグラフは，ともに $y = 4^x$ と $y = \log_4 x$ のグラフを x 軸方向に -1，y 軸方向に -2 だけ平行移動したものであるから，直線 $y = x$ を x 軸方向に -1，y 軸方向に -2 だけ平行移動した直線すなわち

$$y - (-2) = x - (-1)$$

より

$$y = x - 1$$

に関して対称であるから，$y = x + 2$ に関しては対称ではない。

(ii) $y = 2^{x-1} + 3$ と $y = \log_2(x-1) + 3$ のグラフは，ともに $y = 2^x$ と $y = \log_2 x$ のグラフを x 軸方向に 1，y 軸方向に 3 だけ平行移動したものであるから，直線 $y = x$ を x 軸方向に 1，y 軸方向に 3 だけ平行移動した直線すなわち

$$y - 3 = x - 1$$

より

$$y = x + 2$$

に関して対称である。

(iii)
$$y = \frac{\log_3(x+2)}{2} = \log_3(x+2)^{\frac{1}{2}}$$
$$= \frac{\log_9(x+2)^{\frac{1}{2}}}{\log_9 3} = \log_9(x+2)$$

より，$y = 9^{x+2}$ と $y = \dfrac{\log_3(x+2)}{2}$ のグラフは，直線 $y = x$ を x 軸方向に -2 だけ平行移動した直線すなわち

$$y = x + 2$$

に関して対称である。

以上より，直線 $y = x + 2$ に関して対称であるのは，(ii)と(iii)である。 ⇨ ⑤

第2問

(1)(i) ①と②の式を連立すると

$$-x(x-2) + ax + b = ax + k$$

$$x^2 - 2x + k - b = 0 \quad \cdots\cdots\cdots\cdots ⑤$$

であり，⑤の判別式を D とおくと

$$\frac{D}{4} = 1 - (k - b)$$

①と②のグラフが異なる2点で交わるとき，x の2次方程式⑤は異なる二つの実数解をもつ。

よって，$\dfrac{D}{4} > 0$ より

$$1 - (k - b) > 0$$

ゆえに，求める k の値の範囲は

$$\boldsymbol{k < b + 1}$$ ⇨ ⑥

(ii) ②のグラフが①のグラフの接線であるとき，x の2次方程式⑤は重解をもつ。

よって，$\dfrac{D}{4} = 0$ より

$$k = b + 1$$

このとき，⑤は

$$(x-1)^2 = 0$$

となるので，接点の x 座標は 1 である。そして，②の式は，$k = b + 1$ を代入して

$$y = ax + b + 1$$

であるから，②のグラフと x 軸の共有点の x 座標は

$$0 = ax + b + 1$$

を解くと

$$x = -\boldsymbol{\frac{b+1}{a}}$$ ⇨ ④

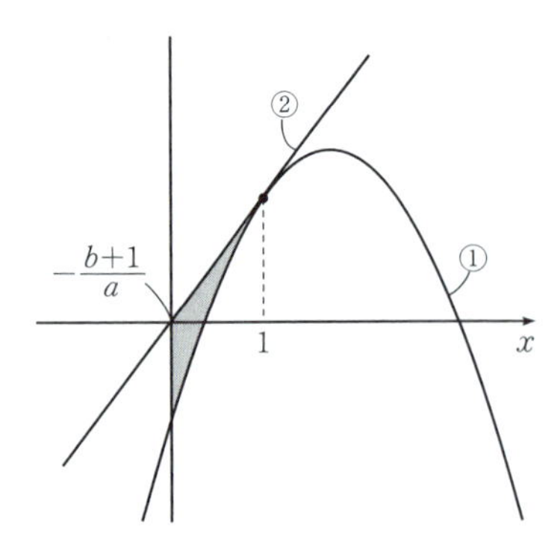

よって，①と②のグラフおよび直線 $x=-\dfrac{b+1}{a}$ で囲まれた図形の面積 S は

$$S=\int_{-\frac{b+1}{a}}^{1}\left[ax+b+1-\{-x(x-2)+ax+b\}\right]dx$$

$$=\int_{-\frac{b+1}{a}}^{1}(x-1)^2\,dx$$

$$=\int_{-\frac{b+1}{a}-1}^{0}x^2\,dx$$

$$=\left[\frac{1}{3}x^3\right]_{-\frac{b+1}{a}-1}^{0}$$

$$=\frac{1}{3}\left(\frac{a+b+1}{a}\right)^3$$ ⇨ ⓪

S の値が一定となるように正の実数 a，b を変化させるとき，$\dfrac{a+b+1}{a}$ の値は一定であり

$$\frac{a+b+1}{a}=1+\frac{b+1}{a}>1$$

であるから，実数の定数 $p\ (>1)$ を用いて

$$\frac{a+b+1}{a}=p$$

とおくことができる。この式を変形すると

$$b=(p-1)a-1$$

となり，$p-1>0$ に注意すると，正の実数 a，b の関係を表すグラフの概形として最も適当なものは ⑥ である。 ⇨ ⑥

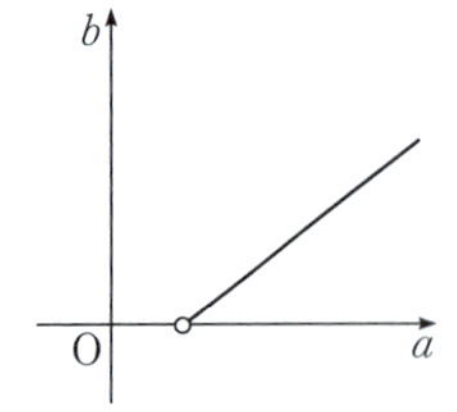

(2)(i)　③と④の式を連立すると

$$-x(x-\sqrt{3})(x+\sqrt{3})+ax+b=ax+k$$
$$k=-x^3+3x+b \quad \cdots\cdots\cdots\cdots ⑥$$

③と④のグラフが異なる3点で交わるとき，直線 $y=k$ と曲線 $y=-x^3+3x+b$ は異なる3点で交わる。

$f(x)=-x^3+3x+b$ とおくと

$$f'(x)=-3x^2+3=-3(x+1)(x-1)$$

より，$f(x)$ の増減は次の表のようになる。

x		-1		1	
$f'(x)$	$-$	0	$+$	0	$-$
$f(x)$	↘	$b-2$	↗	$b+2$	↘

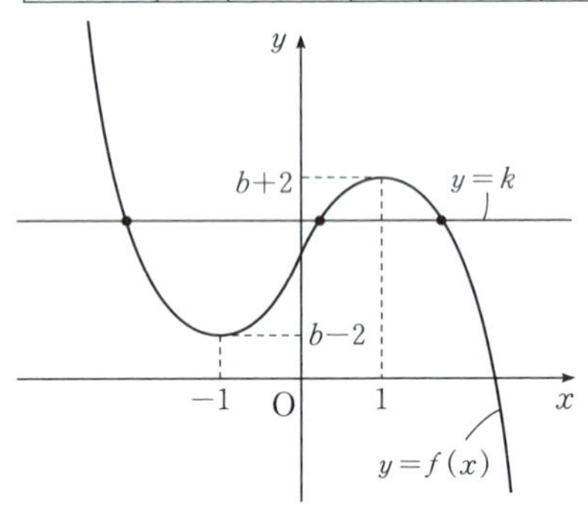

よって，求める k の値の範囲は

$$\boldsymbol{b-2<k<b+2}$$ ⇨ ⑦

(ii)　④のグラフが③のグラフの接線であり，かつ，接点の x 座標が正であるとき，直線 $y=k$ は曲線 $y=-x^3+3x+b$ の接線であり，かつ，接点の x 座標は同じ値である。

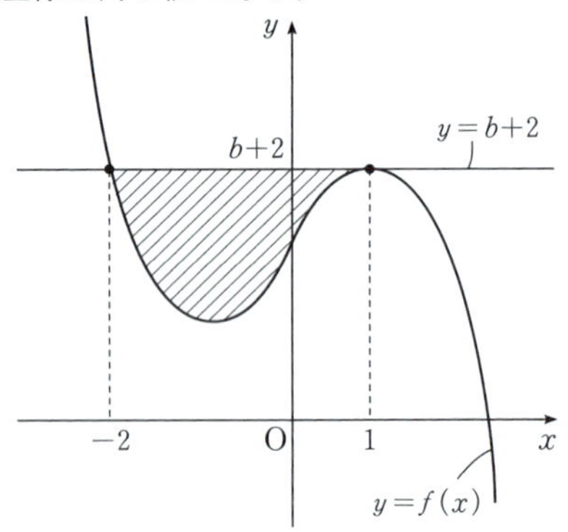

よって，求める接点の x 座標は 1 であり，$k=b+2$ である。⑥に $k=b+2$ を代入して

$$b+2=-x^3+3x+b$$
$$(x-1)^2(x+2)=0$$

であるから，接線 $y=b+2$ と曲線 $y=-x^3+3x+b$ の共有点の x 座標，すなわち，③と④のグラフの共有点の x 座標は

$$\boldsymbol{x=1,\ -2}$$

③と④のグラフで囲まれた図形 F の面積は，接線 $y=b+2$ と曲線 $y=-x^3+3x+b$ で囲まれた図形（F' とおく）の面積と等しいから

$$\int_{-2}^{1}\{b+2-(-x^3+3x+b)\}\,dx$$
$$=\int_{-2}^{1}(x^3-3x+2)\,dx$$
$$=\left[\frac{1}{4}x^4-\frac{3}{2}x^2+2x\right]_{-2}^{1}$$
$$=\frac{27}{4}$$

そして，④のグラフと直線 m の共有点の x 座標は

$$ax+b+2=b$$

において，$a \fallingdotseq 0$ より

$$x=-\frac{2}{a}$$

であるから，④のグラフと直線 m の共有点が $-2 \leqq x \leqq 1$ の範囲に存在しないような a の値の範囲は

$$-\frac{2}{a}<-2 \text{ または } 1<-\frac{2}{a}$$

である。

$a>0$ のとき，両辺に a をかけると

$$-2<-2a \text{ または } a<-2$$

ゆえに

$$a<1 \text{ または } a<-2$$

であるから，$0<a<1$ である。

$a<0$ のとき，両辺に a をかけると

$$-2>-2a \text{ または } a>-2$$

ゆえに

$$1<a \text{ または } -2<a$$

であるから，$-2<a<0$ である。

以上より，求める a の値の範囲は

$$\boldsymbol{-2<a<0,\ 0<a<1} \quad \cdots\cdots\cdots\cdots ⑦$$

直線 m が図形 F の面積を二等分するような a の値は，直線 $y=-ax+b$ が図形 F' の面積を二等分するような a の値と等しい。

直線 $y=-ax+b$ と曲線 $y=-x^3+3x+b$ の共有点の x 座標は

$$-ax+b=-x^3+3x+b$$
$$x^3-(a+3)x=0$$
$$x(x+\sqrt{a+3})(x-\sqrt{a+3})=0$$

より

$$x=0,\ \pm\sqrt{a+3}$$

である。したがって，直線 $y=-ax+b$ が図形 F' の面積を二等分するとき

$$\int_{-\sqrt{a+3}}^{0}\{-ax+b-(-x^3+3x+b)\}\,dx$$
$$=\frac{27}{8}$$

を満たす。左辺の定積分を計算すると

$$\int_{-\sqrt{a+3}}^{0}\{x^3-(a+3)x\}\,dx$$
$$=\left[\frac{1}{4}x^4-\frac{a+3}{2}x^2\right]_{-\sqrt{a+3}}^{0}$$
$$=\frac{(a+3)^2}{4}$$

であるから

$$\frac{(a+3)^2}{4}=\frac{27}{8}$$

となる。これを解くと

$$(a+3)^2=\frac{27}{2}$$
$$a+3=\pm\sqrt{\frac{27}{2}}$$
$$a=\frac{\pm3\sqrt{6}-6}{2}$$

よって，求める a の値は，⑦より

$$\boldsymbol{a=\frac{3\sqrt{6}-6}{2}}$$

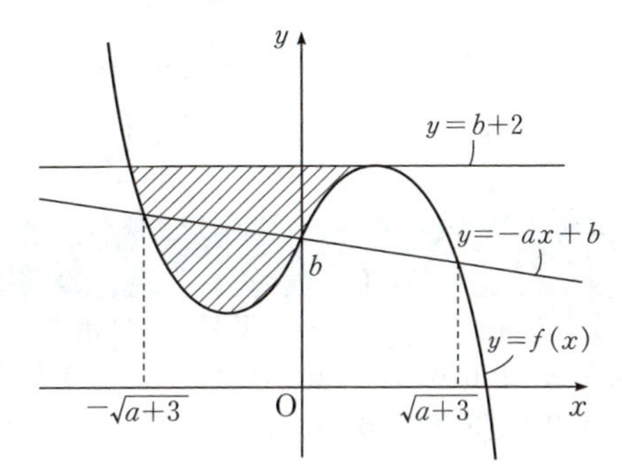

研究

(1)(ii) において面積 S を求めるとき，定積分の計算が簡単になるように

$$\int_{-\frac{b+1}{a}}^{1}(x-1)^2\,dx=\int_{-\frac{b+1}{a}-1}^{0}x^2\,dx$$

と変形した。これが成り立つことは，$y=(x-1)^2$ のグラフを x 軸方向に -1 だけ平行移動して，積分区間を -1 だけずらして

$$-\frac{b+1}{a}-1 \leqq x \leqq 0$$

とすれば，定積分の値が変わらないことからわかる。

研究

(2)(ii) において，④のグラフと直線 m の共有点が $-2 \leqq x \leqq 1$ に存在しないような a の値の範囲を求めるところでは

$$\begin{cases} y=ax+b+2 \\ y=b \end{cases}$$

の共有点と

$$\begin{cases} y=b+2 \\ y=-ax+b \end{cases}$$

の共有点が同じことから，接線 $y = b + 2$ と直線 $y = -ax + b$ の共有点が $-2 \leqq x \leqq 1$ の範囲に存在しないような a の値の範囲を求めてもよい。

また，直線 m が図形 F の面積を二等分するときの a の値の範囲を求めるところでは

$$\int_{-\sqrt{a+3}}^{0} [b - \{-x(x-\sqrt{3})(x+\sqrt{3}) + ax + b\}]dx = \frac{27}{8}$$

を満たすと考えることもでき，解答と同じ定積分を計算することになる。

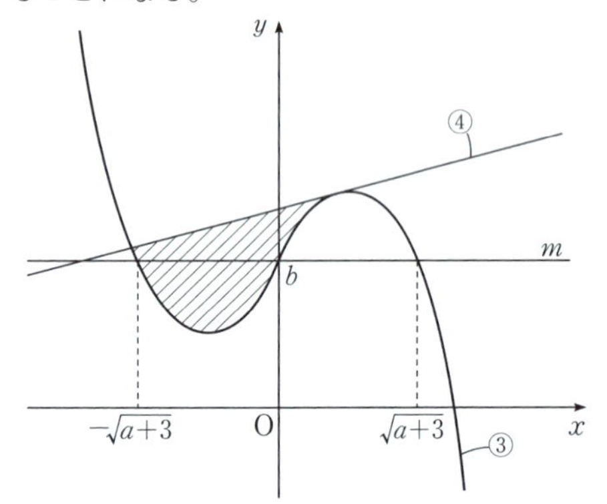

第3問

(1) A試験所において種子の発芽率（母比率）が0.64のとき，100個の無作為標本における確率変数 X は二項分布 $\boldsymbol{B(100,\ 0.64)}$ に従う。 ⇨ ③

また，X の平均（期待値）は

$$100 \cdot 0.64 = 64$$

標準偏差は

$$\sqrt{100 \cdot 0.64 \cdot (1-0.64)}$$

$$= \sqrt{100 \cdot \frac{64}{100} \cdot \frac{36}{100}} = \sqrt{\frac{8^2 \cdot 6^2}{10^2}}$$

$$= 4.8$$

(2) 標本の大きさ300は十分大きいから，この300個の種子の発芽率（標本比率）R は正規分布 $N\left(p,\ \dfrac{p(1-p)}{300}\right)$ に近似的に従うとしてよく，その平均（期待値）は $\boldsymbol{p}$，標準偏差 $\sigma(R)$ は $\sqrt{\dfrac{\boldsymbol{p(1-p)}}{\boldsymbol{300}}}$ である。 ⇨ ①，⑥

$R = 0.75$ のとき，p は0.75にほぼ等しいから

$$\sigma(R) = \sqrt{\frac{0.75(1-0.75)}{300}} = \sqrt{\frac{1}{40^2}}$$

$$= 0.025$$

としてよく，$z = \dfrac{R-p}{\sigma(R)}$ とおくと，z は標準正規分布 $N(0,\ 1)$ に近似的に従う。このとき，p に対する信頼度95 %の信頼区間は

$$R - 1.96\,\sigma(R) \leqq p \leqq R + 1.96\,\sigma(R)$$

であるから

$$\boldsymbol{C} = R - 1.96\,\sigma(R) = 0.75 - 1.96 \cdot 0.025$$

$$= 0.701$$

$$\boldsymbol{D} = R + 1.96\,\sigma(R) = 0.75 + 1.96 \cdot 0.025$$

$$= 0.799$$

そして，標本の大きさを変えて，信頼区間の幅を半分以下にするとき

$$1.96\sqrt{\frac{0.75(1-0.75)}{n}} \leqq \frac{1}{2} \cdot 1.96\sqrt{\frac{0.75(1-0.75)}{300}}$$

を満たす n の値の範囲を求めればよく

$$\sqrt{\frac{1}{n}} \leqq \frac{1}{2}\sqrt{\frac{1}{300}}$$

より，$\boldsymbol{n} \geqq 1200$ である。

(3) (1)より，X は二項分布 $B(100,\ 0.64)$ に従い，標本の大きさ100は十分大きいから

$$\boldsymbol{Z = \frac{X - 64}{4.8}}$$

とおくと，Z は標準正規分布 $N(0,\ 1)$ で近似できる。

$X = 75$ のとき

$$Z = \frac{75-64}{4.8} \fallingdotseq 2.29$$

であり，正規分布表より

$$P(75 \leqq X)$$
$$= P(2.29 \leqq Z)$$
$$= P(0 \leqq Z) - P(0 \leqq Z \leqq 2.29)$$
$$= 0.5 - 0.4890$$
$$= \boldsymbol{0.011}$$

これはおよそ $\dfrac{1}{100}$ $(= 0.01)$ である。2人でじゃんけんをするとき，m 回連続してあいこになる確率は

$$\left(\frac{1}{3}\right)^m$$

であり

$$\left(\frac{1}{3}\right)^4 = \frac{1}{81}\ (\fallingdotseq 0.012)$$

$$\left(\frac{1}{3}\right)^5 = \frac{1}{243}\ (\fallingdotseq 0.004)$$

であるから，0.011に近いのは

$$m = 4$$

のときである。また

$$0.5-0.1056=0.3944$$

であり，この値に対応するのは正規分布表より，$z_0=1.25$ である。よって，同様にして

$$\frac{X-64}{4.8}=1.25$$

$$X=70$$

であるから，**改良前の標本 100 個のうち，70 個以上が発芽する確率である。** ⇨ ①

第４問

(1) $a_{n+2}=(\alpha+\beta)a_{n+1}-\alpha\beta a_n$ より

$$\begin{cases}\alpha+\beta=5\\ \alpha\beta=4\end{cases}$$

β を消去すると

$$\alpha(5-\alpha)=4$$

$$(\alpha-1)(\alpha-4)=0$$

$$\alpha=1,\ 4$$

よって，求める α，β の組は

$$(\boldsymbol{\alpha},\ \boldsymbol{\beta})=(\mathbf{1},\ \mathbf{4}),\ (4,\ 1)$$

(i) $(\alpha,\ \beta)=(1,\ 4)$ のとき

$$a_{n+2}-4a_{n+1}=a_{n+1}-4a_n$$

$b_n=a_{n+1}-4a_n$ とおくと

$$b_{n+1}=b_n$$

となるから，**数列 $\{b_n\}$ はすべての項が同じ値からなる数列である。** ⇨ ⓪

$$b_1=a_2-4a_1=9-4\cdot(-3)=21$$

であるから

$$b_n=21$$

ゆえに

$$\boldsymbol{a_{n+1}-4a_n=21} \quad \cdots\cdots ①$$

(ii) $(\alpha p,\ \beta)=(4,\ 1)$ のとき

$$a_{n+2}-a_{n+1}=4(a_{n+1}-a_n)$$

$c_n=a_{n+1}-a_n$ とおくと

$$c_{n+1}=4c_n$$

となるから，**数列 $\{c_n\}$ は公比が 1 より大きい等比数列である。** ⇨ ②

$$c_1=a_2-a_1=9-(-3)=12$$

であり，公比は 4 であるから

$$c_n=12\cdot4^{n-1}=3\cdot4^n$$

ゆえに

$$\boldsymbol{a_{n+1}-a_n=3\cdot4^n} \quad \cdots\cdots ②$$

⇨ ①

よって，② − ① より

$$3a_n=3\cdot4^n-21$$

ゆえに

$$\boldsymbol{a_n=4^n-7} \qquad ⇨ ①$$

(2) $a_{n+3}-qa_{n+2}-ra_{n+1}=p(a_{n+2}-qa_{n+1}-ra_n)$ は

$$a_{n+3}$$
$$=(p+q)a_{n+2}-(pq-r)a_{n+1}-pra_n$$

であるから

$$\begin{cases}p+q=4\\ pq-r=5\\ pr=-2\end{cases}$$

第 1 式と第 2 式より q を消去すると

$$p(4-p)-r=5$$

$$r=-p^2+4p-5$$

この式と第 3 式より r を消去すると

$$p(-p^2+4p-5)=-2$$

$$p^3-4p^2+5p-2=0$$

$$(p-1)^2(p-2)=0$$

$$p=1,\ 2$$

よって，求める p，q，r の組は

$$(\boldsymbol{p},\ \boldsymbol{q},\ \boldsymbol{r})=(\mathbf{1},\ \mathbf{3},\ \mathbf{-2}),\ (\mathbf{2},\ \mathbf{2},\ \mathbf{-1})$$

(i) $(p,\ q,\ r)=(1,\ 3,\ -2)$ のとき

$$a_{n+3}-3a_{n+2}+2a_{n+1}$$
$$=a_{n+2}-3a_{n+1}+2a_n$$

$d_n=a_{n+2}-3a_{n+1}+2a_n$ とおくと

$$d_{n+1}=d_n$$

となるから，数列 $\{d_n\}$ はすべての項が同じ値からなる数列である。

$$d_1=a_3-3a_2+2a_1=3-3\cdot(-2)+2\cdot1$$
$$=11$$

であるから

$$d_n=11$$

ゆえに

$$\boldsymbol{a_{n+2}-3a_{n+1}+2a_n=11} \quad \cdots\cdots ③$$

(ii) $(p,\ q,\ r)=(2,\ 2,\ -1)$ のとき

$$a_{n+3}-2a_{n+2}+a_{n+1}$$
$$=2(a_{n+2}-2a_{n+1}+a_n)$$

$e_n=a_{n+2}-2a_{n+1}+a_n$ とおくと

$$e_{n+1}=2e_n$$

となるから，数列 $\{e_n\}$ は公比が 2 の等比数列である。

$$e_1=a_3-2a_2+a_1=3-2(-2)+1$$
$$=8$$

であるから

$$e_n=8\cdot2^{n-1}=2^{n+2}$$

ゆえに

$$\boldsymbol{a_{n+2}-2a_{n+1}+a_n=2^{n+2}} \quad \cdots\cdots ④$$

⇨ ③

よって，④－③より

$$a_{n+1}-a_n=2^{n+2}-11$$

であるから，$n\geqq 2$ のとき

$$a_n=a_1+\sum_{k=1}^{n-1}(a_{k+1}-a_k)$$
$$=1+\sum_{k=1}^{n-1}(2^{k+2}-11)$$
$$=1+\frac{2^3(2^{n-1}-1)}{2-1}-11(n-1)$$
$$=2^{n+2}-11n+4$$

これは $n=1$ のときも満たすから

$$\boldsymbol{a_n=2^{n+2}-11n+4}$$ ⇨ ③

第5問

(1) $\mathrm{P}(0,\ 0,\ 1)$ より，xy 平面に関して点 P と対称な点 P′ の座標は

$$\mathbf{P'(0,\ 0,\ -1)}$$

であるから，t を実数として $\overrightarrow{\mathrm{P'R}}=t\overrightarrow{\mathrm{P'Q}}$ とおくと，$\mathrm{Q}(2,\ 1,\ 0)$ より

$$\overrightarrow{\mathrm{P'R}}=t\left(\overrightarrow{\mathrm{OQ}}-\overrightarrow{\mathrm{OP'}}\right)$$
$$=t\{(2,\ 1,\ 0)-(0,\ 0,\ -1)\}$$
$$=(\boldsymbol{2t,\ t,\ t})$$

よって

$$\overrightarrow{\mathrm{OR}}=\overrightarrow{\mathrm{OP'}}+\overrightarrow{\mathrm{P'R}}$$
$$=(\boldsymbol{2t,\ t,\ t-1})$$

すると，点 R は平面 $z=1$ 上の点であるから

$$t-1=1$$

より

$$\boldsymbol{t=2}$$

したがって，点 R の座標は $\mathbf{R(4,\ 2,\ 1)}$ である。

(2) まず，鏡面 OABC に含まれる線分 OA，AB，BC，CO 上に反射点 Q があるとすると，レーザー光線は反射されずに吸収される。よって，線分 OA，AB，BC，CO 上に反射点 Q があることはない。

次に，レーザー光源 P は頂点 D の位置にあるから，鏡面 OABC で反射されたレーザー光線が頂点または辺上で吸収される点 S，(1)の点 $\mathrm{P'}(0,\ 0,\ -1)$ に対して，反射点 Q は，点 $\mathrm{P'}(0,\ 0,\ -1)$ と点 S を結んだ線分 P′S と，鏡面 OABC との共有点である。

よって

点 S が線分 AE，DE 上にある
→ 反射点 Q は線分 OA 上にある
点 S が線分 OD 上にある
→ 反射点 Q は O
点 S が線分 CG，DG 上にある
→ 反射点 Q は線分 OC 上にある

となるから，点 S が線分 AE，DE，OD，CG，DG 上にあることはない。

点 S が線分 BF，線分 EF，線分 FG 上にある場合，反射点 Q は鏡面 OABC の線分 OA，AB，BC，CO を除いた部分にあるから，頂点 D にレーザー光源 P があり，発射されたレーザーが鏡面 OABC で反射したあと，他の面で反射されることなく頂点または辺上で吸収されるとき，レーザーが吸収される線分は**線分 BF，線分 EF，線分 FG** のすべてである。ただし，端点は F のみを含む。 ⇨ ⑥

このとき，鏡面 OABC での反射点 $\mathrm{Q}(a,\ b,\ 0)$ $(0<a<1,\ 0<b<1)$，レーザー光線が吸収される点 S について，u を実数とし，(1)と同様にして

$$\overrightarrow{\mathrm{OS}}=\overrightarrow{\mathrm{OP'}}+u\overrightarrow{\mathrm{P'Q}}$$
$$=(0,\ 0,\ -1)+u(a,\ b,\ 1)$$
$$=(au,\ bu,\ u-1)\ \cdots\cdots\cdots\cdots①$$

(i) 辺 BF 上でレーザーが吸収されるとき，① より

$$0<u-1\leqq 1\ \text{かつ}\ au=bu=1$$

であるから

$$1<u\leqq 2\ \text{かつ}\ a=b$$
$$\text{かつ}\ a<au=1\leqq 2a$$

すなわち

$$a=b\ \text{かつ}\ \frac{1}{2}\leqq a<1$$

(ii) 辺 EF 上でレーザーが吸収されるとき，① より

$$u-1=1\ \text{かつ}\ au=1\ \text{かつ}\ 0<bu\leqq 1$$

であるから

$$u=2\ \text{かつ}\ a=\frac{1}{2}\ \text{かつ}\ 0<b\leqq\frac{1}{2}$$

(iii) 辺 FG 上でレーザーが吸収されるとき，直線 $y=x$ を含み xy 平面と垂直な平面に関して(ii)の場合と対称であるから

$$u=2\ \text{かつ}\ 0<a\leqq\frac{1}{2}\ \text{かつ}\ b=\frac{1}{2}$$

(i)～(iii)より，点 Q の存在範囲は右の図の太線部分である。ただし，白丸の点，破線部分は含まない。

⇨ ⑦

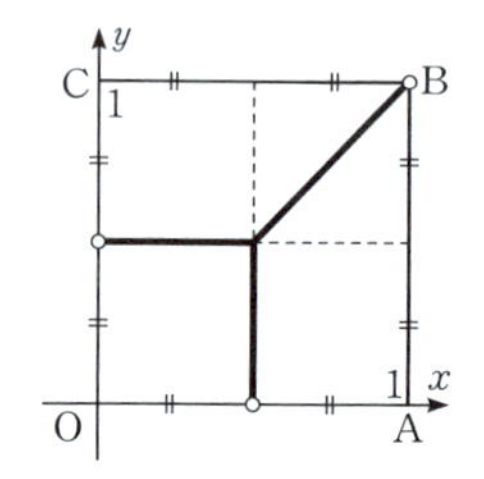

MEMO

2023 本試

解　答

問題番号(配点)	解答記号	正解	配点	自己採点
第1問 (30)	ア，イ	⓪，②	各1	
	$\sin x$(ウ$\cos x-$エ)	$\sin x(2\cos x-1)$	2	
	$0<x<\frac{\pi}{オ}$，$\pi<x<\frac{カ}{キ}\pi$	$0<x<\frac{\pi}{3}$，$\pi<x<\frac{5}{3}\pi$	各2	
	ク，ケ	ⓐ，⑦	2	
	$0<x<\frac{\pi}{コ}$	$0<x<\frac{\pi}{7}$	2	
	$\frac{サ}{シ}\pi<x<\frac{ス}{セ}\pi$	$\frac{3}{7}\pi<x<\frac{5}{7}\pi$	2	
	$\frac{\pi}{ソ}\pi$，$\frac{タ}{チ}\pi$	$\frac{\pi}{6}\pi$，$\frac{5}{6}\pi$	各2	
	ツ	②	3	
	$\log_5 25=$テ，$\log_9 27=\frac{ト}{ナ}$	$\log_5 25=2$，$\log_9 27=\frac{3}{2}$	各2	
	ニ	⑤	2	
	ヌ	⑤	3	
第2問 (30)	ア	④	1	
	$f'(x)=$イウx^2+エkx	$f'(x)=-3x^2+2kx$	3	
	オ，カ	⓪，⓪	各1	
	キ，ク	③，⑨	各1	
	$V=\frac{ケ}{コ}\pi x^2$(サ$-x$)	$V=\frac{5}{3}\pi x^2(9-x)$	3	
	$x=$シ	$x=6$	2	
	スセソπ	180π	2	
	タチツ	180	3	
	$\frac{1}{テトナ}x^3-\frac{1}{ニヌ}x^2+$ネ$x+C$	$\frac{1}{300}x^3-\frac{1}{12}x^2+5x+C$	3	
	ノ	④	3	
	ハ，ヒ	⓪，④	各3	

問題番号(配点)	解答記号	正解	配点	自己採点
第3問 (20)	$P\left(\frac{X-m}{\sigma} \geqq \boxed{ア}\right)=\frac{\boxed{イ}}{\boxed{ウ}}$	$P\left(\frac{X-m}{\sigma} \geqq 0\right)=\frac{1}{2}$	各1	
	エ，オ	④，②	各2	
	$z_0=$ カ．キク，ケ	$z_0=1.65$，④	各2	
	$\frac{\boxed{コ}}{\boxed{サ}}$	$\frac{1}{2}$	1	
	シス	25	2	
	セ，ソ	③，⑦	各1	
	タ	⓪	3	
	$k_0=$ チツ	$k_0=17$	2	
第4問 (20)	$a_3=$ ア	$a_3=$ ②	2	
	イ，ウ	⓪，③	3	
	エ，オ	④，⓪	3	
	カ，キ	②，③	2	
	ク，ケ	②，①	各2	
	コ	③	2	
	$p \geqq \frac{\boxed{サシ}-\boxed{スセ}\times 1.01^{10}}{101(1.01^{10}-1)}$	$p \geqq \frac{30-10\times 1.01^{10}}{101(1.01^{10}-1)}$	2	
	ソ	⑧	2	
第5問 (20)	$\overrightarrow{AM}=\frac{\boxed{ア}}{\boxed{イ}}\overrightarrow{AB}+\frac{\boxed{ウ}}{\boxed{エ}}\overrightarrow{AC}$	$\overrightarrow{AM}=\frac{1}{2}\overrightarrow{AB}+\frac{1}{2}\overrightarrow{AC}$	2	
	オ	①	2	
	$\overrightarrow{AP}\cdot\overrightarrow{AB}=\overrightarrow{AP}\cdot\overrightarrow{AC}=\boxed{カ}$	$\overrightarrow{AP}\cdot\overrightarrow{AB}=\overrightarrow{AP}\cdot\overrightarrow{AC}=9$	2	
	$\boxed{キ}\overrightarrow{AM}$	$2\overrightarrow{AM}$	3	
	ク	⓪	3	
	ケ	③	2	
	コ	⓪	2	
	サ	④	3	
	シ	②	1	

（注）第1問，第2問は必答。第3問～第5問のうちから2問選択。計4問を解答。
なお，上記以外のものについても得点を与えることがある。正解欄に※があるものは，解答の順序は問わない。

第1問小計		第2問小計		第3問小計		第4問小計		第5問小計		合計点	/100

第１問

〔1〕

(1)　$x=\dfrac{\pi}{6}$ のとき $2x=\dfrac{\pi}{3}$ であり

$$\sin x=\sin\frac{\pi}{6}=\frac{1}{2}$$

$$\sin 2x=\sin\frac{\pi}{3}=\frac{\sqrt{3}}{2}$$

よって

$\boldsymbol{\sin x<\sin 2x}$　　⇨ ⓪

$x=\dfrac{2}{3}\pi$ のとき $2x=\dfrac{4}{3}\pi$ であり

$$\sin x=\sin\frac{2}{3}\pi=\frac{\sqrt{3}}{2}$$

$$\sin 2x=\sin\frac{4}{3}\pi=-\frac{\sqrt{3}}{2}$$

よって

$\boldsymbol{\sin x>\sin 2x}$　　⇨ ②

(2)　２倍角の公式より

$$\begin{aligned}\boldsymbol{\sin 2x-\sin x}&=2\sin x\cos x-\sin x\\&=\boldsymbol{\sin x(2\cos x-1)}\end{aligned}$$

であるから，$\sin 2x-\sin x>0$ が成り立つことは

「$\sin x>0$ かつ $2\cos x-1>0$」

…………………………… ①

または

「$\sin x<0$ かつ $2\cos x-1<0$」

…………………………… ②

が成り立つことと同値である。

$0\leqq x\leqq 2\pi$ のとき，①が成り立つような x の値の範囲は

「$\sin x>0$ かつ $\cos x>\dfrac{1}{2}$」

より

「$0<x<\pi$」

かつ

「$0\leqq x<\dfrac{\pi}{3}$ または $\dfrac{5}{3}\pi<x\leqq 2\pi$」

よって

$$\boldsymbol{0<x<\frac{\pi}{3}}$$

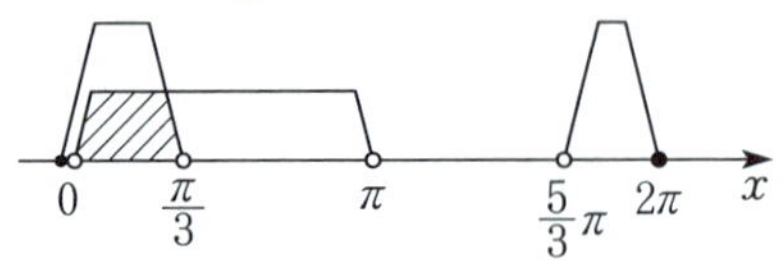

②が成り立つような x の値の範囲は

「$\sin x<0$ かつ $\cos x<\dfrac{1}{2}$」

より

「$\pi<x<2\pi$ かつ $\dfrac{\pi}{3}<x<\dfrac{5}{3}\pi$」

よって

$$\boldsymbol{\pi<x<\frac{5}{3}\pi}$$

よって，$0\leqq x\leqq 2\pi$ のとき，$\sin 2x-\sin x>0$ すなわち $\sin 2x>\sin x$ が成り立つような x の値の範囲は

$$0<x<\frac{\pi}{3},\quad \pi<x<\frac{5}{3}\pi$$

…………………………… ⑥

である。

(3)　$\alpha+\beta=4x$，$\alpha-\beta=3x$ を満たす α，β は

$$\alpha=\frac{7}{2}x,\quad \beta=\frac{x}{2}$$

であるから，③より

$$\sin 4x-\sin 3x=2\cos\frac{7}{2}x\sin\frac{x}{2}$$

である。よって，$\sin 4x-\sin 3x>0$ が成り立つことは

「$\boldsymbol{\cos\dfrac{7}{2}x>0}$ **かつ** $\boldsymbol{\sin\dfrac{x}{2}>0}$」

…………………………… ④

または

「$\cos\dfrac{7}{2}x<0$ かつ $\sin\dfrac{x}{2}<0$」

…………………………… ⑤

⇨ ⓐ，⑦

が成り立つことと同値であることがわかる。

$0\leqq x\leqq\pi$ のとき

$$0\leqq\frac{7}{2}x\leqq\frac{7}{2}\pi,\quad 0\leqq\frac{x}{2}\leqq\frac{\pi}{2}$$

より，④が成り立つような x の値の範囲は

「$0\leqq\dfrac{7}{2}x<\dfrac{\pi}{2}$ または $\dfrac{3}{2}\pi<\dfrac{7}{2}x<\dfrac{5}{2}\pi$」

かつ

「$0<\dfrac{x}{2}\leqq\dfrac{\pi}{2}$」

すなわち

「$0\leqq x<\dfrac{\pi}{7}$ または $\dfrac{3}{7}\pi<x<\dfrac{5}{7}\pi$」

かつ

「$0<x\leqq\pi$」

よって

$$0<x<\frac{\pi}{7},\quad \frac{3}{7}\pi<x<\frac{5}{7}\pi$$

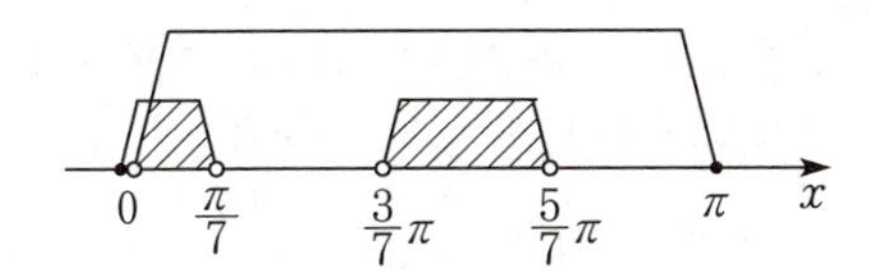

⑤が成り立つような x の値の範囲は，$0 \leqq x \leqq \pi$ のとき $\sin\frac{x}{2} \geqq 0$ より

$$\sin\frac{x}{2} < 0$$

が成り立たないので存在しない。

よって，$0 \leqq x \leqq \pi$ のとき，$\sin 4x - \sin 3x > 0$ すなわち $\sin 4x > \sin 3x$ が成り立つような x の値の範囲は

$$\boldsymbol{0 < x < \frac{\pi}{7},\ \frac{3}{7}\pi < x < \frac{5}{7}\pi}$$

である。

(4)　$0 \leqq x \leqq \pi$ のとき，$\sin 3x > \sin 4x$ となるのは，(3)より

$$\frac{\pi}{7} < x < \frac{3}{7}\pi,\ \frac{5}{7}\pi < x < \pi$$

…………………………⑦

$\sin 4x > \sin 2x$ となるのは，(2)より，⑥において x を $2x$ とすればよく，$0 \leqq x \leqq \pi$ において

$$0 < 2x < \frac{\pi}{3},\ \pi < 2x < \frac{5}{3}\pi$$

すなわち

$$0 < x < \frac{\pi}{6},\ \frac{\pi}{2} < x < \frac{5}{6}\pi$$

…………………………⑧

であるから，$\sin 3x > \sin 4x > \sin 2x$ が成り立つような x の値の範囲は，⑦，⑧の共通部分をとって

$$\frac{\pi}{7} < x < \frac{\pi}{6},\ \frac{5}{7}\pi < x < \frac{5}{6}\pi$$

であることがわかる。

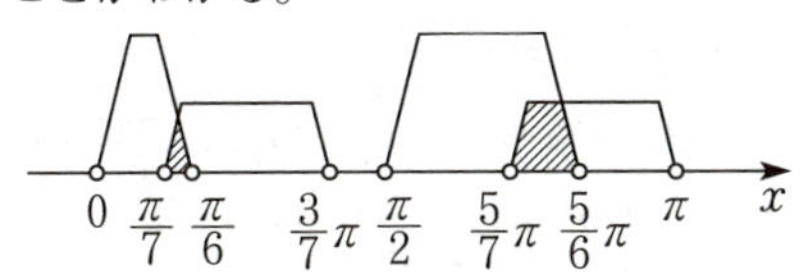

〔2〕

(1)　$a > 0,\ a \neq 1,\ b > 0$ のとき，$\log_a b = x$ とおくと

$$\boldsymbol{a^x = b}$$ ⇨ ②

が成り立つ。

(2)(i)　$\log_5 25 = x$ とおくと

$$25 = 5^x$$
$$5^2 = 5^x$$

よって

$$\boldsymbol{x = \log_5 25 = 2}$$

$\log_9 27 = y$ とおくと

$$27 = 9^y$$
$$3^3 = 3^{2y}$$

よって

$$\boldsymbol{y = \log_9 27 = \frac{3}{2}}$$

であり，x と y はどちらも有理数である。

(ii)　二つの自然数 $p,\ q$ を用いて，$\log_2 3 = \frac{p}{q}$ と表せるとすると，(1)より

$$2^{\frac{p}{q}} = 3$$

となり，この式の両辺を q 乗して

$$\boldsymbol{2^p = 3^q}$$ ⇨ ⑤

と変形できる。いま，2 は偶数であり 3 は奇数であるので，これを満たす自然数 $p,\ q$ は存在しない。

したがって，$\log_2 3$ は無理数であることがわかる。

(iii)　$a,\ b$ を 2 以上の自然数とするとき，(ii)と同様に考えると，a と b の偶奇が異なれば

$$a^p = b^q$$

を満たす自然数 $p,\ q$ は存在しないので，「**$\boldsymbol{a}$ と $\boldsymbol{b}$ のいずれか一方が偶数で，もう一方が奇数な**らば $\log_a b$ はつねに無理数である」ことがわかる。 ⇨ ⑤

研究

(2)(ii)のように，ある命題を証明するのに，その命題が成り立たないと仮定して矛盾することを示し，そのことによって，もとの命題が成り立つことを証明する方法を**背理法**という。

本問では，$\log_2 3$ が無理数であることを証明するために，$\log_2 3$ が有理数であると仮定し，二つの自然数 $p,\ q$ を用いて

$$\log_2 3 = \frac{p}{q}$$

と表せるとすると矛盾が生じることから，$\log_2 3$ が有理数でない（すなわち無理数である）ことを背理法によって証明している。

第２問

〔1〕

(1)　$y = f(x) = x^2(k - x)$ と x 軸（$y = 0$）との共有点の x 座標は

$$x^2(k - x) = 0$$

より

$$x = 0,\ k$$

である。よって，$y=f(x)$ のグラフと x 軸との共有点の座標は $(0,\ 0)$ と $\boldsymbol{(k,\ 0)}$ である。

⇨ ④

また

$$f(x)=x^2(k-x)=-x^3+kx^2$$

より

$$\boldsymbol{f'(x)=-3x^2+2kx}=x(2k-3x)$$

であり，$k>0$ より $f(x)$ の増減は次の表のようになる。

x		0		$\frac{2}{3}k$	
$f'(x)$	$-$	0	$+$	0	$-$
$f(x)$	↘	極小	↗	極大	↘

よって

$\boldsymbol{x=0}$ のとき，$f(x)$ は極小値

$f(0)=\boldsymbol{0}$

をとる。 ⇨ ⓪，⓪

$\boldsymbol{x=\frac{2}{3}k}$ のとき，$f(x)$ は極大値

$$f\left(\frac{2}{3}k\right)=\frac{4}{9}k^2\cdot\frac{k}{3}=\boldsymbol{\frac{4}{27}k^3}$$

をとる。 ⇨ ③，⑨

また，$\frac{2}{3}k<k$ より，$0<x<k$ の範囲において $x=\frac{2}{3}k$ のとき $f(x)$ は最大となることがわかる。

(2) 図のように円錐に内接する円柱の高さを h とおくと

$$x:9=(15-h):15$$

より

$$15x=9(15-h)$$

すなわち

$$h=15-\frac{5}{3}x$$

である。

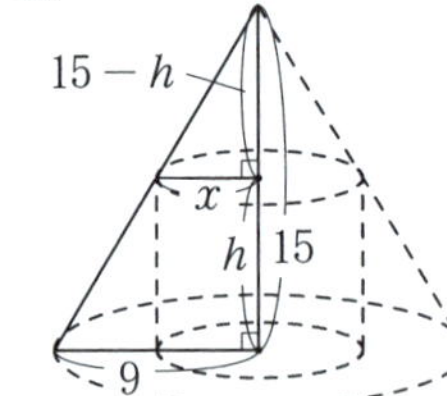

よって，円柱の体積 V を x の式で表すと

$$\begin{aligned}\boldsymbol{V}&=\pi x^2h\\&=\pi x^2\left(15-\frac{5}{3}x\right)\\&=\boldsymbol{\frac{5}{3}\pi x^2(9-x)}\quad(0<x<9)\end{aligned}$$

である。(1)の $f(x)$ において $k=9$ とすると

$$f(x)=x^2(9-x)$$

であり，このとき

$$V=\frac{5}{3}\pi f(x)$$

であるから，$0<x<9$ において V が最大となるのは，$f(x)$ が極大になる場合で

$$\boldsymbol{x}=\frac{2}{3}k=\frac{2}{3}\cdot9=6$$

のとき V は最大になることがわかる。

よって，V の最大値は

$$\frac{5}{3}\pi\cdot\frac{4}{27}k^3=\frac{5}{3}\pi\cdot\frac{4}{27}\cdot9^3=\boldsymbol{180\pi}$$

である。

別解

(1)の $f'(x)$ は，数学 III で学習する積の微分法

$$\{f(x)g(x)\}'=f'(x)g(x)+f(x)g'(x)$$

を用いて

$$\begin{aligned}f'(x)&=(x^2)'\cdot(k-x)+x^2\cdot(k-x)'\\&=2x(k-x)+x^2\cdot(-1)\\&=-3x^2+2kx\end{aligned}$$

のように計算できる。

〔2〕

(1)

$$\begin{aligned}\int_0^{30}\left(\frac{1}{5}x+3\right)dx&=\left[\frac{1}{10}x^2+3x\right]_0^{30}\\&=\frac{1}{10}\cdot30^2+3\cdot30-0\\&=90+90\\&=180\end{aligned}$$

また，C を積分定数とすると

$$\boldsymbol{\int\left(\frac{1}{100}x^2-\frac{1}{6}x+5\right)dx}$$

$$=\boldsymbol{\frac{1}{300}x^3-\frac{1}{12}x^2+5x+C}$$

である。

(2)(i) 太郎さんは

$$f(x)=\frac{1}{5}+3\quad(x\geqq0)$$

として考えた。

$S(t)$ について，(1)の計算過程を利用すると

$$\begin{aligned}S(t)&=\int_0^t f(x)\,dx\\&=\int_0^t\left(\frac{1}{5}x+3\right)dx\\&=\left[\frac{1}{10}x^2+3x\right]_0^t\\&=\frac{1}{10}t^2+3t\end{aligned}$$

$S(t)=400$ となる t の値を求めると

$$\frac{1}{10}t^2+3t=400$$

$$t^2+30t-4000=0$$

$$(t-50)(t+80)=0$$

であり，$t>0$ より

$$t=50$$

である。

よって，ソメイヨシノの開花日時は 2 月に入ってから **50 日後** となる。 ⇨ ④

(ii) 花子さんは

$$f(x)=\begin{cases}\dfrac{1}{5}x+3 & (0\leqq x\leqq 30)\\ \dfrac{1}{100}x^2-\dfrac{1}{6}x+5 & (x\geqq 30)\end{cases}$$

として考えた。

$x\geqq 30$ の範囲において $f(x)$ は増加するから

$$\boldsymbol{\int_{30}^{40} f(x)\,dx<\int_{40}^{50} f(x)\,dx}$$ ⇨ ⓪

であることがわかる。

したがって

$$\int_0^{30}\left(\frac{1}{5}x+3\right)dx=180$$

$$\int_{30}^{40}\left(\frac{1}{100}x^2-\frac{1}{6}x+5\right)dx=115$$

より

$$\int_0^{40} f(x)\,dx$$

$$=\int_0^{30} f(x)\,dx+\int_{30}^{40} f(x)\,dx$$

$$=180+115$$

$$=295\ (<400)$$

であり

$$\int_{30}^{40} f(x)\,dx=115<\int_{40}^{50} f(x)\,dx$$

より

$$\int_0^{50} f(x)\,dx$$

$$=\int_0^{40} f(x)\,dx+\int_{40}^{50} f(x)\,dx$$

$$>295+115=410\ (>400)$$

であるから，ソメイヨシノの開花日時は 2 月に入ってから **40 日後より後，かつ 50 日後より前** となる。 ⇨ ④

研究

(2)(ii)の問題文に与えられている情報を確認しておく。

(a) $0\leqq x\leqq 30$ のときの $f(x)=\dfrac{1}{5}x+3$ と $x\geqq 30$ のときの $f(x)=\dfrac{1}{100}x^2-\dfrac{1}{6}x+5$ において，$x=30$ のときのそれぞれの右辺の値が一致することは

$$\frac{1}{5}\cdot 30+3=9$$

$$\frac{1}{100}\cdot 30^2-\frac{1}{6}\cdot 30+5=9$$

より確かめられる。

(b) $\displaystyle\int_{30}^{40}\left(\frac{1}{100}x^2-\frac{1}{6}x+5\right)dx=115$ となることは

$$\int_{30}^{40}\left(\frac{1}{100}x^2-\frac{1}{6}x+5\right)dx$$

$$=\left[\frac{1}{300}x^3-\frac{1}{12}x^2+5x\right]_{30}^{40}$$

$$=\frac{1}{300}(40^3-30^3)-\frac{1}{12}(40^2-30^2)+5(40-30)$$

$$=\frac{1}{300}\cdot 37000-\frac{1}{12}\cdot 700+5\cdot 10$$

$$=\frac{370}{3}-\frac{175}{3}+50$$

$$=115$$

より確かめられる。

(c) $x\geqq 30$ の範囲において $f(x)$ が増加することは

$$\frac{1}{100}x^2-\frac{1}{6}x+5$$

$$=\frac{1}{100}\left(x^2-\frac{50}{3}x+500\right)$$

より，2 次関数 $\dfrac{1}{100}x^2-\dfrac{1}{6}x+5$ のグラフが下に凸の放物線で，放物線の軸は

$$x=\frac{25}{3}\ (<30)$$

であることより確かめられる。

研究

(2)(ii)において，ソメイヨシノの開花日時を求めるために，$400-180-115=105$ より

$$\int_{40}^{t}\left(\frac{1}{100}x^2-\frac{1}{6}x+5\right)dx=105$$

となる t の値を求めようとすると

(左辺)

$$=\left[\frac{1}{300}x^3-\frac{1}{12}x^2+5x\right]_{40}^{t}$$

$$=\frac{1}{300}(t^3-40^3)-\frac{1}{12}(t^2-40^2)+5(t-40)$$

$$=\frac{1}{300}t^3-\frac{1}{12}t^2+5t-280$$

より

$$\frac{1}{300}t^3-\frac{1}{12}t^2+5t-280=105$$

すなわち

$$t^3 - 25t^2 + 1500t - 115500 = 0$$

のような複雑な3次方程式を解かなければいけなくなる。したがって，本問では「解答」のように誘導にそって解くことが必要不可欠となる。

第3問

(1) 確率変数 X は正規分布 $N(m,\ \sigma^2)$ に従うので，平均は m，標準偏差は σ である。

ここで

$$Z = \frac{X-m}{\sigma}$$

とすると，確率変数 Z は平均0，標準偏差1の正規分布 $N(0,\ 1)$ に従う。

(i) 1個のピーマンを無作為に抽出したとき，重さが m g以上である確率 $P(X \geqq m)$ というのは，正規分布 $N(0,\ 1)$ に従う確率変数 Z が平均（すなわち0）以上である確率ということである。つまり

$$\boldsymbol{P(X \geqq m) = P\left(\frac{X-m}{\sigma} \geqq 0\right)}$$

$$= \frac{1}{2}$$

である。

(ii) 母集団から無作為に抽出された大きさ n の標本 $X_1,\ X_2,\ \cdots,\ X_n$ の標本平均を $\overline{X}$ とすると

$$\boldsymbol{E(\overline{X}) = m}$$ ⇨ ④

$$\boldsymbol{\sigma(\overline{X}) = \frac{\sigma}{\sqrt{n}}}$$ ⇨ ②

となる。

確率 $P(-z_0 \leqq Z \leqq z_0)$ は $2\cdot P(0 \leqq Z \leqq z_0)$ と等しいので，**方針**において

$$P(-z_0 \leqq Z \leqq z_0) = 0.901$$

のとき

$$P(0 \leqq Z \leqq z_0) = 0.4505$$

であり，正規分布表より

$$\boldsymbol{z_0 = 1.65}$$

である。

$n = 400$，標本平均が30.0 g，標本の標準偏差が3.6 gのとき，n は十分に大きい値なので $\overline{X}$ は正規分布

$$N\left(30.0,\ \frac{3.6^2}{400}\right)$$

に従うとみなすことができる。そこで

$$Z = \frac{m-30.0}{\frac{3.6}{\sqrt{400}}} = \frac{m-30}{\frac{3.6}{20}}$$

で標準化すると

$$-1.65 \leqq \frac{m-30}{\frac{18}{100}} \leqq 1.65$$

$$\frac{18}{100}\times(-1.65) \leqq m-30 \leqq \frac{18}{100}\times 1.65$$

$$30 - 0.297 \leqq m \leqq 30 + 0.297$$

よって，m の信頼度90%の信頼区間は

$$29.703 \leqq m \leqq 30.297$$

したがって，最も適当な選択肢は

$$\boldsymbol{29.7 \leqq m \leqq 30.3}$$ ⇨ ④

である。

(2)(i) $m = 30.0$ であり，(1)(i)より，$X \geqq 30$ である確率と $X \leqq 30$ である確率は $\frac{1}{2}$ で等しい。よって，無作為に1個抽出したピーマンがSサイズである確率は

$$\frac{1}{2}$$

である。

したがって，ピーマンを無作為に50個抽出したときのSサイズのピーマンの個数を表す確率変数 U_0 は二項分布 $B\left(50,\ \frac{1}{2}\right)$ に従うので，ピーマンを無作為に50個抽出したとき，**ピーマン分類法**で25袋作ることができる確率 p_0 は

$$\boldsymbol{p_0 = {}_{50}\mathrm{C}_{25}\left(\frac{1}{2}\right)^{25}\times\left(1-\frac{1}{2}\right)^{50-25}}$$

となる。

(ii) ピーマンを無作為に $(50+k)$ 個抽出したとき，Sサイズのピーマンの個数を表す確率変数を U_k とすると，U_k は二項分布 $B\left(50+k,\ \frac{1}{2}\right)$ に従う。ここで，U_k の平均を $E(U_k)$，分散を $V(U_k)$ とすると

$$E(U_k) = (50+k)\cdot\frac{1}{2}$$

$$V(U_k) = (50+k)\cdot\frac{1}{2}\cdot\left(1-\frac{1}{2}\right)$$

であり，$(50+k)$ は十分に大きいので，U_k は近似的に正規分布

$$\boldsymbol{N\left(\frac{50+k}{2},\ \frac{50+k}{4}\right)}$$ ⇨ ③，⑦

に従い

$$Y = \frac{U_k - \frac{50+k}{2}}{\sqrt{\frac{50+k}{4}}}$$

として標準化すると，Y は近似的に標準正規分布 $N(0,\ 1)$ に従う。

よって，**ピーマン分類法**で，25袋作ることがで

きる確率を p_k とすると

$$\frac{25-\frac{50+k}{2}}{\sqrt{\frac{50+k}{4}}}=-\frac{\frac{k}{2}}{\frac{\sqrt{50+k}}{2}}=-\frac{k}{\sqrt{50+k}}$$

であり

$$\frac{(25+k)-\frac{50+k}{2}}{\sqrt{\frac{50+k}{4}}}=\frac{\frac{k}{2}}{\frac{\sqrt{50+k}}{2}}=\frac{k}{\sqrt{50+k}}$$

であるから

$$\boldsymbol{p_k=P(25\leqq U_k\leqq 25+k)=P\left(-\frac{k}{\sqrt{50+k}}\leqq Y\leqq\frac{k}{\sqrt{50+k}}\right)}$$

⇨ ⓪

となる。

$k=\alpha$, $\sqrt{50+k}=\beta$ とおくと，$\frac{\alpha}{\beta}\geqq 2$ のとき，$\alpha^2\geqq 4\beta^2$ なので

$$k^2\geqq 4(50+k)$$
$$k^2-4k-200\geqq 0$$
$$\{k-(2-2\sqrt{51})\}\{k-(2+2\sqrt{51})\}\geqq 0$$
$$k\leqq 2-2\sqrt{51},\ k\geqq 2+2\sqrt{51}$$

$\sqrt{51}=7.14$ であるから

$$k\leqq -12.28,\ k\geqq 16.28$$

よって，これを満たす最小の自然数 k すなわち k_0 は

$$\boldsymbol{k_0=17}$$

であることがわかる。

別解

$k^2\geqq 4(50+k)$ は次のように解いてもよい。

$$k^2\geqq 4(50+k)$$
$$(k-2)^2\geqq 204$$

これを満たす最小の自然数 k すなわち k_0 は，$14^2=196$，$15^2=225$ に注意して

$$k_0-2=15$$

ゆえに

$$k_0=17$$

第４問

(1) 参考図より２年目の終わりの預金は

$$1.01\{1.01(10+p)+p\}$$

であるから

$$\boldsymbol{a_3=1.01\{1.01(10+p)+p\}+p}$$

である。 ⇨ ②

同様に考えると，すべての自然数 n について

$$\boldsymbol{a_{n+1}=1.01a_n+p}$$

⇨ ⓪，③

が成り立つ。特性方程式

$$x=1.01x+p$$

を解くと

$$x=-100p$$

であるから

$$\boldsymbol{a_{n+1}+100p=1.01(a_n+100p)}$$

⇨ ④，⓪

と変形できる。

方針２の場合，１年目の初めに入金した p 万円は，n 年目の初めには利息が $(n-1)$ 回つくので

$\boldsymbol{p\times 1.01^{n-1}}$（万円） ⇨ ②

になり，２年目の初めに入金した p 万円は，n 年目の初めには利息が $(n-2)$ 回つくので

$\boldsymbol{p\times 1.01^{n-2}}$（万円） ⇨ ③

になる。３年目以降に入金した p 万円も同様である。これより

$$\begin{aligned}a_n&=10\times 1.01^{n-1}+p\times 1.01^{n-1}+p\times 1.01^{n-2}+\cdots+p\times 1.01^1+p\\&=10\times 1.01^{n-1}+p(1.01^{n-1}+1.01^{n-2}+\cdots+1.01^1+1.01^0)\\&=10\times 1.01^{n-1}+\boldsymbol{p\sum_{k=1}^{n}1.01^{k-1}}\end{aligned}$$

⇨ ②

となることがわかる。ここで

$$\sum_{k=1}^{n}\boldsymbol{1.01^{k-1}}=\frac{1\cdot(1.01^n-1)}{1.01-1}=\boldsymbol{100(1.01^n-1)}$$

⇨ ①

となる。

(2) 10 年目の終わりの預金は $1.01a_{10}$ 万円であるから，10 年目の終わりの預金が 30 万円以上であることを不等式を用いて表すと

$$\boldsymbol{1.01a_{10}\geqq 30}$$

⇨ ③

となる。方針２より

$$a_{10}=10\times 1.01^9+p\times 100(1.01^{10}-1)$$

であり

$$1.01a_{10}=10\times 1.01^{10}+p\times 101(1.01^{10}-1)$$

であるから，不等式を p について解くと

$$1.01a_{10}\geqq 30$$
$$10\times 1.01^{10}+p\times 101(1.01^{10}-1)\geqq 30$$

$$p \times 101(1.01^{10}-1) \geqq 30 - 10 \times 1.01^{10}$$

$$\boldsymbol{p \geqq \dfrac{30 - 10 \times 1.01^{10}}{101(1.01^{10}-1)}}$$

となる。

(3) **方針２**と同様に考える。

$$a_n = \boxed{10} \times 1.01^{n-1} + p\sum_{k=1}^{n} 1.01^{k-1}$$

において，$p\sum_{k=1}^{n} 1.01^{k-1}$ は１年目の入金を始める前の預金と関係なく，１年目の入金を始める前の預金は $\boxed{}$ の部分である。したがって，１年目の入金を始める前における花子さんの預金が 13 万円の場合，n 年目の初めの預金 b_n 万円は

$$b_n = 13 \times 1.01^{n-1} + p\sum_{k=1}^{n} 1.01^{k-1}$$

である。

よって，n 年目の初めの預金は a_n 万円よりも

$$b_n - a_n = 13 \times 1.01^{n-1} - 10 \times 1.01^{n-1}$$

$$= \boldsymbol{3 \times 1.01^{n-1}} \text{（万円）} \quad ⇨ ⑧$$

多い。

第５問

(1) M は辺 BC の中点なので

$$\overrightarrow{\mathrm{AM}} = \frac{1}{2}\overrightarrow{\mathrm{AB}} + \frac{1}{2}\overrightarrow{\mathrm{AC}}$$

また，$\angle\mathrm{PAB} = \angle\mathrm{PAC} = \theta$ より

$$\overrightarrow{\mathrm{AP}}\cdot\overrightarrow{\mathrm{AB}} = |\overrightarrow{\mathrm{AP}}||\overrightarrow{\mathrm{AB}}|\cos\theta$$

$$\overrightarrow{\mathrm{AP}}\cdot\overrightarrow{\mathrm{AC}} = |\overrightarrow{\mathrm{AP}}||\overrightarrow{\mathrm{AC}}|\cos\theta$$

であるから

$$\frac{\overrightarrow{\mathrm{AP}}\cdot\overrightarrow{\mathrm{AB}}}{|\overrightarrow{\mathrm{AP}}||\overrightarrow{\mathrm{AB}}|} = \frac{\overrightarrow{\mathrm{AP}}\cdot\overrightarrow{\mathrm{AC}}}{|\overrightarrow{\mathrm{AP}}||\overrightarrow{\mathrm{AC}}|} = \cos\theta \quad \cdots\cdots ①$$

である。 ⇨ ①

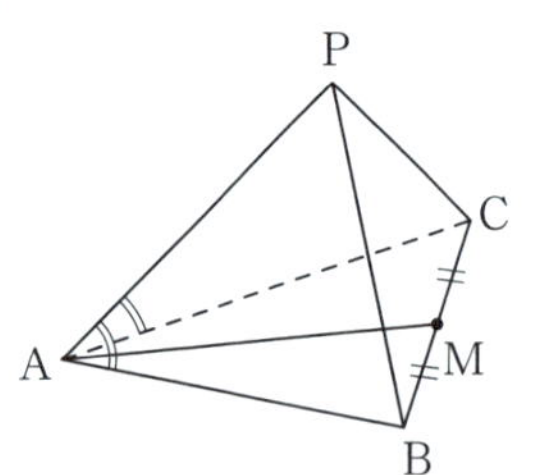

(2) $\theta = 45°$，$|\overrightarrow{\mathrm{AP}}| = 3\sqrt{2}$，$|\overrightarrow{\mathrm{AB}}| = |\overrightarrow{\mathrm{AC}}| = 3$ のとき

$$\overrightarrow{\mathrm{AP}}\cdot\overrightarrow{\mathrm{AB}} = \overrightarrow{\mathrm{AP}}\cdot\overrightarrow{\mathrm{AC}} = 3\sqrt{2}\cdot 3\cos 45°$$

$$= 9 \quad \cdots\cdots ②$$

D は直線 AM 上の点であるから，a を実数として $\overrightarrow{\mathrm{AD}} = a\overrightarrow{\mathrm{AM}}$ とおくと，(1)より

$$\overrightarrow{\mathrm{PD}} = \overrightarrow{\mathrm{AD}} - \overrightarrow{\mathrm{AP}}$$

$$= a\overrightarrow{\mathrm{AM}} - \overrightarrow{\mathrm{AP}}$$

$$= \frac{a}{2}(\overrightarrow{\mathrm{AB}} + \overrightarrow{\mathrm{AC}}) - \overrightarrow{\mathrm{AP}}$$

$\angle\mathrm{APD} = 90°$ のとき

$$\overrightarrow{\mathrm{AP}}\cdot\overrightarrow{\mathrm{PD}} = 0$$

$$\overrightarrow{\mathrm{AP}}\cdot\left\{\frac{a}{2}(\overrightarrow{\mathrm{AB}} + \overrightarrow{\mathrm{AC}}) - \overrightarrow{\mathrm{AP}}\right\} = 0$$

$$\frac{a}{2}(\overrightarrow{\mathrm{AB}} + \overrightarrow{\mathrm{AC}})\cdot\overrightarrow{\mathrm{AP}} - |\overrightarrow{\mathrm{AP}}|^2 = 0$$

$$\frac{a}{2}(\overrightarrow{\mathrm{AB}}\cdot\overrightarrow{\mathrm{AP}} + \overrightarrow{\mathrm{AC}}\cdot\overrightarrow{\mathrm{AP}}) - |\overrightarrow{\mathrm{AP}}|^2 = 0$$

②，$|\overrightarrow{\mathrm{AP}}| = 3\sqrt{2}$ より

$$\frac{a}{2}(9+9) - (3\sqrt{2})^2 = 0$$

$$a = 2$$

よって

$$\overrightarrow{\mathrm{AD}} = 2\overrightarrow{\mathrm{AM}}$$

である。

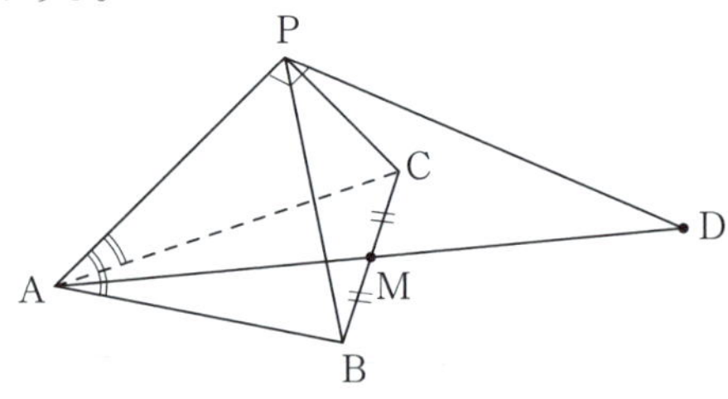

(3) $\overrightarrow{\mathrm{AQ}} = 2\overrightarrow{\mathrm{AM}}$ で定まる点を Q とおく。

(i) (2)と同様にして

$$\overrightarrow{\mathrm{PQ}} = \overrightarrow{\mathrm{AQ}} - \overrightarrow{\mathrm{AP}} = 2\overrightarrow{\mathrm{AM}} - \overrightarrow{\mathrm{AP}}$$

$$= \overrightarrow{\mathrm{AB}} + \overrightarrow{\mathrm{AC}} - \overrightarrow{\mathrm{AP}}$$

$\overrightarrow{\mathrm{PA}}$ と $\overrightarrow{\mathrm{PQ}}$ が垂直であるとき

$$\overrightarrow{\mathrm{AP}}\cdot\overrightarrow{\mathrm{PQ}} = 0$$

$$\overrightarrow{\mathrm{AP}}\cdot(\overrightarrow{\mathrm{AB}} + \overrightarrow{\mathrm{AC}} - \overrightarrow{\mathrm{AP}}) = 0$$

$$\overrightarrow{\mathrm{AP}}\cdot(\overrightarrow{\mathrm{AB}} + \overrightarrow{\mathrm{AC}}) - \overrightarrow{\mathrm{AP}}\cdot\overrightarrow{\mathrm{AP}} = 0$$

よって

$$\overrightarrow{\mathrm{AP}}\cdot\overrightarrow{\mathrm{AB}} + \overrightarrow{\mathrm{AP}}\cdot\overrightarrow{\mathrm{AC}} = \overrightarrow{\mathrm{AP}}\cdot\overrightarrow{\mathrm{AP}} \quad \cdots\cdots ③$$

である。 ⇨ ⓪

さらに ① に注意すると，③より

$$|\overrightarrow{\mathrm{AP}}||\overrightarrow{\mathrm{AB}}|\cos\theta + |\overrightarrow{\mathrm{AP}}||\overrightarrow{\mathrm{AC}}|\cos\theta = |\overrightarrow{\mathrm{AP}}|^2$$

両辺を $|\overrightarrow{\mathrm{AP}}|$ $(\neq 0)$ で割って

$$|\overrightarrow{\mathrm{AB}}|\cos\theta + |\overrightarrow{\mathrm{AC}}|\cos\theta = |\overrightarrow{\mathrm{AP}}| \quad \cdots\cdots ④$$

が成り立つ。 ⇨ ③

(ii) k を正の実数とし，$k\overrightarrow{\mathrm{AP}}\cdot\overrightarrow{\mathrm{AB}} = \overrightarrow{\mathrm{AP}}\cdot\overrightarrow{\mathrm{AC}}$ が成り立つとするとき，①より

$$k\left(|\overrightarrow{\mathrm{AP}}||\overrightarrow{\mathrm{AB}}|\cos\theta\right) = |\overrightarrow{\mathrm{AP}}||\overrightarrow{\mathrm{AC}}|\cos\theta$$

両辺を $|\overrightarrow{AP}|\cos\theta\ (\neq 0)$ で割って

$$\boldsymbol{k}|\overrightarrow{\mathbf{AB}}| = |\overrightarrow{\mathbf{AC}}|$$ ⇨ ⓪

が成り立つ。

$\overrightarrow{PA}$ と $\overrightarrow{PQ}$ が垂直であるとき，③であり

$$k\overrightarrow{AP}\cdot\overrightarrow{AB} = \overrightarrow{AP}\cdot\overrightarrow{AC}$$

より

$$\overrightarrow{AP}\cdot\overrightarrow{AB} + k\overrightarrow{AP}\cdot\overrightarrow{AB} = \overrightarrow{AP}\cdot\overrightarrow{AP}$$

$$(1+k)\overrightarrow{AP}\cdot\overrightarrow{AB} = |\overrightarrow{AP}|^2$$

$$(1+k)|\overrightarrow{AP}||\overrightarrow{AB}|\cos\theta = |\overrightarrow{AP}|^2$$

両辺を $|\overrightarrow{AP}|\ (\neq 0)$ で割って

$$(1+k)|\overrightarrow{AB}|\cos\theta = |\overrightarrow{AP}| \quad \cdots\cdots⑤$$

また，点 B から直線 AP に下ろした垂線と直線 AP との交点を B′ とし，点 C から直線 AP に下ろした垂線と直線 AP との交点を C′ とすると

$$AB' = AB\cos\theta \quad \cdots\cdots⑥$$

$$AC' = AC\cos\theta \quad \cdots\cdots⑦$$

⑤，⑥より

$$(1+k)AB' = AP$$

$$AB' : AP = 1 : (1+k)$$

すなわち

$$AB' : B'P = 1 : k$$

AC′ についても同様にして

$$\frac{1}{k}\overrightarrow{AP}\cdot\overrightarrow{AC} + \overrightarrow{AP}\cdot\overrightarrow{AC} = \overrightarrow{AP}\cdot\overrightarrow{AP}$$

$$\left(1+\frac{1}{k}\right)\overrightarrow{AP}\cdot\overrightarrow{AC} = |\overrightarrow{AP}|^2$$

ゆえに

$$\left(1+\frac{1}{k}\right)|\overrightarrow{AC}|\cos\theta = |\overrightarrow{AP}|$$

⑦より

$$AC' : AP = 1 : \left(1+\frac{1}{k}\right) = k : (1+k)$$

すなわち

$$AC' : C'P = k : 1$$

となるので，$\overrightarrow{PA}$ と $\overrightarrow{PQ}$ が垂直であることは，**B′ と C′ が線分 AP をそれぞれ 1 : *k* と *k* : 1 に内分する点**であることと同値である。 ⇨ ④

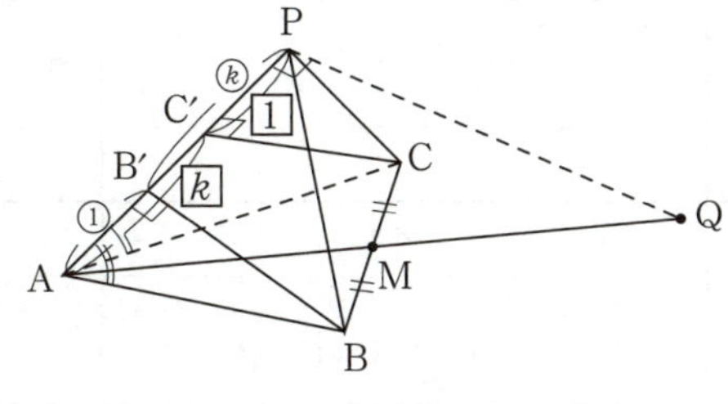

特に $k=1$ のとき，$|\overrightarrow{AB}| = |\overrightarrow{AC}|$ であり

$$AB' : B'P = 1 : 1$$

$$AC' : C'P = 1 : 1$$

であるから，B′，C′ は線分 AP の中点である。

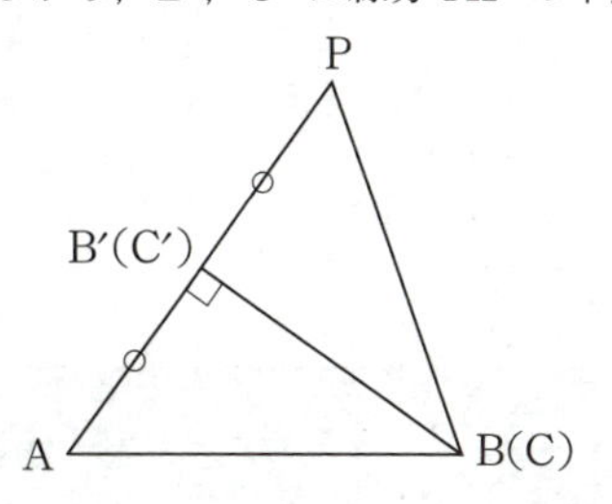

よって，$\overrightarrow{PA}$ と $\overrightarrow{PQ}$ が垂直であることは，**△PAB と △PAC がそれぞれ BP = BA，CP = CA を満たす二等辺三角形**であることと同値である。

⇨ ②

2023 追試

解　答

問題番号(配点)	解答記号	正解	配点	自己採点
第1問 (30)	x^2- ア $x+$ イ	x^2-2x+3	2	
	$P(x)=$ ウ，$R(1+\sqrt{2}i)=$ エ	$P(x)=$ ③，$R(1+\sqrt{2}i)=0$	各1	
	$m=$ オ，$n=$ カ	$m=0$，$n=0$	1	
	キ	③	2	
	$Q(x)=$ ク x^2+ ケ $x+$ コ	$Q(x)=3x^2+8x+7$	2	
	$R(x)=\big(k-$ サシ $\big)x+\ell-$ スセ	$R(x)=(k-10)x+\ell-21$	2	
	$k=$ ソタ，$\ell=$ チツ	$k=10$，$\ell=21$	2	
	テ $-\sqrt{\text{ト}}i$，$\dfrac{-\text{ナ}\pm\sqrt{\text{ニ}}i}{\text{ヌ}}$	$1-\sqrt{2}i$，$\dfrac{-4\pm\sqrt{5}i}{3}$	1，2	
	ネ	2	3	
	$p_2=$ ノ．ハヒフ	$p_2=2.566$	3	
	ヘ，ホ	②，⑤	各4	
第2問 (30)	$0<x<\dfrac{\text{ア}}{\text{イ}}$	$0<x<\dfrac{9}{2}$	2	
	$V=$ ウ x^3- エオ x^2+ カキク x	$V=4x^3-66x^2+216x$	2	
	$x=$ ケ，最大値 コサシ	$x=2$，最大値 200	各2	
	ス	③	2	
	セ，ソ	④，②	各3	
	タ	④	4	
	チ，$t+\dfrac{\text{ツ}}{\text{テ}}$，$t^2+t+\dfrac{\text{ト}}{\text{ナ}}$	1，$t+\dfrac{1}{2}$，$t^2+t+\dfrac{1}{3}$	各1	
	$\ell=$ ニ	$\ell=1$	1	
	$m=$ ヌネ，$n=\dfrac{\text{ノ}}{\text{ハ}}$	$m=-1$，$n=\dfrac{1}{6}$	各2	
	ヒフ	11	2	
第3問 (20)	ア 通り	7 通り	1	
	$\dfrac{\text{イ}}{16}$，$\dfrac{\text{ウ}}{16}$，$\dfrac{\text{エ}}{16}$	$\dfrac{5}{16}$，$\dfrac{3}{16}$，$\dfrac{1}{16}$	2	
	$\dfrac{\text{オ}}{16}$，$\dfrac{\text{カ}}{16}$，$\dfrac{\text{キ}}{16}$	$\dfrac{3}{16}$，$\dfrac{5}{16}$，$\dfrac{7}{16}$	1	

問題番号(配点)	解答記号	正解	配点	自己採点
(第3問)	$Z=\boxed{ク}-X$	$Z=5-X$	1	
	$E(X)=\dfrac{\boxed{ケコ}}{8}$, $E(Y)=\dfrac{\boxed{サシ}}{8}$	$E(X)=\dfrac{15}{8}$, $E(Y)=\dfrac{25}{8}$	2, 1	
	$\sigma(Y)=\boxed{ス}$	$\sigma(Y)=$ ③	2	
	$P(\overline{X}=2.50)=\dfrac{\boxed{セソ}}{64}$, $\boxed{タ}$	$P(\overline{X}=2.50)=\dfrac{11}{64}$, ①	各1	
	$\sigma(\overline{X})=\boxed{チ}$	$\sigma(\overline{X})=$ ②	1	
	$\boxed{ツ}\leqq m_X\leqq\boxed{テ}$, $\boxed{ト}\leqq m_Y\leqq\boxed{ナ}$	④ $\leqq m_X\leqq$ ⑦, ④ $\leqq m_Y\leqq$ ⑦	各2	
	$\boxed{ニ}$, $\boxed{ヌ}$, $\boxed{ネ}$	①, ⓪, ①	3	
第4問 (20)	$a_n=\boxed{アイ}n+\boxed{ウエ}$, $\boxed{オ}$	$a_n=-3n+26$, 9	各2	
	$\boxed{カ}$, $\boxed{キ}$	①, ②	1, 2	
	$\boxed{ク}$, $\boxed{ケ}$	⓪, ⓪	2	
	$d_1=\dfrac{1}{\boxed{コサ}}$, $c_n=\dfrac{1}{d_n}+\boxed{シス}$	$d_1=\dfrac{1}{10}$, $c_n=\dfrac{1}{d_n}+20$	1, 2	
	$d_{n+1}=\dfrac{d_n}{\boxed{セ}}+\dfrac{1}{\boxed{ソタ}}$	$d_{n+1}=\dfrac{d_n}{3}+\dfrac{1}{30}$	2	
	$d_n=\dfrac{1}{\boxed{チツ}}\left(\dfrac{1}{\boxed{テ}}\right)^{n-1}+\dfrac{1}{\boxed{トナ}}$	$d_n=\dfrac{1}{20}\left(\dfrac{1}{3}\right)^{n-1}+\dfrac{1}{20}$	2	
	$\boxed{ニ}$, $\boxed{ヌ}$	②, ①	2	
	$\boxed{ネ}$	④	2	
第5問 (20)	$\mathrm{P}\left(\boxed{ア}t,\ \boxed{イ}t-\boxed{ウ},\ -t+\boxed{エ}\right)$	$\mathrm{P}(2t,\ 3t-3,\ -t+5)$	2	
	$\mathrm{C}\left(\boxed{オカ},\ \boxed{キク},\ 0\right)$, $\boxed{ケ}:\boxed{コ}$	$\mathrm{C}(10,\ 12,\ 0)$, $5:4$	1, 2	
	$\dfrac{\boxed{サシ}}{\boxed{ス}}$	$\dfrac{-1}{2}$	2	
	$\overrightarrow{\mathrm{AB}}\cdot\overrightarrow{\mathrm{PD}}=-7\left(\boxed{セ}t-\boxed{ソ}\right)$	$\overrightarrow{\mathrm{AB}}\cdot\overrightarrow{\mathrm{PD}}=-7(2t-5)$	2	
	$\lvert\overrightarrow{\mathrm{PD}}\rvert^2=14\left(t^2-\boxed{タ}t+\boxed{チ}\right)$	$\lvert\overrightarrow{\mathrm{PD}}\rvert^2=14(t^2-5t+7)$	2	
	$t=\boxed{ツ}$, $\boxed{テ}$	$t=2$, 3	2	
	$\mathrm{P}\left(\boxed{ト},\ \boxed{ナ},\ \boxed{ニ}\right)$	$\mathrm{P}(6,\ 6,\ 2)$	2	
	$\overrightarrow{\mathrm{OQ}}=\left(\boxed{ヌネ},\ \boxed{ノハ},\ 0\right)-\dfrac{\boxed{ヒフ}}{t}(1,\ 1,\ 0)$	$\overrightarrow{\mathrm{OQ}}=(17,\ 19,\ 0)-\dfrac{35}{t}(1,\ 1,\ 0)$	3	
	$\boxed{ヘ}$	④	2	

(注) 第1問，第2問は必答。第3問～第5問のうちから2問選択。計4問を解答。
なお，上記以外のものについても得点を与えることがある。正解欄に※があるものは，解答の順序は問わない。

第1問小計		第2問小計		第3問小計		第4問小計		第5問小計		合計点	/100

第1問

〔1〕

(1) $x=1\pm\sqrt{2}i$ を解とする x の2次方程式で x^2 の係数が1であるものを $x^2+ax+b=0$ とおくと，解と係数の関係より

$$a=-\{(1+\sqrt{2}i)+(1-\sqrt{2}i)\}$$
$$=-2$$
$$b=(1+\sqrt{2}i)(1-\sqrt{2}i)=1-2i^2$$
$$=3$$

であるから，求める2次方程式は

$$\boldsymbol{x^2-2x+3=0}$$

また，$S(x)=x^2-2x+3$ とし，$P(x)$ を $S(x)$ で割ったときの商を $Q(x)$，余りを $R(x)$ とすると

$$\boldsymbol{P(x)=S(x)Q(x)+R(x)} \qquad ⇨ ③$$

が成り立つ。

$x=1+2i$ が $P(x)=0$ と $S(x)=0$ の解であることから

$$P(1+\sqrt{2}i)=0,\ S(1+\sqrt{2}i)=0$$

であり

$$\boldsymbol{R(1+\sqrt{2}i)=0}$$

となる。よって，$R(x)=mx+n$ とおくと

$$m(1+\sqrt{2}i)+n=0$$
$$m+n+\sqrt{2}mi=0$$

m，n は実数であるから

$$m+n=0 \text{ かつ } \sqrt{2}m=0$$

より

$$\boldsymbol{m=0,\ n=0}$$

であることがわかる。したがって

$$\boldsymbol{R(x)=0} \qquad ⇨ ③$$

であることがわかるので，$1-\sqrt{2}i$ も $P(x)=0$ の解である。

(2) $P(x)=3x^4+2x^3+kx+\ell$ のとき，$P(x)$ を $S(x)=x^2-2x+3$ で割ったときの商を $Q(x)$，余りを $R(x)$ とすると

$$\boldsymbol{Q(x)=3x^2+8x+7}$$
$$\boldsymbol{R(x)=(k-10)x+\ell-21}$$

となる。

$P(x)=0$ は $x=1+\sqrt{2}i$ を解にもつので，(1)の考察を用いると

$$R(1+\sqrt{2}i)=0$$

すなわち

$$k-10=0 \text{ かつ } \ell-21=0$$

より

$$\boldsymbol{k=10,\ \ell=21}$$

である。このとき

$$P(x)=S(x)Q(x)$$

であり，$P(x)=0$ の解は

$S(x)=0$ の解と $Q(x)=0$ の解

であるから，$P(x)=0$ の $x=1+\sqrt{2}i$ 以外の解は，$S(x)=0$ より，(1)の

$$\boldsymbol{x=1-\sqrt{2}i}$$

と，$Q(x)=0$ より

$$3x^2+8x+7=0$$

の2解である

$$\boldsymbol{x=\frac{-4\pm\sqrt{5}i}{3}}$$

であることがわかる。

別解

(1)で $x=1\pm\sqrt{2}i$ を解とする x の2次方程式で x^2 の係数が1であるものを求めるところは

$$\{x-(1+\sqrt{2}i)\}\{x-(1-\sqrt{2}i)\}=0$$

を展開してもよいし，$x-(1\pm\sqrt{2}i)=0$ より

$$x-1=\pm\sqrt{2}i \quad \text{（複号同順）}$$

の両辺を2乗して

$$(x-1)^2=(\pm\sqrt{2}i)^2$$
$$x^2-2x+3=0$$

などとしてもよい。

〔2〕

(1) $N_1=285$ と $\log_{10}2.85=0.4548$ より

$$\boldsymbol{\log_{10}N_1}=\log_{10}(2.85\times10^2)$$
$$=\log_{10}2.85+\log_{10}10^2$$
$$=\boldsymbol{0.4548+2}$$
$$=2.4548$$

であり，小数第4位を四捨五入して

$$p_1=2.455$$

である。また，$N_2=368=3.68\times10^2$ で，常用対数表より $\log_{10}3.68=0.5658$ なので

$$\log_{10}N_2=\log_{10}(3.68\times10^2)$$
$$=0.5658+2$$
$$=2.5658$$

よって，小数第4位を四捨五入して

$$\boldsymbol{p_2=2.566}$$

いま，N を正の実数とし，座標平面上の点 $(x,\ \log_{10}N)$ が直線 $y=k(x-22)+p_1$ 上にあるとすると

$$\log_{10}N=k(x-22)+p_1 \quad \cdots\cdots (*)$$

ゆえに

$$\boldsymbol{N=10^{k(x-22)+p_1}} \qquad ⇨ ②$$

が成り立つ。

(2) (1)の考察より

$$k=\frac{p_2-p_1}{25-22}=\frac{2.566-2.455}{3}$$
$$=0.037$$

である。$x=32$ のとき

$$k(x-22)+p_1$$
$$=0.037(32-22)+2.455$$
$$=0.37+2.455$$
$$=2.825$$

よって，(*) に代入して

$$\log_{10}N=2.825$$

となる。$N=q\times10^2$ とおくと

$$\log_{10}q=0.825$$

であり，常用対数表より，$\log_{10}6.68=0.8248$, $\log_{10}6.69=0.8254$ であるから

$$\log_{10}6.68<\log_{10}q<\log_{10}6.69$$

である。よって，$x=32$ のときの N の値は

$$668<N<669$$

すなわち

660 以上 670 未満 ⇨ ⑤

の範囲にある。

第2問

〔1〕

(1) 箱が作れるためには箱の縦，横，高さがすべて正の値でなくてはいけないので

$$9-2x>0 \text{ かつ } 24-2x>0 \text{ かつ } x>0$$

すなわち

$$x<\frac{9}{2} \text{ かつ } x<12 \text{ かつ } x>0$$

であるから

$$\mathbf{0<x<\frac{9}{2}} \quad\cdots\cdots\text{①}$$

である。このとき，箱の容積 V は

$$V=(9-2x)(24-2x)x$$
$$=(4x^2-66x+216)x$$
$$=\mathbf{4x^3-66x^2+216x}$$

であり，これを x で微分すると

$$V'=12x^2-132x+216$$
$$=12(x-2)(x-9)$$

したがって，① における V の増減は次の表のようになる。

x	0		2		$\frac{9}{2}$
V'		+	0	−	
V		↗	極大	↘	

よって，V は $\boldsymbol{x=2}$ で最大値

$$(9-2\cdot2)(24-2\cdot2)\cdot2=5\cdot20\cdot2$$
$$=\mathbf{200}$$

をとる。

(2) 図 2 の右側二つの斜線部分の長方形の横の長さは厚紙の横の長さ 24cm の $\frac{1}{2}$ なので

$$24\cdot\frac{1}{2}=\mathbf{12}\ (\text{cm})$$ ⇨ ③

箱の容積 W は

$$W=(9-2x)(12-x)x$$
$$=\frac{1}{2}(9-2x)(24-2x)x$$
$$=\frac{1}{2}V$$

W における x のとり得る値の範囲は

$$9-2x>0 \text{ かつ } 12-x>0 \text{ かつ } x>0$$

より，(1)の V における x のとり得る値の範囲と同じであるから，V が最大となるとき W も最大となる。したがって，W の最大値は(1)で求めた V の最大値の $\boldsymbol{\frac{1}{2}}$ **倍**である。 ⇨ ④

また，W が最大値をとる x は**ただ一つあり，その値は $\boldsymbol{x_0}$ と等しい。** ⇨ ②

(3) 厚紙の縦の長さを a，横の長さを b とすると

$$V=(a-2x)(b-2x)x$$
$$W=(a-2x)\left(\frac{b}{2}-x\right)x$$

ゆえに，a，b の値に関係なく

$$W=\frac{1}{2}V$$

であり，x のとり得る値の範囲は V，W とも同じなので，ふたのある箱の容積の最大値がふたのない箱の容積の最大値の $\frac{1}{2}$ 倍であることは，**縦と横の長さに関係なくどのような長方形のときでも成り立つ。** ⇨ ④

〔2〕

(1)
$$\int_t^{t+1}\mathbf{1}\,d\boldsymbol{x}=\Big[x\Big]_t^{t+1}=\mathbf{1}$$
$$\int_t^{t+1}\boldsymbol{x}\,d\boldsymbol{x}=\left[\frac{1}{2}x^2\right]_t^{t+1}$$
$$=\frac{1}{2}\{(t+1)^2-t^2\}$$

$$= \boldsymbol{t} + \frac{1}{2}$$

$$\int_t^{t+1} \boldsymbol{x^2\,dx} = \left[\frac{1}{3}x^3\right]_t^{t+1}$$

$$= \frac{1}{3}\{(t+1)^3 - t^3\}$$

$$= \boldsymbol{t^2 + t} + \frac{1}{3}$$

$f(x) = \ell x^2 + mx + n$ とおくと

$$\int_t^{t+1} f(x)\,dx$$

$$= \ell\int_t^{t+1} x^2\,dx + m\int_t^{t+1} x\,dx + n\int_t^{t+1} 1\,dx$$

$$= \ell\left(t^2 + t + \frac{1}{3}\right) + m\left(t + \frac{1}{2}\right) + n$$

$$= \ell t^2 + (\ell + m)t + \frac{1}{3}\ell + \frac{1}{2}m + n$$

となるから，t についての恒等式

$$t^2 = \ell t^2 + (\ell + m)t + \frac{1}{3}\ell + \frac{1}{2}m + n$$

が成り立つとき

$$\begin{cases} \ell = 1 \\ \ell + m = 0 \\ \frac{1}{3}\ell + \frac{1}{2}m + n = 0 \end{cases}$$

よって

$$\boldsymbol{\ell} = 1,\ \boldsymbol{m} = -1,\ \boldsymbol{n} = \frac{1}{6}$$

(2)　(1)より

$$\int_1^{1+1} f(x)\,dx = 1^2$$

$$\int_2^{2+1} f(x)\,dx = 2^2$$

$$\vdots$$

$$\int_{10}^{10+1} f(x)\,dx = 10^2$$

となるので，各辺の和をとって

$$\int_1^2 f(x)\,dx + \int_2^3 f(x)\,dx + \cdots + \int_{10}^{11} f(x)\,dx$$

$$= 1^2 + 2^2 + \cdots + 10^2$$

よって

$$\boldsymbol{1^2 + 2^2 + \cdots + 10^2 = \int_1^{11} f(x)\,dx}$$

別解

(1)より

$$f(x) = x^2 - x + \frac{1}{6}$$

よって

$$\int_1^m f(x)\,dx$$

$$= \left[\frac{1}{3}x^3 - \frac{1}{2}x^2 + \frac{1}{6}x\right]_1^m$$

$$= \frac{1}{3}m^3 - \frac{1}{2}m^2 + \frac{1}{6}m - \left(\frac{1}{3} - \frac{1}{2} + \frac{1}{6}\right)$$

$$= \frac{1}{3}m^3 - \frac{1}{2}m^2 + \frac{1}{6}m$$

ここで

$$\sum_{k=1}^{n-1} k^2 = \frac{1}{6}(n-1)n(2n-1)$$

$$= \frac{1}{3}n^3 - \frac{1}{2}n^2 + \frac{1}{6}n$$

であり，$1^2 + 2^2 + \cdots + 10^2 = \sum_{k=1}^{10} k^2$ なので

$$m = n \text{ かつ } n - 1 = 10$$

とすればよいから

$$1^2 + 2^2 + \cdots + 10^2 = \int_1^{11} f(x)\,dx$$

とすることもできる。

第３問

以下，(白のカードの数，赤のカードの数) とする。

(1)　$X = 1$ となるのは

(1，1)
(1，2)，(1，3)，(1，4)
(2，1)，(3，1)，(4，1)　} **7** 通り

$X = 2$ となるのは

(2，2)
(2，3)，(2，4)
(3，2)，(4，2)　} 5 通り

$X = 3$ となるのは

(3，3)，(3，4)，(4，3) … 3 通り

$X = 4$ となるのは

(4，4) … 1 通り

よって，X の確率分布は次の表のようになる。

X	1	2	3	4	計
P	$\frac{7}{16}$	$\frac{5}{16}$	$\frac{3}{16}$	$\frac{1}{16}$	1

また，$Y = 1$ となるのは

(1，1) … 1 通り

$Y = 2$ となるのは

(2，2)，(2，1)，(1，2) … 3 通り

$Y = 3$ となるのは

(3, 3)
(3, 2), (3, 1)
(2, 3), (1, 3)
} 5 通り

$Y=4$ となるのは
(4, 4)
(4, 3), (4, 2), (4, 1)
(3, 4), (2, 4), (1, 4)
} 7 通り

であるから，Y の確率分布は次の表のようになる。

Y	1	2	3	4	計
P	$\frac{1}{16}$	$\frac{3}{16}$	$\frac{5}{16}$	$\frac{7}{16}$	1

つまり，確率変数 Z を $\boldsymbol{Z=5-X}$ とすると，Z の確率分布と Y の確率分布は同じである。

$5-X$	4	3	2	1	計
P	$\frac{7}{16}$	$\frac{5}{16}$	$\frac{3}{16}$	$\frac{1}{16}$	1

(2)　確率変数 X の平均（期待値）は

$$\boldsymbol{E(X)}=1\cdot\frac{7}{16}+2\cdot\frac{5}{16}+3\cdot\frac{3}{16}+4\cdot\frac{1}{16}$$
$$=\boldsymbol{\frac{15}{8}}$$

であり，(1)の考察より，確率変数 Y の平均は

$$\boldsymbol{E(Y)}=E(5-X)=5-E(X)$$
$$=5-\frac{15}{8}$$
$$=\boldsymbol{\frac{25}{8}}$$

また，確率変数 Y の標準偏差は

$$\boldsymbol{\sigma(Y)}=\sigma(5-X)=|-1|\sigma(X)$$
$$=\boldsymbol{\sigma(X)}$$ ⇨ ③

となる。

(3)(i)　$t_2=2.50$ について，$\overline{X}=2.50$ となるのは，$X_1+X_2=5$ となる場合なので

$(X_1,\ X_2)$
$=(1,\ 4),\ (2,\ 3),\ (3,\ 2),\ (4,\ 1)$

のときである。よって，(1)の確率分布より

$$\boldsymbol{P(\overline{X}=2.50)}$$
$$=\frac{7}{16}\cdot\frac{1}{16}+\frac{5}{16}\cdot\frac{3}{16}+\frac{3}{16}\cdot\frac{5}{16}+\frac{1}{16}\cdot\frac{7}{16}$$
$$=2\left(\frac{7}{16\cdot16}+\frac{15}{16\cdot16}\right)$$
$$=\boldsymbol{\frac{11}{64}}$$

であり，(1)の確率分布より

$$\boldsymbol{P(\overline{Y}=2.50)=P(\overline{X}=2.50)}$$ ⇨ ①

が成り立つことがわかる。

(ii)　$t_{100}=2.95$ について，n が大きいとき，$\overline{X}$ は近似的に正規分布 $N(E(\overline{X}),\ \{\sigma(\overline{X})\}^2)$ に従い

$$\boldsymbol{\sigma(\overline{X})=\frac{\sigma(X)}{\sqrt{n}}}$$ ⇨ ②

である。

$n=100$ は大きいので，$\overline{X}=2.95$ であったとすると，(2)より

$$\sigma(X)=\frac{\sqrt{55}}{8}$$

近似値 $\sqrt{55}=7.4$ を用いて

$$\sigma(\overline{X})=\frac{\sqrt{55}}{8}\cdot\frac{1}{\sqrt{100}}=\frac{7.4}{8\cdot10}$$
$$=\frac{3.7}{40}$$

である。推定される母平均を m_X として，m_X の信頼度 95% の信頼区間は

$$\overline{X}-1.96\sigma(\overline{X})\leqq m_X\leqq\overline{X}+1.96\sigma(\overline{X})$$

であり

$$1.96\cdot\frac{3.7}{40}=0.1813$$

より，m_X の信頼度 95% の信頼区間は

$$2.95-0.1813\leqq m_X\leqq2.95+0.1813$$

すなわち

$$2.7687\leqq m_X\leqq3.1313$$

よって，小数第 4 位を四捨五入して答えると

$$\boldsymbol{2.769\leqq m_X\leqq3.131}\quad\cdots\cdots①$$

となる。 ⇨ ④，⑦

一方，$\overline{Y}=2.95$ であったとすると，$\sigma(Y)=\sigma(X)$ なので，推定される母平均を m_Y として，m_Y の信頼度 95% の信頼区間は，m_X の信頼度 95% の信頼区間と同様にして

$$\boldsymbol{2.769\leqq m_Y\leqq3.131}\quad\cdots\cdots②$$

となる。 ⇨ ④，⑦

また，(2)より，$E(X)=\frac{15}{8}=1.875$ なので，$E(X)$ は ① の信頼区間に含まれていない。

⇨ ①

さらに，(2)より，$E(Y)=\frac{25}{8}=3.125$ なので，$E(Y)$ は ② の信頼区間に含まれている。

⇨ ⓪

以上より，太郎さんの記憶については，**正しくないと判断され，メモに書かれていた $\boldsymbol{t_2}$ と $\boldsymbol{t_{100}}$ は「確率変数 $\boldsymbol{Y}$」の平均値である。** ⇨ ①

第４問

(1)　$a_1=23,\ a_{n+1}=a_n-3$ より，数列 $\{a_n\}$ は初項が 23，公差が -3 の等差数列なので

$$\boldsymbol{a_n} = 23 - 3(n-1)$$
$$= \mathbf{-3n + 26}$$

となり，$a_n < 0$ を満たす最小の自然数 n は

$$-3n + 26 < 0$$
$$n > 8 + \frac{2}{3}$$

より，$n = 9$ である。

そして，等差数列の公差が -3 より，数列 $\{a_n\}$ は**つねに減少する。** ⇨ ①

また，$S_n = \sum_{k=1}^{n} a_k$ とおくと，$a_n > 0$ となる n の範囲で S_n は増加するが，$a_n < 0$ となる範囲で S_n は減少するので，数列 $\{S_n\}$ は**増加することも減少することもある。** ⇨ ②

$n \geqq 9$ のとき，$\boldsymbol{a_n < 0}$ である。 ⇨ ⓪

また，$b_n = \frac{1}{a_n}$ とおくと，$n \geqq 9$ のとき，$b_n < 0$ で

$$b_9 = \frac{1}{a_9} = \frac{1}{-1} = -1 = -\frac{1}{1}$$
$$b_{10} = \frac{1}{a_{10}} = \frac{1}{-4} = -\frac{1}{4}$$
$$\vdots$$

のように分母の絶対値はつねに大きくなるので，数列 $\{b_n\}$ はつねに増加し，$\boldsymbol{b_n < b_{n+1}}$ である。

⇨ ⓪

(2) $c_1 = 30$，$d_n = \frac{1}{c_n - 20}$ $(n = 1, 2, 3, \cdots)$ より

$$\boldsymbol{d_1} = \frac{1}{c_1 - 20} = \frac{1}{30 - 20} = \boldsymbol{\frac{1}{10}}$$

であり

$$c_n - 20 = \frac{1}{d_n}$$

よって

$$\boldsymbol{c_n = \frac{1}{d_n} + 20} \quad (n = 1, 2, 3, \cdots)$$

これと $c_{n+1} = \frac{50c_n - 800}{c_n - 10}$ より

$$\frac{1}{d_{n+1}} + 20 = \frac{50\left(\frac{1}{d_n} + 20\right) - 800}{\left(\frac{1}{d_n} + 20\right) - 10}$$

であるから

$$\frac{1}{d_{n+1}} = \frac{200d_n + 50}{10d_n + 1} - 20$$
$$= \frac{200d_n + 50 - 20(10d_n + 1)}{10d_n + 1}$$
$$= \frac{30}{10d_n + 1}$$

よって

$$\boldsymbol{d_{n+1}} = \frac{10d_n + 1}{30} = \boldsymbol{\frac{d_n}{3} + \frac{1}{30}}$$

が成り立つ。

さらに

$$x = \frac{x}{3} + \frac{1}{30}$$
$$\frac{2}{3}x = \frac{1}{30}$$
$$x = \frac{1}{20}$$

より

$$d_{n+1} - \frac{1}{20} = \frac{1}{3}\left(d_n - \frac{1}{20}\right)$$

と変形でき，$d_1 = \frac{1}{10}$ より，数列 $\left\{d_n - \frac{1}{20}\right\}$ は初項が

$$d_1 - \frac{1}{20} = \frac{1}{10} - \frac{1}{20} = \frac{1}{20}$$

公比が $\frac{1}{3}$ の等比数列であるから

$$d_n - \frac{1}{20} = \frac{1}{20}\left(\frac{1}{3}\right)^{n-1}$$

であり，数列 $\{d_n\}$ の一般項は

$$\boldsymbol{d_n = \frac{1}{20}\left(\frac{1}{3}\right)^{n-1} + \frac{1}{20}}$$

である。

したがって，$\frac{1}{20}\left(\frac{1}{30}\right)^{n-1} > 0$ なので

$$\boldsymbol{d_n > \frac{1}{20}}$$ ⇨ ②

であり，$\frac{1}{20}\left(\frac{1}{3}\right)^{n-1}$ は n が増加するとつねに減少するので，数列 $\{d_n\}$ は**つねに減少する。** ⇨ ①

よって，$c_n - 20 = \frac{1}{d_n}$ であるから，$c_n - 20$ すなわち c_n はつねに増加し

$$c_1 = 30$$

であり

$$d_{10} = \frac{1}{c_{10} - 20} > \frac{1}{20}$$

より

$$c_{10} < 40$$

であることから，$n = 1$ から $n = 10$ まで点 (n, c_n) を図示すると ④ となる。 ⇨ ④

別解

数列 $\{d_n\}$ の漸化式を導くところは

$$c_{n+1} = \frac{50c_n - 800}{c_n - 10}$$

より

$$c_{n+1} - 20 = \frac{50c_n - 800}{c_n - 10} - 20$$

$$= \frac{50c_n - 800 - 20(c_n - 10)}{c_n - 10}$$
$$= \frac{30(c_n - 20)}{c_n - 10}$$

であるから

$$\frac{1}{c_{n+1} - 20} = \frac{1}{30} \cdot \frac{c_n - 10}{c_n - 20}$$
$$= \frac{1}{30} \cdot \frac{10 + (c_n - 20)}{c_n - 20}$$
$$= \frac{1}{30}\left(\frac{10}{c_n - 20} + 1\right)$$

すなわち

$$d_{n+1} = \frac{1}{30}(10d_n + 1) = \frac{d_n}{3} + \frac{1}{30}$$

としてもよい。

第5問

(1) $A(0,\ -3,\ 5)$, $B(2,\ 0,\ 4)$ より

$$\overrightarrow{AB} = (2,\ 0,\ 4) - (0,\ -3,\ 5)$$
$$= (2,\ 3,\ -1)$$

であるから

$$\overrightarrow{OP} = \overrightarrow{OA} + t\overrightarrow{AB}$$
$$= (0,\ -3,\ 5) + t(2,\ 3,\ -1)$$
$$= (2t,\ 3t-3,\ -t+5)$$

よって，点Pの座標は

$$\mathbf{P(2t,\ 3t-3,\ -t+5)}$$

と表すことができて，z 座標が0のときの点Pが点Cなので

$$-t+5=0$$

すなわち

$$t=5$$

より，点Cの座標は

$$C(2\cdot 5,\ 3\cdot 5-3,\ 0)$$

ゆえに

$$\mathbf{C(10,\ 12,\ 0)}$$

である。さらに，$t=5$ より

$$\overrightarrow{OC} = \overrightarrow{OA} + 5\overrightarrow{AB}$$

すなわち

$$\overrightarrow{AC} = 5\overrightarrow{AB}$$

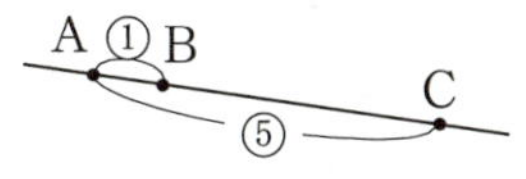

であり

$$AC : AB = 5 : 1$$

よって，点Cは線分ABを **5：4** に外分する。

(2) $\angle CPD = 120°$ のとき

$$\overrightarrow{\mathbf{PC}} \cdot \overrightarrow{\mathbf{PD}} = |\overrightarrow{PC}||\overrightarrow{PD}|\cos 120°$$
$$= \frac{-1}{2}|\overrightarrow{\mathbf{PC}}||\overrightarrow{\mathbf{PD}}| \quad \cdots\cdots ①$$

$\overrightarrow{PC} /\!/ \overrightarrow{AB}$ より，0でない実数 k を用いて

$$\overrightarrow{PC} = k\overrightarrow{AB}$$

と表すことができるので，① は

$$k\overrightarrow{AB} \cdot \overrightarrow{PD} = -\frac{1}{2}|k\overrightarrow{AB}||\overrightarrow{PD}| \quad \cdots ②$$

と表すことができる。また

$$\overrightarrow{PD} = (7,\ 4,\ 5) - (2t,\ 3t-3,\ -t+5)$$
$$= (7-2t,\ 7-3t,\ t)$$

より

$$\overrightarrow{\mathbf{AB}} \cdot \overrightarrow{\mathbf{PD}} = 2(7-2t) + 3(7-3t) - 1\cdot t$$
$$= \mathbf{-7(2t-5)}$$
$$|\overrightarrow{\mathbf{PD}}|^2 = (7-2t)^2 + (7-3t)^2 + t^2$$
$$= \mathbf{14(t^2 - 5t + 7)}$$

② の両辺を2乗すると

$$k^2(\overrightarrow{AB} \cdot \overrightarrow{PD})^2 = \left(-\frac{1}{2}\right)^2 k^2|\overrightarrow{AB}|^2|\overrightarrow{PD}|^2$$

であるから

$$|\overrightarrow{AB}|^2 = 2^2 + 3^2 + (-1)^2 = 14$$

より

$$k^2\{-7(2t-5)\}^2$$
$$= \frac{1}{4}\cdot k^2 \cdot 14 \cdot 14(t^2 - 5t + 7)$$

$k \neq 0$ より

$$49(2t-5)^2 = 49(t^2 - 5t + 7)$$
$$4t^2 - 20t + 25 = t^2 - 5t + 7$$
$$3(t^2 - 5t + 6) = 0$$
$$3(t-2)(t-3) = 0$$

したがって，② の両辺の2乗が等しくなるのは

$$t = \mathbf{2},\ \mathbf{3}$$

のときである。

$t=2$ のとき，$P(4,\ 3,\ 3)$ であり

$$\overrightarrow{PC} = (6,\ 9,\ -3) = 3(2,\ 3,\ -1)$$
$$= 3\overrightarrow{AB}$$

$t=3$ のとき，$P(6,\ 6,\ 2)$ であり

$$\overrightarrow{PC} = (4,\ 6,\ -2) = 2(2,\ 3,\ -1)$$
$$= 2\overrightarrow{AB}$$

$t=2,\ 3$ は $\angle CPD = 120°$，$\angle CPD = 60°$ のいずれかに対応するが，$\triangle CPD$ の角の大きさと辺の長さの関係に着目すれば，$\angle CPD = 120°$ になるのは，PCの長さが短い場合であるから，求める点Pの座標は

$$\mathbf{P(6,\ 6,\ 2)}$$

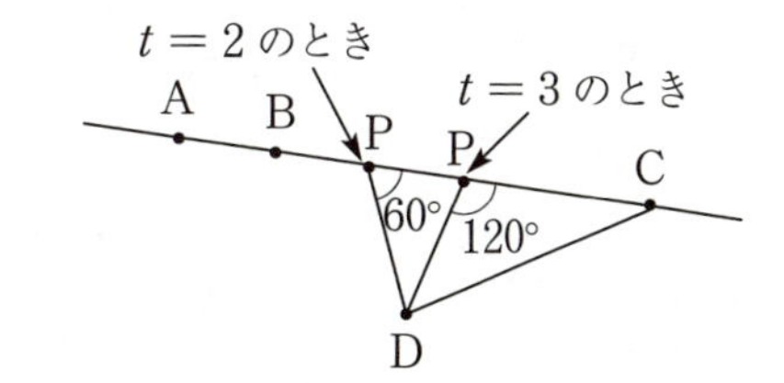

(3) $\overrightarrow{\mathrm{DP}}=-\overrightarrow{\mathrm{PD}}=(2t-7,\ 3t-7,\ -t)$ より

$$
\begin{aligned}
&\overrightarrow{\mathrm{OQ}}\\
&=\overrightarrow{\mathrm{OD}}+s\overrightarrow{\mathrm{DP}}\\
&=(7,\ 4,\ 5)+s(2t-7,\ 3t-7,\ -t)\\
&=(2st-7s+7,\ 3st-7s+4,\ -st+5)
\end{aligned}
$$

Q は xy 平面上の点なので

$$-st+5=0$$

すなわち

$$st=5$$

よって

$$
\begin{aligned}
\overrightarrow{\mathbf{OQ}}&=(2\cdot5-7s+7,\ 3\cdot5-7s+4,\ 0)\\
&=(-7s+17,\ -7s+19,\ 0)\\
&=(17,\ 19,\ 0)-7s(1,\ 1,\ 0)\\
&=\mathbf{(17,\ 19,\ 0)-\frac{35}{\mathit{t}}(1,\ 1,\ 0)}
\end{aligned}
$$

と表すことができる。

t が 0 以外の実数値を変化するとき，$\dfrac{35}{t}$ は 0 以外のすべての実数値をとる。よって，点 Q が (17，19，0) となることはないので，R(17，19，0) であり

$$
\begin{aligned}
\overrightarrow{\mathrm{DR}}&=(17,\ 19,\ 0)-(7,\ 4,\ 5)\\
&=(10,\ 15,\ -5)=5(2,\ 3,\ -1)\\
&=5\overrightarrow{\mathrm{AB}}
\end{aligned}
$$

したがって，$\overrightarrow{\mathrm{DR}}$ は $\overrightarrow{\mathbf{AB}}$ と平行である。 ⇨ ④